王晓云　杨秀丽　编著

实用
服装裁剪制板
与样衣制作

第三版

U0230643

化学工业出版社

·北京·

内 容 简 介

作者根据中国人的体型、尺码、生活习性及服装用语等,结合数十年的从业经验并结合服装流行款式对服装裁剪进行详尽的分析和总结。本书第三版注意了对原有内容知识的更新,更换了大量图片;同时,对一些实例也进行了替换,使读者能更贴近服装裁剪、制板与样衣制作的新款式和流行特征,从而更好地掌握一整套原理性强、适用性广、科学、准确、易于学习掌握的服装纸样原理与方法。同时,书中还加入了大量服装成品的裁剪实例,读者可以通过本书快速提高自己的服装结构设计与制板能力,达到游刃有余的境界。

本书结构合理、条理清晰、图文并茂、原理性强,是服装高等院校及大中专院校的理想教材。同时由于其实用性强,也可供服装企业技术人员、广大服装爱好者参考。对于初学者或是服装打板爱好者而言,不失为一本实用而易学易懂的工具书和必备学习手册。

图书在版编目(CIP)数据

实用服装裁剪制板与样衣制作/王晓云,杨秀丽编著.
—3 版. —北京:化学工业出版社,2018.7
ISBN 978-7-122-32113-8

Ⅰ.①实… Ⅱ.①王…②杨… Ⅲ.①服装量裁
Ⅳ.①TS941.63

中国版本图书馆 CIP 数据核字(2018)第 092046 号

责任编辑:朱 彤
责任校对:边 涛 装帧设计:刘丽华

出版发行:化学工业出版社(北京市东城区青年湖南街 13 号 邮政编码 100011)
印 装:三河市延风印装有限公司
787mm×1092mm 1/16 印张 18¼ 字数 522 千字 2024 年 5 月北京第 3 版第 1 次印刷

购书咨询:010-64518888 售后服务:010-64518899
网 址:http://www.cip.com.cn
凡购买本书,如有缺损质量问题,本社销售中心负责调换。

定 价:68.00 元

第三版前言

　　《实用服装裁剪制板与样衣制作》第二版自出版以来，受到广大读者的关注与厚爱，充分证明这是一本结构合理、条理清晰、图文并茂、原理性强，既可供广大服装企业技术人员、广大服装爱好者参考，也是服装高等院校及大中专院校的理想教材或教学参考书。同时由于其实用性强，对于初学者或是服装打板爱好者而言，不失为一本实用而易学易懂的工具书和必备学习手册。

　　本书修订的第三版仍以裁剪打板技法为主并配合人体体型与面料的关系进行详细解析，通过本书能使读者轻而易举一窥裁剪打板的奥秘。

　　服装具有鲜明的时尚流行特征，本次修订时注意了对原有内容知识的更新，更换了大量图片；同时，对一些实例也进行了替换，使读者能更贴近当代服装裁剪、制板与样衣制作现状。另外，还在第二版内容基础上进行了适当精简与删改，使本书内容通俗易懂且丰富直观，期望本次修订能更好地满足相关人员的要求。

　　提请读者注意，本书第三版与化学工业出版社已出版的《服装企业制板、推板与样衣制作》（第二版）是姊妹书，各位读者还可以同时参阅和使用该书，以达到融会贯通的目的。本书总结了作者数十年的从业经验，书中举出大量裁剪实例，并结合服装流行款式进行详尽的分析总结。读者借助本书可以快速提高自己的服装结构设计与制板能力，达到游刃有余的境界。

　　本书在编写过程中得到了众多专家及化学工业出版社相关人员的大力支持，在此深表感谢。由于水平所限，本书尚存不足之处，敬请广大读者指正。

编著者

2023 年 9 月

目　　录

第一章 概　　述

第一节　基本概念

一、服装裁剪与制板

服装裁剪是服装结构设计与布料裁断工艺的通俗叫法。服装裁剪与制板是设计服装产品的重要组成部分，它既是款式造型设计的延伸和发展，又是工艺设计的基础和前提。

服装裁剪与制板既要体现服装款式的要求，又要符合人体形态结构的规律。服装裁剪又称为服装结构设计、服装纸样设计或服装制图。服装纸样就是在软质的纸张上绘制出服装的结构图，按照规定标出各种满足缝制工艺要求的技术符号。其设计结果是形成具有一定款式的纸质服装样片，为了明确起见，在本书中将其称为服装款式纸样。服装制板是服装工业生产中的一个重要技术环节，制板即打制服装工业样板，是将设计师或客户所要求的立体服装款式，根据一定的方法分解为平面的服装结构图形，结合服装工艺要求加放缝份等制作成纸型。

服装的三要素为款式、做工、面料，服装样板（纸样和制板）是将服装款式图转变为服装的桥梁，同时也是服装裁剪与缝制的依据和标准。

二、常用服装裁剪方法

服装裁剪的基本方法有两种，即立体裁剪法与平面裁剪法。平面裁剪又可以分为比例裁剪、原型裁剪、基本型裁剪和实样裁剪。立体裁剪法一直作为服装制作工艺的基础而沿用至今，但其成本较高，所需工具和材料较多，速度较慢；而平面裁剪法灵活多变，简单易行，成本低，效率高，使用范围广，为计算机技术在服装上的应用打下基础。根据所制作服装的具体品种、款式、企业的生产条件和打板师的制板习惯、客户的要求等因素的不同，服装企业所采用的裁剪制板方法不同，现总结如下。

（一）立体裁剪法

立体裁剪法又称立体构成法，是在人体或人台上直接进行服装纸样设计，将布料覆盖在人体或人体模架上，利用材料的性能，将布料通过折叠、收省、聚集、提拉等手法，制成三维的立体布样造型后，再进一步制作出生产用服装样板。此方法的优点是易于把握服装的款式造型，能解决平面构成难以解决的不对称、多褶皱等的复杂造型。缺点是设计难度大，效率低，不易掌握，立体裁剪制板对标准人体模架、操作者的技术要求较高，要耗用大量的坯布，制板成本高。在企业实践中，通常把立体裁剪法与平面裁剪法结合起来使用。立体裁剪法制板在礼服、婚纱和高档合体型女装中应用较多。

（二）平面裁剪法

1. 比例法

比例法是将既定的成品规格尺寸，按一定的比例关系计算推导出各个控制部位尺寸的一种裁剪制图方法。在传统的比例法裁剪中，对那些无法或难以通过人体测量得到的部位尺寸，如上装的袖窿深、袖山高和裤子的前后裆弯宽度等，均以相关的易测部位的人体尺寸（胸围、臀围等）的一定比例为基础，推算得出。比例法制图效率高，成衣尺寸把握精确，便于对不同穿着者直接进行某种特定款式的服装纸样设计和制板。但在比例法制图打板的运用上，存在较大的差异，经验含量较高，不太适应款式多变的服装纸样设计，对初学者不太容易掌握其裁剪规律。

2. 原型法

原型法起源于欧美和日本，一直盛行于日本服装界，原型法对世界各地的服装裁剪方法均有不同程度的影响。原型法款式变化方便，从原型纸样到款式纸样有一套比较完整、系统的原理和方法作为指导，易于学习与掌握。在服装专业教学中，多用原型进行移省变款和解释服装结构变化原理。随着我国服装专业教育的发展，越来越多的服装院校毕业生成为服装企业的技术骨干，使得原型法渐渐地在我国服装界中流行开来。原型纸样和款式纸样之间有着较强的联系，从构成原理和方法上，比例法和原型法存在很多相同的地方，完全有可能将两种方法结合，互相取长补短，进行服装纸样设计。目前，国内应用较多的是日本文化式原型法。原型法制板适合于款式较复杂、结构分割线较多、合体度要求较高的服装样板的制作。特别是依据设计效果图进行纸样设计时，运用原型法对款式的结构变化非常得心应手。

3. 基本型法

基本型法是指以某一个与所需制板的服装款式相接近、现成的纸样作为基本型，通过对基本型局部造型的调整、修改来制作所需服装款式纸样的制板方法。基本型法所用的基本纸样分为两种：一种是在原型基础上进行适当修正而成，用于作某一特定类别服装的基础样板，如上衣基本型、裤子基本型和内衣基本型等；另一种是指某一款式或成品规格较为适中，已投产的现成服装样板，企业常常在现有的样板上做适当的调整而产生所需的服装样板。这种制板方法方便、快捷，一般能达到预期效果，但使用面很窄。

基本型法与原型法的不同之处在于，原型法中所用原型的规格尺寸是人体净体尺寸加上最基本的放松量（以下简称松量），而基本型法所用基本型的规格尺寸是某一特定类型服装的基本成衣尺寸，这是二者之间的本质差别。基本型法在产销型服装企业和外贸加工型服装企业都有应用，一般用于做局部修改的追单服装裁剪制板。

4. 实样法

实样法又称剥样制板法，是指按照指定的服装实物样衣的款式和规格尺寸要求制板。剥样就是把某款服装进行"分解"复制成生产用样板。用该样板裁剪、缝制出的成品，能最大限度地接近原有的实物样衣。这在外贸加工型服装企业中，有时客户只提供样衣，即来样加工，要求完全按照样衣进行生产。因此，在制板时必须按照已有的实物样衣的款式及各部位尺寸，再结合工艺特点进行合理的复制。实样法制板在产销型服装企业和加工型服装企业中都有应用，服装剥样又分为全件剥样和局部剥样。

三、常用服装裁剪方法比较

服装裁剪制板方法按制板工具可分为两种，即手工制板与计算机制板。

（一）手工制板

制板人员利用绘图尺、笔、纸等工具，手工画线绘图进行纸样制作。人工制板方法使用的工具是一些比较简单、直观的常用工具和专用工具。一般企业经验丰富的技术人员都喜欢手工制板，因为一些年纪较大的服装打板师对电脑的使用不是很熟悉。所以，目前在一些服装企业内，既有手工制板，又有利用计算机制板的，两种方法并用互补，在大部分企业即使用手工制板，其样板还是要通过读图仪将样板读进 CAD 系统进行纸样放缩和排料。

（二）计算机制板

在服装生产中运用计算机进行辅助设计，简称服装 CAD。服装 CAD 是通过人与计算机交流来完成服装的制板过程。服装 CAD 系统包含服装款式设计、纸样设计、推板、排料和工艺文件处理等模块。操作人员利用服装 CAD 系统界面上提供的各种制图工具，采用原型法、比例法或基本型法制图，绘制出所需款式的服装裁片图形，然后利用输出设备打印或剪切出样板。

目前，服装 CAD 系统所能提供的仅仅是制图工具和计算工作，还无法代替人的思维，制板的正确、合理与否，还是取决于服装 CAD 操作人员的技术水平。所以从事服装 CAD 制板的操作人员必须熟练掌握结构设计原理与制板技术。服装 CAD 制板在产销型服装企业和加工型服装企业中应用较为广泛。特别是对一些变化较多的复杂时装款式，利用计算机制板、推板是非常便捷的。

（三）常用服装裁剪制板方法比较

（1）立体裁剪法　人体→标准人台→立体造型→款式纸样→生产纸样。

（2）比例法　人体→比例公式→比例制图→款式纸样→生产纸样。

（3）原型法　人体→原型纸样→原型制图→款式纸样→生产纸样。

（4）基本型法　人体→基本型纸样→基本型制图→款式纸样→生产纸样。

（5）实样法　实样→服装样衣→样衣分解→款式纸样→生产纸样。

以上几种方法除了实样法以外都是以某种形式例如人台、比例公式、原型纸样、基本型纸样反映人体的结构形态，作为纸样设计的基础，然后在此基础上根据具体款式要求进行服装款式纸样的设计，从而获得具有某种款式的服装款式纸样。比较上述方法，从纸样设计原理和纸样结构规律上来说，同一款式的服装纸样可以通过任何一种纸样设计方法获得。设计方法不同只是设计的中间过程不同，而设计的最终结果应是相同的。一般情况下，根据设计效果图制板时，运用原型方法变化比较方便快捷；根据样衣制板时，运用实样法结合比例法比较方便；在遇到追单或类似款式制板时，运用基本型法比较快捷、准确；而在制作一些高档婚纱礼服时，采用立体裁剪法较好。

四、服装裁剪样板

在服装生产过程中，需要不同种类的样板，主要分为两大类：裁剪样板与工艺样板。

1. 裁剪样板

在服装生产中用于裁剪的样板称为裁剪样板，主要是确保批量生产中同一规格的裁片大小一致。裁剪样板主要包括面料样板、里料样板、衬料样板等。

2. 工艺样板

工艺样板主要用于缝制加工过程和后整理环节，通过工艺样板可以使服装加工顺利进行，以确保服装规格一致。工艺样板主要包括定位样板、定型样板、修正样板及辅助样板等。

五、服装试样补正

试样补正是指在服装裁剪样板完成后，以坯布或代用面料进行裁剪假缝，有时也用正式面料进行裁剪假缝，但此时须将纸样加放较多的缝份，以便在试穿后进行修改。在实际试样时，仔细观察服装的各个部位是否适合人体，是否和设计款式图一致。如有偏差，找出产生偏差的原因所在，确定相应的修改方案并做详细记录，然后将纸样和布样加以相应的修改，再正式缝制成形。试样补正是服装裁制过程中不可缺少的一步，是对裁剪工作的负责，也是对客户的尊重。

第二节　体型特征与人体测量

一、与服装相关的人体特征

服装既附着于人体，又来源于人体。服装与人体是密不可分的，如人体的长度和围度基本上控制了服装的号型规格；人体的活动规律又制约了各个部位松量的大小；人体体表的高低起伏制约着省缝的大小和方向；服装基本型实际上就是对标准人体的立体形态做出平面展开后获得的平面图形。服装的设计、制图、生产必须要以人体的基本形态为依据，所以平面结构设计人员必须要熟悉人体各个部位的形态结构及比例关系。

（一）与服装相关的静态人体

1. 人体凸点

人体凸点与服装结构制图有着非常密切的关系，处理好凸点部位的服装结构造型是非常关键的，为此首先必须了解与服装相关的人体凸点位置。在腰线以上：前面有胸凸和乳凸，后面有背凸和肩胛骨凸；在腰线以下：前面有腹凸，后面有臀凸。

2. 人体连接点

头与胸由颈来连接，胸与臀由腰来连接，臀与大腿由大转子来连接，大腿与小腿由膝关节来连接，小腿与足由踝关节来连接，肩与上臂由肩关节来连接，上臂与前臂由肘关节来连接，前臂与手由腕关节来连接。

3. 人体比例

对于八头高的人体来说，上身长比下身长约等于3：5，而下身长比总体高约等于5：8，其比值约为1：1.68，符合黄金分割。

（二）动态人体

进行服装平面结构设计时，必须明白人体的动态尺寸变化规律，所设计的平面结构图才能具有良好的功能性。人体各个部位在活动时的尺寸变化如下。

1. 运动伸长

背部运动时伸长约为10%，肘部弯曲时伸长在9%左右，膝关节弯曲时伸长约为8%。

2. 关节转动

腰关节转动范围，前屈80°、后伸30°、侧屈35°、旋转45°左右；胯关节运动范围，前屈120°、外展45°左右；膝关节转动范围，后屈135°；肩关节移动范围，上举、外展均可以达到180°左右；肘关节转动范围，前屈150°左右。

3. 正常行走

前后足距约为65～70cm；双膝围80～110cm。上台阶时，上20cm高台阶时，双膝围90～115cm；上40cm高台阶时，双膝围120～130cm。这个尺寸范围对裙装下摆的尺寸设计具有参考意义。

（三）男女体型差异

1. 骨骼特点

男性骨骼比较粗壮、棱角分明、骨骼上身发达；女性骨骼纤细、柔和、骨骼下身发达。骨盆形状，男性为倒梯形且股上尺寸短；女性为正梯形且股上尺寸长。

2. 外观形状

男性腰线以上发达，侧面呈柱形，所以男装强调肩、背、胸；女性腰线以下发达，侧面呈S形，所以女装强调胸、腰、臀。

二、人体测量基准点

与服装关系密切的是基准点和基准线，例如人体胸点、肩点、臀高点等主要的支撑点与服装直接接触，决定服装的外观造型；腰线位置决定服装上下分割的比例关系。以下对人体的基准点和基准线进行总结，其中许多是与服装结构直接对应的。与服装密切相关的人体体表的基准点共有20个（图1-1）。

（1）侧颈点　在颈根曲线上，从侧面看，在前后颈厚度中部稍微偏后的位置，是测量服装前衣长的参考点。

（2）前颈点　颈根曲线的前中点，前领圈中点，是服装领窝点定位的参考依据。

（3）肩端点　处在肩与手臂的转折点处，是人体重要基准点之一，是测量人体肩宽的基准

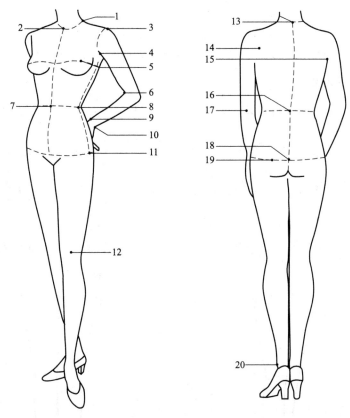

图 1-1　人体的基准点

1—侧颈点；2—前颈点；3—肩端点；4—前腋点；5—胸高点；6—前肘点；7—前腰中点；8—侧腰点；
9—前手腕点；10—后手腕点；11—侧臀点；12—膑骨点；13—后颈点；14—肩胛点；15—后腋点；
16—后腰中点；17—后肘点；18—后臀中点；19—臀高点；20—踝骨点

点，也是测量人体臂长及服装袖长的起始点，也是服装衣袖缝合的对位点。

　　（4）前腋点　位于胸部与手臂的交界处，当手臂放下时，手臂与胸部在腋下结合处的起点，是测量胸宽的基准点。

　　（5）胸高点　胸部最高的位置，即乳头点，是人体重要的基准点之一，是确定胸省省尖的参考点。

　　（6）前肘点　位于人体肘关节的前端，是确定服装前袖弯曲的参考点。

　　（7）前腰中点　位于人体前腰部中点处。

　　（8）侧腰点　前腰与后腰的分界点，是测量裤长或裙长的参考点。

　　（9）前手腕点　位于手腕的前端，是测量服装袖口围度的基准点。

　　（10）后手腕点　位于手腕的后端，是测量人体臂长的终止点。

　　（11）侧臀点　臀围线与体侧线的交点，是前后臀的分界点。

　　（12）膑骨点　位于膝关节的前端中央，是确定大衣及风衣衣长尺寸的参考点。

　　（13）后颈点　位于第七颈椎处，是测量人体背长的起始点，也是测量服装后衣长的起始点。

　　（14）肩胛点　位于后背肩胛骨最高点处，是确定肩省省尖的参考点。

　　（15）后腋点　位于背部与手臂的交界处，手臂放下时，手臂与背部在腋下结合处的起点，是测量人体背宽的基准点。

　　（16）后腰中点　位于人体后腰中点处。

　　（17）后肘点　位于人体肘关节的后端，是确定服装后袖弯曲及袖肘省省尖方向的参考点。

（18）后臀中点　位于人体后臀中点处。

（19）臀高点　位于臀部最高处，是确定臀省省尖方向的参考点。

（20）踝骨点　位于踝骨外部最高点处，是测量人体腿长的终止点和测量裤长的参考点。

三、人体基准线

在绘制服装平面结构图时，必须掌握与服装密切相关的人体基准线（图 1-2）。

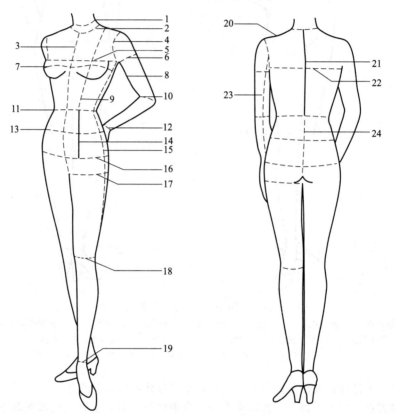

图 1-2　人体的基准线

1—颈围线；2—颈根围线；3—前中线；4—臂根围线；5—胸宽线；6—上臂围线；7—胸围线；8—前肘弯线；

9—腰节线；10—肘围线；11—腰围线；12—手腕围线；13—腹围线；14—腰长线；15—体侧线；

16—臀围线；17—腿根围线；18—膝围线；19—踝围线；20—小肩线；21—背长线；

22—背宽线；23—后肘弯线；24—后中线

（1）颈围线　绕颈部喉结处一周的线条，是测量人体颈围尺寸的基准线，也是服装领口定位的参考线。

（2）颈根围线　绕颈根底部一周的线条，是测量人体颈根围尺寸的基准线，也是服装领口线的参考线。

（3）前中线　从前颈点起，经前胸中点、前腰中点的线条，它是服装前片左右衣身的分界线，也是服装前中线定位的参考线。

（4）臂根围线　绕手臂根部一周的线条，上经肩点、下经腋下点，是测量人体臂根围长度的基准线，也是服装衣身与衣袖的分界线及服装袖窿线定位的参考线。

（5）胸宽线　左右前腋点之间的直线距离。

（6）上臂围线　通过腋下点，绕上臂最丰满处一周的线条，是测量人体上臂围尺寸的基准线。

（7）胸围线　经胸高点水平绕胸部一周的线条，是测量人体胸围的基准线，也是服装胸围线定位的参考线。

（8）前肘弯线　由前腋点经前肘点至前手腕点的手臂前纵向顺直线，是服装前袖弯线定位的参考线。

（9）腰节线　从侧颈点开始，经胸高点至腰围线的线条。

（10）肘围线　手臂自然下垂时，绕肘关节处一周所得的线条，是测量上臂长度的终止线，也是服装肘线定位的参考线。

（11）腰围线　水平绕腰部最细处一周的线条，是测量腰长的基准线，也是服装腰围线定位的参考线。

（12）手腕围线　绕前后手腕点一周的围线，是测量人体手腕长度的基准线及臂长的终止线，也是长袖服装袖口位置定位的参考线。

（13）腹围线　又称为中腰围线或上臀围线，水平绕腰围线和臀围线中间一周所得的线条，是测量人体中臀围长度的基准线，在设计臀部很合体的裤子或裙子时也需要测量这个尺寸。

（14）腰长线　从腰围线至臀围线之间的直线距离。

（15）体侧线　从腋下点起，经过腰侧点、臀侧点至脚踝点的人体侧面线条。是人体胸、腰、臀和腿部前后的分界线，也是服装前后衣身或裤身、裙身前后片的分界线及服装侧缝位置定位的参考线。

（16）臀围线　水平绕臀部最丰满处一周所得的线条，是测量人体臀围尺寸及臀长的基准线，也是服装臀围线定位的参考线。

（17）腿根围线　大腿最丰满处的水平围线，是测量人体腿围尺寸的基准线，也是确定裤子裆深的参考线。

（18）膝围线　水平绕膝盖部位一周所得的线条，是测量大腿长度的终止线，也是服装中裆线定位的参考线。

（19）踝围线　水平绕踝部一周的线条，是测量踝围尺寸的基准线及腿长尺寸的参考线，也是长裤裤脚位置定位的参考线。

（20）小肩线　由侧颈点至肩端点的线条，是人体前后肩的分界线，也是服装肩缝线定位的参考线。

（21）背长线　连接后颈点与后腰点之间的直线距离，是原型中背长尺寸确定的依据，也是连衣裙中上下身分界点的参考线。

（22）背宽线　在背部连接两个后腋点之间的线条。

（23）后肘弯线　由后腋点经后肘点至后手腕点的手臂后纵向顺直线，是服装后袖弯线定位的参考线。

（24）后中线　由后颈点经后腰中点、后臀中点的后身对称线，是服装后片左右衣身的分界线，也是服装后中线定位的参考线。

四、人体测量要求

服装是按人体测量尺寸制得的，服装成品中各部位的尺寸是通过测量人体各部位的立体尺寸，然后转化为平面分组尺寸，再加入合适的松量得来的，尺寸测量是否准确将直接影响服装制成后的质量和舒适性，因此量体是非常重要的。在学习服装裁剪制板技术之前，首先要了解人体测量的有关知识和方法。

（一）测体要求

测体要做到准确、全面，首先必须学习和掌握以下几方面的知识。

（1）要了解人体的体型结构，熟悉与服装有关的人体部位及基准点。主要掌握颈、肩、背、胸、腋、腰、胯、腹、臀、腿根、膝、踝以及臂、肘、腕、虎口等部位的静态外形、动态变化及生理特征等知识，能识别与判断特殊体型，只有熟悉人体，才能做到测体准确。

（2）要熟悉了解着装对象。包括着装对象的性别、年龄、体型、性格、职业、爱好及风俗习惯等。一般来说，男服较宽松易活动，女服较紧凑合体，儿童服宜宽大，老年服要求宽松舒适。

（3）要了解穿用场合，掌握服装面辅料知识。如用于春秋季和用于冬季穿的服装，尺寸测量就不一样。前者偏于短瘦，后者重于肥长。

（4）应具备必要的美学、色彩、装饰等方面的知识。

（二）测体注意事项

（1）要求被测者正直站立，双臂自然下垂，姿态自然，不得低头、挺胸。软尺不要过紧或过松；量长时尺子要垂直，横量时尺子要水平。

（2）要了解被测者的工作性质、穿着习惯和爱好。在测量长度和围度的主要尺寸时，除了观察、判断外，要征求被测者意见和要求，以求合理、满意的效果。

（3）要观察被测者体型。如特殊体型（如鸡胸、驼背、大腹、凸臀），应测特殊部位并做好记录，以便制图时做相应的调整。特体测量请参照下面有关内容。

（4）在测量围度尺寸时（如胸围、腹围、臀围、腰围），要找准外凸的峰位或凹陷的谷位围量一周，注意测量的软尺前后要保持水平，不能过松或过紧，以平贴和能转动为宜。

（5）测体时要注意方法，要按顺序进行。一般是从前到后、由左向右、自上而下地按部位顺序进行，以免漏测或重复。

五、人体测量方法

人体测量方法主要分为两大类：一种是传统的手工测量；另一种是利用现代的仪器与设备进行测量。对人体测量的内容与方法详细介绍如下。

测量工具有软尺（皮尺）、纸、笔等。测量方法有定点、公制（cm）。测量方法及内容如下。

（一）围度测量

围度测量共有 11 个部位。

（1）胸围　过胸围最丰满处，水平围量一周（图1-3）。

（2）腰围　经过腰部最细处，水平围量一周（图1-4）。

（3）臀围　经过臀部最丰满处水平围量一周（图1-5）。

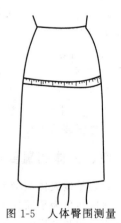

图1-3　人体胸围测量　　　　图1-4　人体腰围测量　　　　图1-5　人体臀围测量

（4）腹围　经过腰线与臀围线中点处围量一周（图1-6）。

（5）头围　经过耳上、前额、后枕骨测量一周（图1-7）。

（6）颈根围　经过前、后、侧颈点围量一周（图1-8）。

（7）臂根围　经过肩点、前后腋点环绕臂根围量一周（图1-9）。

（8）上臂围　在上臂围最粗的地方水平围量一周（图1-10）。

（9）肘围　曲肘时经过肘点围量一周（图1-11）。

（10）腕围　经过尺骨头围量一周（图1-12）。

（11）掌围　将拇指并入掌侧环绕一周测量（图1-13）。

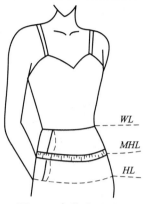

图1-6　人体腹围测量

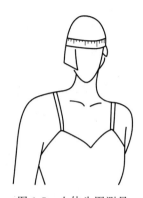

图1-7　人体头围测量

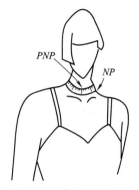

图1-8　人体颈根围测量

图1-9　人体臂根围测量

图1-10　人体上臂围测量

图1-11　人体肘围测量

图1-12　人体腕围测量

图1-13　人体掌围测量

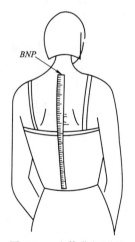

图1-14　人体背长测量

（二）长度测量

长度测量共有11个部位。

（1）背长 从后颈点随背形测量至腰线（图1-14）。

（2）腰长 从腰线测量至臀围线间的距离（图1-15）。

（3）臂长 肩点经过肘点至手根点（图1-16）。

（4）乳下长 测量侧颈点至乳尖点距离（图1-17）。

（5）裙长 自腰围线测量至裙摆线（图1-18）。

（6）裤长 自腰围线测量至外踝点（图1-19）。

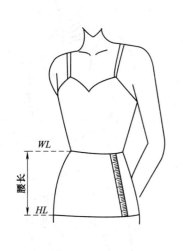

图1-15 人体腰长测量

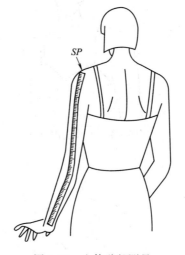

图1-16 人体臂长测量

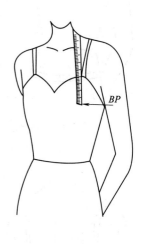

图1-17 人体乳下长测量

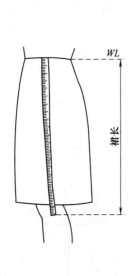

图1-18 裙长测量

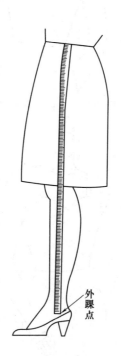

图1-19 裤长测量

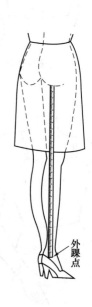

图1-20 人体股下长测量

（7）股下长 自裤长减去股上尺寸。直接测量自臀股沟测量至外踝骨（图1-20）。

（8）后衣长 自侧颈点（SNP）过肩胛骨测量至腰围线（WL）（图1-21）。

（9）前衣长　自侧颈点（SNP）经过乳尖点（BP）测量至腰围线（WL）（图 1-22）。

（10）肘长　自肩点（SP）轻弯肘部测量至肘点（图 1-23）。

（11）股上长　自腰围线（WL）到股（大腿）根部的尺寸。如图 1-24 所示坐在平而硬的椅子上测量。

（三）宽度测量

宽度测量共有 4 个部位。

（1）总肩宽　左肩点经过后颈点到右肩点（图 1-25）。

（2）背宽　左右后腋点之间距离（图 1-26）。

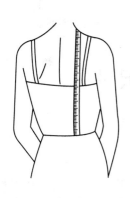
图 1-21　后衣长测量

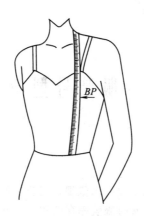
图 1-22　前衣长测量

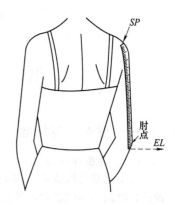
图 1-23　人体肘长测量

图 1-24　人体股上长测量

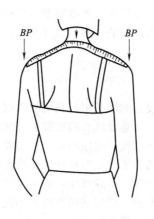
图 1-25　人体总肩宽测量

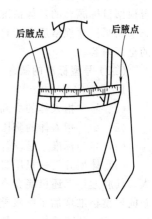
图 1-26　人体背宽测量

（3）胸宽　左右前腋点之间距离（图 1-27）。

（4）乳间距　左右乳尖点之间距离（图 1-28）。

图 1-27　人体胸宽测量

图 1-28　人体乳间距测量

第三节　服装号型与规格尺寸

一、服装号型标准

（一）号型标准的意义

号型标准是服装设计和生产的重要技术依据，服装生产不仅需要款式设计，而且还需要规格设计，以满足不同消费者的需求。有时服装库存的积压，并不是因为服装款式设计得不好，而是由于服装的号型规格设计出现了问题，因而造成服装的尺寸设置不合理，不符合其目标顾客的身材特征尺寸，从而造成服装的滞销，形成大量库存，给服装零售企业造成损失。所以说不论是服装款式的设计人员还是服装平面结构的设计人员（板师）都必须认真学习服装号型标准，掌握服装成品规格系列的设计方法和原则，才能设计生产出适销对路的服装产品。

号型标准提供了科学的人体结构部位参考尺寸及规格系列设置，可由服装企业规格系列设计者根据目标顾客的具体情况选用。设计、生产者根据号型标准设计生产服装，消费者根据号型标志来购买尺寸规格适合于自身穿着的服装。服装设计和生产人员都必须正确掌握和了解号型标准的全部内容。

（二）号型标准的概念

1. 号型定义

（1）号　指人体的身高，是设计和购买服装长短的依据。

（2）型　指人体的胸围或腰围，是设计和购买服装肥瘦的依据。

（3）号型标准　是设计、生产和流通领域的技术标志和语言。

（4）体型分类　只用身高和胸围还不能够很好反映人体形态差异，具有相同身高和胸围的人，其胖瘦形态还可能会有较大差异。一般规律，胖人腹部一般较丰满，胸腰的落差较小。我国新的号型标准增加了胸腰差这一指标，根据胸腰差的大小把人体体型分为四种类型，分别标记为Y、A、B、C四种体型。其具体的胸腰差值见表1-1。

表 1-1　体型分类　　　　　　　　　　　　　　　　　　　单位：cm

性　　别	Y	A	B	C
女性	19～24	14～18	9～13	4～8
男性	17～22	12～16	7～11	2～6

Y体型为较瘦体型，A体型为标准体型，B体型为较标准体型，C体型为较丰满体型，从Y

型到 C 型人体胸腰差依次减小。从表 1-2 我国成年男子各体型在总量中的比例可以看出，大多数人属于 A、B 体型，其次是 Y 体型，C 体型最少，但是，四种体型都为正常人体型。其具体的比例见表 1-2，大约有 2% 的男子体型不属于这四种正常体。

表 1-2　我国成年男子各体型在总量中的比例　　　　　　　单位：%

体　　型	Y	A	B	C
占总量比例	21	40	29	8

2. 号型标志

服装号型采用如下表示方法：号/型·人体分类。具体实例如：上装，160/84·A；下装，160/68·A。

此上装号型标志 160/84·A 的含义是：该服装尺码适合于身高为 158～162cm，胸围为 82～86cm，体型为 A 的人穿着。服装为下装时，号型标志中的型表示人体腰围尺寸，如 160/66·A 表示该服装适合身高为 158～162cm，腰围为 65～67cm，体型为 A 的人穿着。

（三）号型系列设置

1. 分档范围

人体尺寸分布是在一定范围内，号型标准并不包括所有的穿着者，只包括绝大多数穿着者。服装号型对身高、胸围和腰围确定了如下分档范围，超出此范围的属于特殊体型（表 1-3）。

表 1-3　分档范围　　　　　　　　　　　　单位：cm

性　　别	身　　高	胸　　围	腰　　围
女性	145～175	68～108	50～102
男性	150～185	72～112	56～108

2. 中间体

依据人体测量数据，按照部位求得平均数，并且参考各部位的平均数确定号型标准的中间体。中间体的确定值见表 1-4。

表 1-4　人体基本部位中间体的确定值　　　　　　　单位：cm

性别	部位	Y	A	B	C
女性	身高	160	160	160	160
	胸围	84	84	88	88
男性	身高	170	170	170	170
	胸围	88	88	92	96

3. 号型系列设置

（1）5·4 系列　按身高 5cm 跳档，胸围或腰围按 4cm 跳档。

（2）5·2 系列　按身高 5cm 跳档，腰围按 2cm 跳档。5·2 系列，只适用于下装。

（3）档差　跳档数值又称为档差。以中间体为中心，向两边按照档差依次递增或递减，从而形成不同的号和型，号与型合理地组合与搭配成不同的号型，号型标准给出了可以采用的号型系列。表 1-5～表 1-8 是女装常用的号型系列。

4. 服装号型标准应用

服装消费者可以根据服装上标明的服装号型（示明规格）来选购服装。服装上标明的号型应该接近于消费者的身高和胸围或腰围，标明的体型代号应该与消费者的体型类别一致。例如身高为 162cm，胸围为 83cm，腰围为 65cm，这样体型的消费者，胸腰差是 83−65＝18cm，体型代码应该为 A 型。选购服装时就可以选择示明规格为 160/84A 的服装。

表 1-5　5·4/5·2 Y 号型系列　　　　单位：cm

胸围	腰围													
	身高145		身高150		身高155		身高160		身高165		身高170		身高175	
72	50	52	50	52	50	52	50	52						
76	54	56	54	56	54	56	54	56	54	56				
80	58	60	58	60	58	60	58	60	58	60	58	60		
84	62	64	62	64	62	64	62	64	62	64	62	64	62	64
88	66	68	66	68	66	68	66	68	66	68	66	68	66	68
92			70	72	70	72	70	72	70	72	70	72	70	72
96					74	76	74	76	74	76	74	76	74	76

表 1-6　5·4/5·2 A 号型系列　　　　单位：cm

胸围	腰围																				
	身高145			身高150			身高155			身高160			身高165			身高170			身高175		
72				54	56	58	54	56	58	54	56	58									
76	58	60	62	58	60	62	58	60	62	58	60	62	58	60	62						
80	62	64	66	62	64	66	62	64	66	62	64	66	62	64	66	62	64	66			
84	66	68	70	66	68	70	66	68	70	66	68	70	66	68	70	66	68	70	66	68	70
88	70	72	74	70	72	74	70	72	74	70	72	74	70	72	74	70	72	74	70	72	74
92				74	76	78	74	76	78	74	76	78	74	76	78	74	76	78	74	76	78
96							78	80	82	78	80	82	78	80	82	78	80	82	78	80	82

表 1-7　5·4/5·2 B 号型系列　　　　单位：cm

胸围	腰围													
	身高145		身高150		身高155		身高160		身高165		身高170		身高175	
68			56	58	56	58	56	58						
72	60	62	60	62	60	62	60	62	60	62				
76	64	66	64	66	64	66	64	66	64	66				
80	68	70	68	70	68	70	68	70	68	70	68	70		
84	72	74	72	74	72	74	72	74	72	74	72	74	72	74
88	76	78	76	78	76	78	76	78	76	78	76	78	76	78
92	80	82	80	82	80	82	80	82	80	82	80	82	80	82
96			84	86	84	86	84	86	84	86	84	86	84	86
100					88	90	88	90	88	90	88	90	88	90
104							92	94	92	94	92	94	92	94

表 1-8　5·4/5·2 C 号型系列　　　　单位：cm

胸围	腰围													
	身高145		身高150		身高155		身高160		身高165		身高170		身高175	
68	60	62	60	62	60	62								
72	64	66	64	66	64	66	64	66						
76	68	70	68	70	68	70	68	70						
80	72	74	72	74	72	74	72	74	72	74				
84	76	78	76	78	76	78	76	78	76	78	76	78		
88	80	82	80	82	80	82	80	82	80	82	80	82		
92			84	86	84	86	84	86	84	86	84	86	84	86
96			88	90	88	90	88	90	88	90	88	90	88	90
100			92	94	92	94	92	94	92	94	92	94	92	94
104					96	98	96	98	96	98	96	98	96	98
108							100	102	100	102	100	102	100	102

14

作为服装设计裁制人员，就必须了解服装号型标准的有关规定。号型标准提供给设计者有关我国人体体型、人体尺寸方面的详细资料和数据。在设定服装号型系列与规格尺寸时，号型标准可以提供最好的帮助，服装号型标准是确定服装规格的基本依据。

二、服装成衣规格设计

（一）服装规格的含义

服装规格尺寸是净尺寸加放宽松量后得到的，也是服装的实际成品尺寸。

净尺寸是直接测量人体得到的，人体净尺寸是进行服装裁剪制板时最基本的依据。在此基础上一般都需要根据具体的服装款式加放一定的宽松量，其后所得到的数据，才能用来进行服装裁剪制板。其中加放的松量值称为"宽松量或放松量"，也就是服装与人体之间的空隙量。其放松量越小服装越紧身，放松量越大服装则越宽松。在进行服装裁剪制板时，宽松量的确定准确与否，对服装造型的准确程度有决定性影响。宽松量的正确决定，不仅需要对服装款式做仔细的观察研究，另外还需要有一定的实际制板经验。

例如所测量的人体胸围尺寸为84cm，而裁制的服装胸围为100cm，那么84cm就是人体"净尺寸"，而100cm则是服装的"规格尺寸"。而100cm与84cm的差值16cm就是服装"宽松量"，也称为"放松量"。

（二）服装规格的表示

表示成品服装规格时，总是选择最具有代表性的一个或几个关键部位尺寸来表示。这种部位尺寸又称为示明规格。常用的表示方法有以下几种。

1. 号型表示法

选择身高、胸围或腰围为代表部位来表示服装的规格，是最常用的服装规格表示方法。从1992年开始我国已实行号型表示法，人体身高为号，胸围或腰围为型，标明体型代码。表示方法如160/84A等。

2. 领围制表示法

以领围尺寸为代表来表示服装的规格，男衬衫的规格常用此方法表示。如39号、40号、41号，分别代表衬衫的领大为39cm、40cm、41cm等。

3. 代号制表示法

按照服装规格大小分类，以代号表示，是服装规格较简单的表示方法。适用于合体性要求比较低的一些服装。表示方法如XS、S、M、L、XL、XXL等。

4. 胸围制表示法

以胸围为关键部位尺寸代表来表示服装的规格。适用于贴身内衣、运动衣、羊毛衫等一些针织类服装。表示方法如90cm、100cm等，分别表示服装的成衣胸围尺寸。

三、服装规格尺寸确定

（一）人体参考尺寸

号型标准中给出了人体十个控制部位的尺寸以及这十个控制部位的档差，它是服装裁剪制板、推板的重要技术依据。

对于服装裁剪制板来讲，仅此十个部位尺寸有时仍不能满足技术上的需要，还应该增加一些其他部位的尺寸，才能更好地把握人体的结构形态和变化规律，准确地进行纸样设计。这些数据有两种方法：最基本的一种方法是人体测量和数据处理；另一种方法是人体测量数据结合经验数据加以确定。参见表1-9给出的中国女性人体参考尺寸。

（二）成衣规格设计

服装规格的确定是服装裁剪制板非常关键的步骤，是在人体测量的基础上，依据服装的具体

15

表 1-9 中国女性（女子 5·4 系列 A 体型）人体参考尺寸 单位：cm

部 位	150/76	155/80	160/84	165/88	170/92
1. 胸围	76	80	84	88	92
2. 腰围	60	64	68	72	76
3. 臀围	82.8	86.4	90	93.6	97.2
4. 颈围	32/35	32.8/36	33.6/37	34.4/38	35.2/39
5. 上臂围	25	27	29	31	33
6. 腕围	15	15.5	16	16.5	17
7. 掌围	19	19.5	20	20.5	21
8. 头围	54	55	56	57	58
9. 肘围	27	28	29	30	31
10. 腋围(臂根围)	36	37	38	39	40
11. 身高	150	155	160	165	170
12. 颈椎点高	128	132	136	140	144
13. 前长	38	39	40	41	42
14. 背长	36	37	38	39	40
15. 全臂长	47.5	49	50.5	52	53.5
16. 肩至肘	28	28.5	29	29.5	30
17. 腰至臀(腰长)	16.8	17.4	18	18.6	19.2
18. 腰至膝	55.2	57	58.8	60.6	62.4
19. 腰围高	92	95	98	101	104
20. 股上长	25	26	27	28	29
21. 肩宽(总肩宽)	37.4	38.4	39.4	40.4	41.4
22. 胸宽	31.6	32.8	34	35.2	36.4
23. 背宽	32.6	33.6	35	36.2	37.4
24. 乳间距	17	17.8	18.6	19.4	20.2
25. 袖窿长	41	41	43	45	47

注：1. 表中袖窿长不是人体尺寸，是服装结构尺寸。

2. 颈围 32/35，32 指的是净围度，35 指的是实际领围尺寸。

款式来确定服装成品尺寸，包括衣长、袖长、肩宽、胸围、领围、裤长、腰围、臀围等，是正确地将测得的净尺寸加松量，确定成品服装尺寸。

服装规格尺寸的确定，首先需要对所选定的服装款式做认真分析，包括对服装的廓型、细部造型等进行仔细观察，分析确定其各自的属性。例如：服装是短款还是长款；是宽松的还是紧身的；领子是什么样式的，袖子是什么款式的等。这些分析不仅需要定性，而且必须是定量的。规格尺寸设计者一定要将服装款式进行详尽分析，将图样式的服装款式转化为数据式的服装款式。必须要始终忠于服装款式图设计，不要随意将设计修改，记住服装裁剪制板是服装设计的后续工作——服装裁剪工作，而不是服装设计工作。这是每一个服装裁剪制板人员最基本的素质之一，这不仅是对设计师的尊重，而且也是正确裁制服装的根本保障。

成衣规格是在服装号型系列基础之上，按照服装的部位与号型标准中与之对应的控制部位尺寸加减定数来确定，加减定数的大小取决于服装款式和功能，这是留给服装设计人员的设计空间。例如：中间号的人体实际胸围为84cm，但根据所设计服装款式的不同，成衣实际胸围尺寸既可以在人体实际胸围84cm的基础上加上10～30cm；也可以不加甚至减小（对于用弹力面料制作的紧身内衣来讲）。成衣尺寸规格一般先按照成衣的种类和款式效果确定中间号型的成衣尺寸，之后，再按照号型系列的档差，确定各号型的成衣尺寸。由于号型标准是成系列的，因而成衣规格是与号型标准系列相对应的规格系列。但需注意的是，成衣规格部位并不与号型标准中规定的完全一致，而可以依据成衣品种款式的不同存在差异。有些成衣品种只需较少的部位就可以控制成衣的尺寸规格，例如披风、圆裙、斗篷等；而有些成衣品种则需要较多的部位才能控制成衣的尺寸规格，例如西装、旗袍、各种合体的时装、大衣等。参见表 1-10、表 1-11 列出女装成衣规格尺寸与人体实际尺寸的关系和取值。

表 1-10　女上装（A 体型中间号）成衣尺寸设计　　　　　　单位：cm

种　类	衣　长	胸　围	肩　宽	袖　长	领　大
中间体对应部位尺寸	身高：160 颈椎点高：136	84	39.4	50.5	33.6
西装	（颈椎点高/2）－5 或 2/5 身高＋2	胸围＋ 14～18	肩宽＋ 1～2	全臂长＋ 3～4	颈围＋2.4
衬衣	2/5 身高	胸围＋ 12～14	肩宽＋ 1.1	全臂长＋ 1.1～3.5	颈围＋3.4
中长旗袍	3/5 身高＋8	胸围＋ 12～14	肩宽＋ 1.1	全臂长＋ 1.1～3.5	颈围＋4.1
连衣裙	3/5 身高＋0～8	胸围＋ 12～14	肩宽＋ 1.1	全臂长＋ 1.1～3.5	颈围＋4.1
短大衣	3/5 身高＋0～8	胸围＋ 12～14	肩宽＋ 1.1～3.6	全臂长＋ 5～7	颈围＋ 6.4～12.4
长大衣	3/5 身高＋8～16	胸围＋ 20～26	肩宽＋ 1.1～3.6	全臂长＋ 5～7	颈围＋ 6.4～12.4

表 1-11　女下装（A 体型中间号）成衣尺寸设计　　　　　　单位：cm

种　类	裤（裙）长	腰　围	臀　围	上　裆	裤　口
中间体对应部位尺寸	身高：160 腰围高：98	68	90	股上长：27	足围/腿围
长裤	腰围高＋0～2	腰围＋2～4	臀围＋8～12	股上长＋2	参考足围 与款式
裙裤	2/5 身高－2～6	腰围＋0～2	臀围＋6～10	股上长＋2～5	参考腿围 与款式
裙	2/5 身高 ＋/－0～10	腰围＋0～2	臀围＋2～10		根据款式

　　服装规格尺寸的正确确定还需要有一定的实践经验。因而在每次的实践操作之后，都应该进行总结，以便形成经验积累。当然如果是初学者，也不必担心，在本书以后的章节中会提供相关内容。

第四节　服装裁剪制板工具

一、服装手工制板工具

　　（1）人台　人台是人体的模型，上有粗棉布、扣垫，可移动、可调整支架高度。也被称为人体模型或服装架子。人台上的标记线包括肩线、胸围线、侧缝线、袖窿线、前后中心线、腰节线、领窝线、公主线。工业人台在设计室中主要用于配合纸样设计，生产车间中主要是制作者用它来检验样板与样衣效果。

　　（2）样板用纸　厚重的纸张，用于绘制基本样板。纸样用纸有一定强度，有各种宽度和重量，能够卷装。纸质足够柔软，以至于省道可以对折，或当将纸张展开时，缝线能够保持平服。不要用容易拉伸变形的纸，栅格点的纸也是可以的。这种样板纸在工厂中适合于标记使用。

　　（3）铅笔　分黑、红、蓝三色，用于制图或薄纱织物样板上做标记。

　　（4）软尺　又称皮尺。一种软的、结构稳定的软尺，一般长约为 150cm，在其两端均有金属固定并有刻度的起点标示。当用任何一端拿起工作时，将很方便测量。

　　（5）打孔机　坚硬的打孔机，孔径约 0.2cm，用于制成纸样的缝线外边缘。

　　（6）圆规　适用于不同大小的圆形绘制，可绘制曲线、圆弧。如圆摆裙边、褶边。

　　（7）直尺　透明塑料、金属或木质的直尺，有刻度，其长度可为 15cm、30cm、50cm 等。

　　（8）长尺　100cm 木质或金属制成的直尺有宽度标示。

（9）曲线板　弯曲的塑料工具尺，用于作袖窿弧线与领窝弧线。

（10）长曲线尺　木质或金属制成的 60cm 的尺子，可以弯曲。用于裙、裤制作时，画臀围处的弧线。

（11）领窝线曲线板　分前后领窝曲线的透明塑料刻度尺，可根据衣服尺寸作出领窝曲线，确定其形状与位置。

（12）L 形直角尺　木质、金属或塑料制成，两直角边一边长于另一边，形如字母 L。用于绘制样板与纸样草图或绘制长线或样板中经纬线。

（13）点线轮　带有手柄的锯齿轮工具。用于将线迹穿透：一张纸到另一张时的转移或织物与纸样间转移。点线轮分为两种：一种是锯齿，用于织物（不损伤织物）；另一种是尖齿，用于纸样（不损伤纸样）。

（14）锥子　木柄的锥子，用于样板上锥小洞。如在胸高点上打孔。

（15）大头针　不锈钢大头针，用于褶裥或各片重叠部分的固定。

（16）圆钉　长约为 1.3cm，塑料或金属头，用于纸样或样板各片的固定。

（17）裁剪刀　由于纸张对剪刀口有损伤，所以应该准备两把剪刀，一把用于剪纸，另一把剪面料。

（18）代用面料　平纹粗梳棉织物。对于纸样绘制者来说，了解以下几种织物重量是很重要的：中厚织物，用于检验制成的样板与纸样。轻薄纱织物，用于对轻柔服装的样板检验。厚重硬挺织物，用于平挺服装，如外套或套装的检验。

（19）服装标记复写纸　此纸的一面涂有蜡或粉，它是用于服装工业的复写纸，为红色或蓝色的，可以将纸样转印到薄织物上得到样板，白色的可将纸样转印到服装材料上。

（20）制板工作台　纸样制板的工作台要平整、光滑，一般长度应大于 1500cm。

二、服装 CAD 制图工具

服装纸样结构计算机辅助设计（computer aided pattern design，CAPD）可以有多种设计方法，如经典法、原型法、雏形法、比例法、结构连接设计法和自动设计法等。打板灵活，既可以直接输入尺寸数据，又可以输入计算公式，在设计纸样过程中能非常方便地对裁片进行转省、移省、剪切、展开、变形、修改及推档、加放缝边、加丝绺线、对位刀眼等操作。

1. 主机

建议主机配置要高一些，现在的电脑基本满足要求。

2. 输入设备

用于图像输入的设备包括彩色扫描仪、数码相机和数字化仪等。它们利用一个串联接口就可以与计算机直接相连，特别是数码相机对三维的物体拍摄后，可以直接将图像输送到计算机里。

3. 输出设备

（1）打印机　用于生成系统报告的是彩色喷墨打印机或激光打印机。

（2）绘图机　绘图机是把计算机产生的图形用绘图笔绘制在绘图纸上的设备，由于一般服装排料图的宽度就是面辅料的宽度，尺寸较大，所以一般较少使用通用绘图设备。服装 CAD 专用的大型绘图机也有多种类型，绘图机的主要技术指标有绘图速度、步距（分辨率）、绘图精度、重复精度、定位精度、有效绘图宽度等。

（3）切割机　有的绘图机也具有切割功能，由于服装工业化生产中使用了大量的"净板"，而且一般要求较高，有时还需要配置切割机。切割机配置不同的切割头可以切割不同厚度、不同材料的物品，如纸、纺织品、皮革、塑料等。

（4）电脑自动裁床　电脑自动裁床按裁断布料的方式分为接触式与非接触式；按裁剪头的动力形式有机械刀、水刀及激光刀。具有裁割路径智能化、智能化刀具等，保证裁割精度、机上诊断和全过程，可靠性组件保证机器的正常运行和高生产率。

第五节　制图符号及部位名称

一、常用的制图符号

制图符号是在制图时，为使图纸规范便于识别、避免识图差错而统一制定的标记。具有粗细、断续等形式上的区别，一定形式的制图符号能正确表达一定的纸样制图内容。在纸样制作、服装生产及产品检验中发挥着举足轻重的作用，是服装行业的从业人员必须熟悉和掌握的一项重要内容。纸样中常用的制图符号及其含义见表1-12。

表1-12　纸样中常用的制图符号及其含义

序号	名称	符号	含义
1	粗实线		表示完成线（制成线），是纸样制成后的实际边际线
2	细实线		是一种辅助线，对制图起辅助作用
3	等分线		线段被等分成两段或多段
4	相同尺寸	○ △ ▲ □	图中出现两个以上相同符号，表示它们所指向的尺寸是相等的
5	直角		表示在此处两线呈90°直角
6	重叠		表示此处为纸样相交重叠的部位。用两条平行的45°斜线来表示
7	剪切		剪切箭头指向需要剪切的部位
8	合并	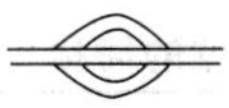	表示两个一半相合并、整形。如用在育克的拼接部位等
9	距离线	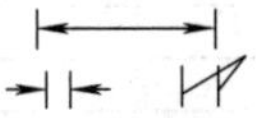	表示两点间的距离。此处需要标记尺寸的大小
10	定位号	⊙	纸样上某部位定位的标记，如袋位、省位等
11	布纹线		表示面料的经向（经向线）
12	倒顺线		纸样中的箭头与带有毛向材料的毛向一致或图案的正向一致
13	省	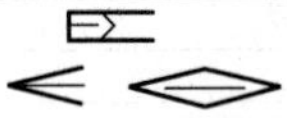	表示省的位置和形状
14	活褶	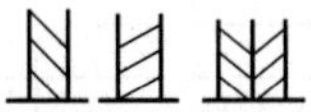	表示活褶的位置和形状。分为单褶和双褶，双褶又分为明裥褶和暗裥褶
15	缩褶		表示此处需缩缝
16	拔开		指借助一定的温度和技术手法将缺量烫开
17	归拢		指借助一定的温度和技术手法将余量归拢
18	对位		表示纸样上两部分在缝制时需要对位
19	明线		表示明线的位置和特征（针/cm）
20	锁眼位		纽眼的位置
21	钉扣位	⊕	纽扣的位置
22	正面标记		表示材料的正面

19

序号	名称	符号	含义
23	反面标记	⊠	表示材料的反面
24	罗纹标记	⌇⌇⌇⌇⌇⌇	表示此处有罗纹,常用在领口和袖口处
25	省略符号	＞・3 ξ・	表示省略长度
26	虚线	— — — — —	表示不可见轮廓线或辅助线
27	点划线	—・—・—・—	表示衣片连折不可裁开或需折转的线条,如贴边线、驳领的翻折线
28	双点划线	—・・—・・—	表示服装的折边位置
29	对条		表示此处需要对条
30	对格		表示此处需要对格
31	对花		表示此处需要对花
32	净样号		表示不带有缝头的纸样
33	毛样号		表示带有缝头的纸样
34	拉链		表示此处装有拉链
35	花边		表示此处饰有花边
36	斜料		表示斜料斜丝

二、服装制图部位简称

在纸样制作过程中,为了清楚地标明结构线或点的位置,常常在相应的线或者点上进行标注,如前中线、胸围线、腰围线等。为了书写的方便,也为了制图画面的整洁,通常采用英文缩略的形式来表示。表1-13列出了服装常见部位的简称。

表 1-13　服装常见部位的简称

简　　称	英文名称	中文名称
B	bust	胸部
UB	under bust	中胸围(乳下围)
BL	bust line	胸围线
MBL	middle bust line	中胸线
BP	bust point	胸点
W	waist	腰部
WL	waist line	腰围线
MH	middle hip	腹围
MHL	middle hip line	腹围线
H	hip	臀部
HL	hip line	臀围线
EL	elbow line	肘位线
KL	knee line	膝位线
AC	across chest	胸宽
AB	across back	背宽
AH	armhole	袖隆
SNP	side neck point	侧颈点
BNP	back neck point	后颈点
FNP	front neck point	前颈点
SP	shoulder point	肩点
SW	shoulder width	肩宽
HS	head size	头围
CF	centre front	前中线
CB	centre back	后中线
SL	sleeve length	袖长
WS	wrong side	反面
L	length	长度

第二章 原型纸样

第一节 服装原型制作

一、原型纸样简介

（一）服装原型的含义

原型是指各种实际变化应用之前的基本形态，可以应用于多个领域。

服装原型是针对服装造型而言，是指服装平面裁剪中使用的基本纸样，即简单的不带任何款式变化因素的服装纸样，简称为原型纸样。原型纸样是以人体尺寸为基础，加以理想化、标准化而得出的，是覆盖人体表面的最基本纸样，是制作纸样的依据和基础。

随着我国服装业的快速发展和西方服装的渗透，许多服装院校和服装技术人员对服装原型做了大量研究。我国服装原型的运用，主要是在借鉴日本文化式原型的基础上发展起来的。

（二）原型纸样的获得

在人体模型上，用"塑料薄膜"完全覆盖，得到"扒皮基础型"——非常紧的基础型，在此基础上加放适当的松量（满足人体基本运动和呼吸）而形成。

基础型＋放松量（满足人体基本运动和呼吸）＝原型纸样

如果每次都用此方法获得原型，则过于烦琐费时，后来人们经过大量的计算，得出合理的推导公式，准确、方便、快捷。

原型的绘制：现今的原型可以通过一些公式直接绘制出来，不用再通过扒皮方法。原型具有两个突出的特性：一是原型的科学性——根据人体而来，有科学依据，来自实践；二是原型的实用性——制图简单，适用于服装大规模的款式变化，特别是对于时装类服装纸样设计，此优点非常突出。

（三）原型纸样的分类

根据原型的不同内涵，可以将原型分为以下几类。

1. 按年龄和性别分类

由于年龄、性别等影响因素，人体各个部位的长度或形态会各不相同。由于这些因素的影响，不同的院校和企业在利用日本人人体计测数据的基础上形成了各自的原型。

学校教学过程中所使用的原型主要包括童装原型、女装原型和男装原型，制图过程中需要利用几个相关的身体测量尺寸。

对于企业，不同的品牌会根据目标顾客的中心尺寸形成平均身体比例的人台。对于企业来说，需要解决的并非是原型如何制图的问题，而是如何使原型的形态适应更多消费群体的问题。

2. 按服装种类的不同分类

在学校教学中，通常会利用同一个原型，根据着装状态和面料厚度的不同，分别加入不同的松量来绘制衬衫、套装、外套等不同松量的服装。

对于企业来说，除了上述利用同一个原型，根据着装状态和面料厚度的不同，分别加入不同的松量这种方法之外，更多的情况下是事先考虑到面料的厚度、松量等影响因素，形成衬衫用、套装用和外套用等不同类型的原型。

3. 按原型的部位不同分类

依据原型覆盖人体不同的部位来分类，分别有如下几种。

（1）女装原型　衣身原型、衣袖原型、裙子原型。

（2）男装原型　套装原型、衬衫原型。

（3）童装原型　衣身原型、衣袖原型。

4. 按原型的出处不同分类

（1）文化式衣身原型　文化式衣身原型如图2-1所示。

（2）新文化式衣身原型　新文化式衣身原型如图2-2所示。

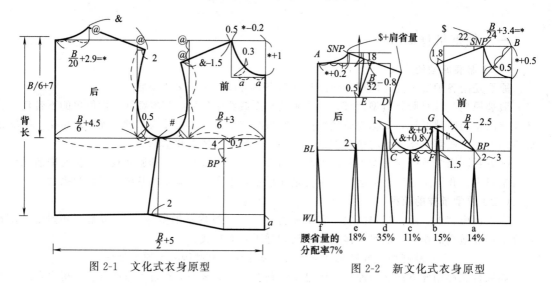

图2-1　文化式衣身原型

图2-2　新文化式衣身原型

（3）登丽美式衣身原型　登丽美式衣身原型如图2-3所示。

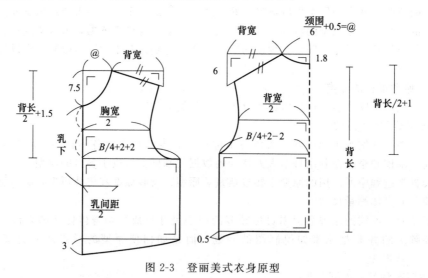

图2-3　登丽美式衣身原型

（4）东华衣身原型　东华衣身原型如图2-4所示。

（四）原型纸样局部名称

1. 前后衣片原型纸样局部名称（图2-5）

（1）后衣片　后领孔曲线、后肩线、后袖窿深线、后腰线、后中心线、后侧缝线、后袖窿曲线、后背宽线等。

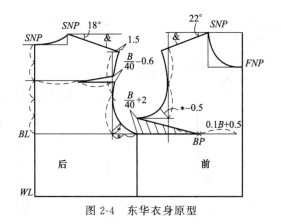

图 2-4　东华衣身原型

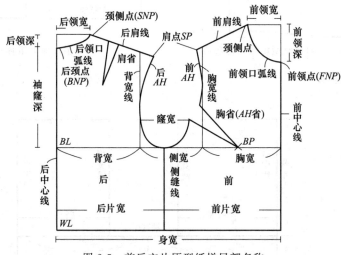

图 2-5　前后衣片原型纸样局部名称

（2）前衣片　前领孔曲线、前肩线、前袖窿深线、前腰线、前中心线、前侧缝线、前袖窿曲线、前背宽线等。

2. 袖片原型纸样局部名称（图 2-6）

袖山曲线、袖山高、前袖缝、后袖缝、肘线、袖中线、袖口线、前袖宽线、后袖宽线、袖山顶点等。

3. 裙片原型纸样局部名称（图 2-7）

前腰围线、后腰围线、前侧缝线、后侧缝线、后裙摆线、前裙摆线、臀围线、前中线、后中线等。

二、文化式女子原型纸样制作

（一）必要制图尺寸

（1）规格　M 中号

（2）胸围 B　82cm。

（3）腰围 W　66cm。

（4）臀围 H　90cm。

（5）背长 L　38cm。

（6）袖长 S　52cm。

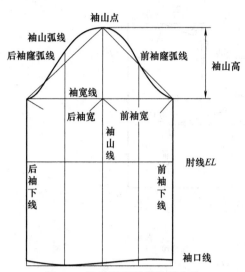

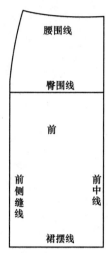

图 2-6　袖片原型纸样局部名称　　　　图 2-7　裙片原型纸样局部名称

（二）衣身纸样绘制

1. 基础线（图 2-8）

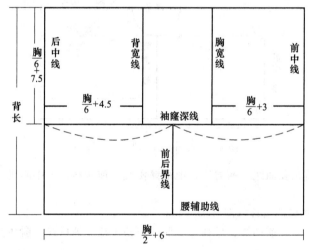

图 2-8　文化式原型衣身纸样基础线的绘制

（1）长方形　长＝$B/2+5＝47$cm。

（2）长方形　宽＝背长 $L＝38$cm。

（3）胸围线　$B/6+7＝21$cm。

（4）背宽线　$B/6+4.5＝18.5$cm。

（5）胸宽线　$B/6+3＝17$cm。

（6）界线　腰线中点：23.5cm。

（7）后领宽　$B/12＝7$cm。

2. 衣片轮廓线（图 2-9）

（1）后领孔高＝后领宽$/3＝2.3$cm。

（2）前领孔深＝后领宽＋$1＝8$cm。

（3）前领孔宽＝后领宽－$0.3＝6.7$cm。

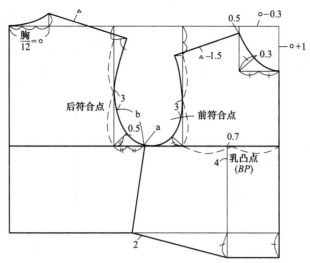

图 2-9　文化式原型衣身纸样轮廓线绘制

（4）后肩点落＝后领宽/3，伸出 2cm。

（5）前肩点落＝2×后领宽/3。

（6）前肩长度＝后肩长度－1.5cm。

（7）乳凸点　中点偏侧边 0.7cm，再向下 4cm。

（8）乳凸量　前领孔宽/2＝3.4cm。

（9）侧缝线　中线偏左 2cm。

3. 衣身省缝绘制（图 2-10）

（1）肩省　位置：1/3 处，省尖偏左 1cm；大小：1.5cm 宽，省长 6cm。

（2）后腰省　省尖在中点上升 2cm，省量为点。

（3）前胸省　省尖在 BP 点，右边省线偏向前中 1.5cm 定位，省量为♯。

（4）前后符合点　中点向下 3cm 处。符合点用于绱袖时与袖山曲线对应。注意：从腋下点到前符合点的袖窿曲线长为 a，从腋下点至后符合点的袖窿曲线为 b。

（三）袖片纸样

必要制图尺寸：AH（衣身袖窿测量值）＝42cm，SL＝52cm。

1. 基础线绘制（图 2-11）

（1）作十字线　竖线即袖中线长；横线即落山线（袖窿深线）。

（2）袖山高　AH/3＝14cm。

（3）肘线　袖长中点下落 2.5cm。

（4）后袖山斜线　AH/2＋1＝22cm。

（5）前袖山斜线　AH/2＝21cm。

2. 轮廓线（图 2-12）

（1）袖山曲线四等分 OB，第一等分点向内 1.3cm 为 C 点；第二等分点向下 1cm 为 D 点；第三等分点向外 1.8cm 为 E 点；分别连接 B、C、D、E、O 点即为前袖山曲线。

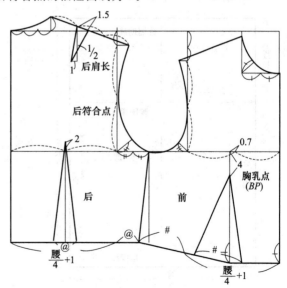

图 2-10　文化式原型省缝绘制

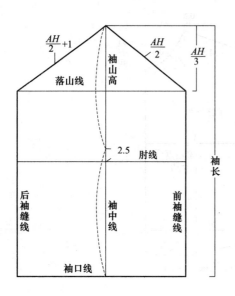

图 2-11　文化式原型衣袖基础线绘制

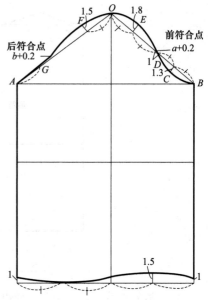

图 2-12　文化式原型衣袖轮廓线绘制

（2）从 O 点量取一等分处向外1.5cm 为 F 点；从 A 点量取一等分为 G 点；分别连接 O、F、G、A 点即为后袖山曲线。

（3）袖口曲线：前袖缝向上 1cm；中点向上 1.5cm；后袖缝向上 1cm。

（四）裙片纸样

1. 必要制图尺寸

腰围 W 66cm，臀围 H 90cm，腰长 20cm，裙长 50cm。

2. 基础线（图 2-13）

（1）作长方形　裙长 50cm；裙宽 $H/2+2=47$cm。

（2）臀围线　向下量取腰长 18cm 处 HL。

（3）腰围线　后腰长 $W/4+0.5=17.5$cm；前腰长 $W/4+0.5=17.5$cm。

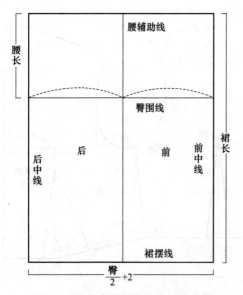

图 2-13　文化式原型裙子基础线绘制

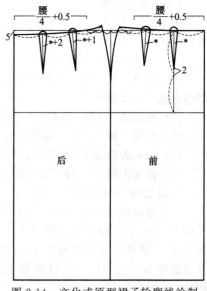

图 2-14　文化式原型裙子轮廓线绘制

3. 裙片完成线（图 2-14）

（1）后中向下 1cm。

（2）前后侧缝上翘 0.7cm。

（3）量取前后腰线长，其余部分三等分，作前后侧缝线，臀围线向上 4cm 处开始，至第一等分点处作弧线。

三、新文化式女子原型纸样制作

（一）衣身原型绘制

成人女子原型利用胸围和背长进行制图，同时以右半身状态作为参考。

1. 基础线绘制（图 2-15）

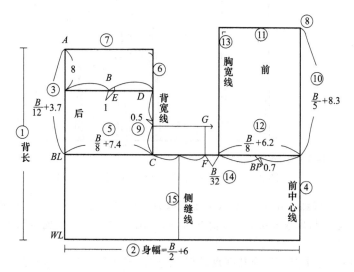

图 2-15　新文化式原型衣身纸样基础线绘制

（1）以 A 点为后颈点，向下取背长的长度作为后中心线。

（2）画 WL 水平线并确定衣身宽，即前后中心线之间的宽度为 $B/2+6$cm。

（3）从 A 点向下取 $B/12+13.7$cm 确定胸围水平线 BL 位置，在 BL 线上取衣身宽为 $B/2+6$cm。

（4）垂直于 WL 画出前中心线。

（5）在 BL 线上，由后中心向前中心方向量取背宽为 $B/8+7.4$cm，确定 C 点。

（6）经 C 点向上画背宽的垂直线。

（7）经 A 点画水平线，与背宽线相交。

（8）由 A 点向下 8cm 处画出一条水平线，与背宽线相交于 D 点。

将后中心至 D 点之间的线段作两等分，向背宽线方向量取 1cm 确定 E 点，作为肩省的省点。

（9）将 C 点与 D 点之间的线段两等分后，通过等分点向下量取 0.5cm，过此点画出水平线 G 线。

（10）在前中心线上从 BL 线向上量取 $B/5+8.3$cm，确定出 B 点。

（11）通过点 B 画一条水平线。

（12）在 BL 线上，由前中心线向后中心线方向量取前胸宽为 $B/8+6.2$cm，由胸宽的二等分点的位置向后中心方向量取 0.7cm 作为 BP 点。

（13）画垂直的胸宽线，形成一个矩形。

（14）在 BL 线上，沿胸宽线向侧缝方向量取 $B/32$ 作为 F 点，再由 F 点向上作垂直线，与水平线相交，得到 G 点。

（15）将 C 点与 F 点之间的线段二等分，过等分点向下作垂直的侧缝线。

2. 轮廓线绘制（图 2-16）

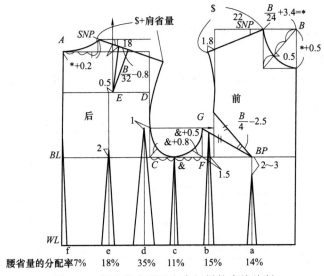

图 2-16　新文化式原型衣身纸样轮廓线绘制

（1）绘制前领口弧线。由 B 点沿水平线量取 $B/24+3.4cm=*$（前领口宽），得到 SNP 点。再由 B 点沿前中心线量取 $*+0.5cm$（前领口深），画领口矩形。依据对角线上的参考点，画圆顺前领口弧线。

（2）绘制前肩线。以 SNP 为基准点量取 22°的前肩倾斜角度，与胸宽线相交后延长 1.8cm 形成前肩宽度（$）。

（3）绘制后领口弧线。由 A 点沿水平线量取 $*+0.2cm$（后领口宽），量取其 1/3 作为后领口深的垂直线长度并确定 SNP 点，画圆顺后领口弧线。

（4）绘制后肩线。以 SNP 为基准点量取 18°的后肩倾斜角度，在此斜线上量取 $ +后肩省（$B/32-0.8cm$）作为后肩宽度。

（5）绘制后肩省。通过 E 点，向上作垂直线与肩线相交，由交点位置向肩点方向量取 1.5cm 作为省道大小，连接省线。

（6）绘制后袖窿弧线。由 C 点作 45°倾斜线，在线上量取 $ +0.8cm 作为袖窿参考点，以背宽线作袖窿弧线的切线，通过肩点经过袖窿参考点画圆顺后袖窿弧线。

（7）绘制胸省。由 F 点作 45°倾斜线，在线上量取 $ +0.5cm 作为袖窿参考点，经过袖窿深点、袖窿参考点和 G 点画圆顺前袖窿弧线的下半部分。以 G 点和 BP 点的连线为基准线，向上量取 $(B/4+2.5)°$ 夹角作为胸省量。

（8）通过胸省省长的位置点与肩点画圆顺前袖窿弧线的上半部分，注意胸省合并时，袖窿弧线仍然应该保持圆顺。

（9）绘制腰省。省道的计算方法以及放置位置如下所示，总省量=$B/2+6cm-(W/2+3cm)$

• 省 A　由 BP 点向下 2~3cm 作为省尖点，向下作 WL 线的垂直线作为省道的中心线。

• 省 B　由 F 点向前中心方向量取 1.5cm 作垂直线与 WL 线相交，作为省道的中心线。

• 省 C　将侧缝线作为省道的中心线。

• 省 D　参考 G 线的高度，由背宽线向后中心方向量取 1cm，由该点向下作垂直线相交于 WL 线，作为省道的中心线。

- 省 E　由 E 点向后中心方向量取 0.5cm，通过该点作 WL 线的垂直线，作为省道的中心线。
- 省 F　将后中心线作为省道的中心线。

各个省量以总省量为依据，参照各省道的比率关系进行计算，以省道的中心线为基准，从腰线 WL 两侧量取等分省量。

（二）袖原型制图

新文化式女子衣袖原型纸样制作，是在衣身袖窿曲线的基础上进行的。首先将上半身原型的袖窿省闭合（图 2-17），以此时前后肩点的高度为依据，在衣身原型的基础上绘制袖原型。

1. 绘制基础框架（图 2-18）

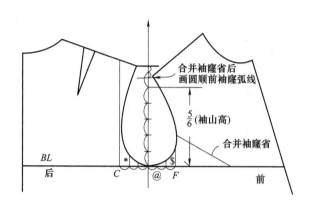

图 2-17　袖窿省闭合

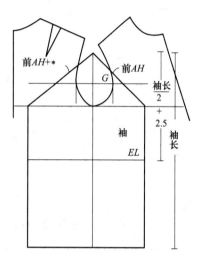

图 2-18　新文化式原型衣袖纸样
基础线绘制

（1）如图 2-18 所示，拷贝衣身原型的前后袖窿弧线形状。

（2）确定袖山高。将侧缝线向上延长作为袖山线，在该线上确定袖山高。

袖山高的确定方法是：计算由前后肩点高度差的 1/2 位置点至胸围 BL 线之间高度，量取其 5/6 作为袖山高。

（3）确定袖肥。由袖山顶点开始，向前片的胸围 BL 线量取倾斜线长等于前袖窿曲线长 AH，在后片的 BL 线量取斜线长等于后 $AH +$ ＊，再核对袖长画前后袖下线。

（4）画出肘位线。

2. 轮廓线的制图（图 2-19）

（1）将衣身袖窿弧线拷贝至袖原型基础框架上，作为前、后袖山弧线的底部。

（2）绘制前袖山弧线。在前袖山斜线上沿袖山顶点向下量取前 $AH/4$ 的长度，再由该位置的点作前袖山斜线的垂直线，量取 1.8～1.9cm 的长度，沿袖山斜线与 G 线的交点向上 1cm 作为袖窿弧线的转折点，然后经过袖山顶点和两个新的定位点以及袖山底部绘制圆顺即前袖窿弧线。

（3）绘制后袖山弧线。在袖山斜线上沿袖山顶点向下量取前 $AH/4$ 的长度，由该位置点作后袖山斜线的垂直线，量取 1.9～2cm 的长度，沿袖山斜线与 G 线的交点向下 1cm 作为袖

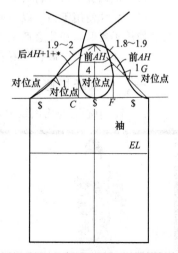

图 2-19　新文化式原型衣
袖纸样轮廓线绘制

窿弧线的转折点，经过袖山顶点和两个新的定位点以及袖山底部画圆顺即为后袖窿弧线。

（4）确定对位点。在衣身上量取由侧缝线至 G 线的前袖窿弧线长度，由袖山底点向上量取相同的长度确定前对位点。将袖山底部画有记号的位置点作为后对位点。

注意在侧缝线至前、后对位点之间不放吃缝量。

四、原型纸样分析

1. 原型纸样复核

原型纸样复核如图 2-20 所示。复核步骤如下：将前衣片的肩点为准对齐，检查袖窿线是否光滑、圆顺（如果在肩点处不平滑，需再行修正）；将前后衣片以侧颈点为基点对齐，检查领孔线是否光滑、圆顺（如果不圆顺，需进行修理）。

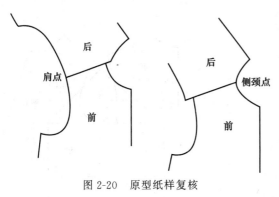

图 2-20　原型纸样复核

2. 原型松量分析

原型纸样的松量，是满足人正常的呼吸和运动的用量，此松量处于一种中间状态，即内衣与外套之间，由它可以得到一般服装（从内衣到外套）的尺寸参数及经验。以下是女装原型的松量，基本处于紧身套装的松量。

（1）衣身松量　胸围处 10cm，腰围处 4cm。

（2）裙子松量　臀围处 4cm，腰围处 2cm。

第二节　原型补正

衣服是为人而制作的，无论是单件定做，还是批量生产，都需要经过做样衣、试穿展示、调整修正的过程，而正确掌握并充分了解几种基础纸样的修正，才能为西装的纸样修正做好铺垫。

由下面两种方法进行研究探讨，找出原因作为修正处理时的依据。

（1）尺寸使用不当　以一般体型来说，当尺寸使用太足时，往往会产生松散的直形绺纹；当尺寸使用不足时，往往会产生太紧绷的八字形斜绺纹。

（2）体型因素　假若穿着者的体型较不同于一般体型，即容易产生不合身的现象。

一、前胸纸样修正

1. 当前中心线与胸围线太短时

| 现象:前胸两乳尖点四周形成紧绷绺纹(多见于胸部丰满者) | 衣身处理:在前胸两乳尖点处以十字形切展,直至衣身平整为止 | 纸型处理:按照衣身切展部分在纸型上切展后并描画纸型 |

2. 当前中心线与胸围线太长时

| 现象:前胸衣身松散不平
(多见于胸部平坦者) | 衣身处理:将松余绉纹以两乳
尖点为中心,横向与直向折叠 | 纸型处理:依照衣身折叠
量在纸型上折叠 |

二、背部纸样修正

1. 当后背宽度尺寸太长时

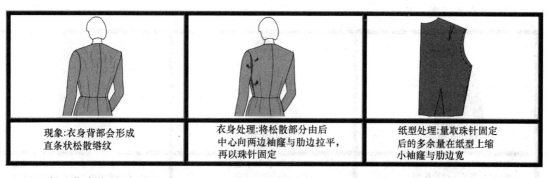

| 现象:衣身背部会形成
直条状松散绉纹 | 衣身处理:将松散部分由后
中心向两边袖窿与肋边拉平,
再以珠针固定 | 纸型处理:量取珠针固定
后的多余量在纸型上缩
小袖窿与肋边宽 |

2. 当后背宽度尺寸不足时

| 现象:在衣身背宽处会
形成紧绷的横条纹 | 衣身处理:由肩到袖
下处切开,将绉纹消除 | 纸型处理:依照衣身切展位置
与宽度直接在纸型上切展 |

3. 当背长线使用太长时

| 现象:肩胛骨附近会
出现水平式松散绉纹 | 衣身处理:将松余量在肩
胛骨处折叠,再以珠针固定 | 纸型处理:在后中心肩胛骨及肩巾褶处,
依照衣身折叠份将纸型折叠 |

4. 当背长线使用太短时

现象:肩胛骨处形成八字形紧绷绉纹(多见于驼背体型者)	衣身处理:在肩胛骨紧绷处切开,直至绉纹消失	纸型处理:在后中心肩胛骨处切展纸型,将背长线增加

三、肩部纸样修正

1. 当肩线斜度不足时

现象:由颈肩点处斜向袖下形成松绉纹(多见于溜肩体型者)	衣身处理:将松余量拉向肩线,再以珠针固定	纸型处理:依照衣身固定的松余量,在纸型肩斜处折叠以降低肩斜度

2. 当肩线斜度太多时

现象:由前中心向肩端袖头处形成拉紧的绉纹(多见于端肩体型者)	衣身处理:将肩线接缝处拆开,直至绉纹消除为止	纸型处理:将衣身拉开部分在纸型肩斜度上展高,将袖孔线提高

3. 当肩线太长时

现象:在袖孔附近形成直形松绉纹	衣身处理:将松余量抓向袖头处,再以珠针固定	纸型处理:依照衣身所抓多余量,在纸型上削短肩线长

4. 当肩线太短时

| 现象:袖孔被衣身拉紧,使袖孔线弯曲变形 | 衣身处理:将袖孔不顺部位拆开,留出不足量 | 纸型处理:肩线长不足部分在纸型上加长,重画袖孔线 |

四、领孔纸样修正

1. 当领孔附近太松时

| 现象:在前中心领孔附近形成八字形松绉纹 | 衣身处理:将松余量在领孔处折叠,再以珠针固定 | 纸型处理:将衣身折叠份在纸型上折叠,加宽肋边褶量 |

2. 当领孔线太短时

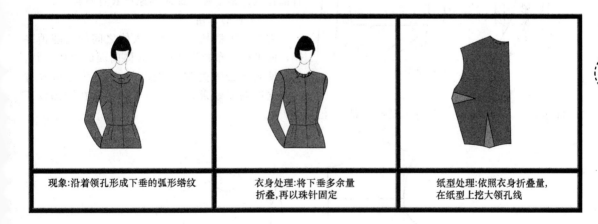

| 现象:沿着领孔形成下垂的弧形绉纹 | 衣身处理:将下垂多余量折叠,再以珠针固定 | 纸型处理:依照衣身折叠量,在纸型上挖大领孔线 |

第三章 省缝变化及应用

在服装纸样设计中，省缝不仅用于余缺处理，其更重要的作用是控制结构，省缝具有多种表现形式，可以融于分割线、育克、褶裥等结构线中，但单纯这些结构并不能代替省缝的功能。最关键的是清楚了解省的构成，深刻理解省的功能，熟练掌握省缝变化原理，才能在纸样设计中巧妙地将省缝结构与款式融为一体，通过省缝转移变化创造出一系列新颖漂亮的款式。所以说掌握省缝的变化规律及其应用对纸样设计制板具有极其重要的作用。

第一节 省缝的功能与种类

一、省的功能

（一）省的认识

要将一块平面的布料缝制成衣服，使它穿在人体上时，能够贴合在身体各种不同的曲面上，达到合体的要求，就必须在某些地方做省的处理。要将平面的布料转变成立体的方法，除了"省"外，尚有分割线、褶、缩缝、布料的伸缩整烫等技巧。将没有作省的原型衣片缝制好穿在人体上的效果如图3-1所示，在胸部以下腰部的前后左右都存在许多空隙，此时的原型衣身不合体。

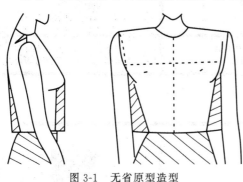

图 3-1 无省原型造型

（二）省的作用

省的作用就是将布料与人体之间的空隙消除掉，使平面的布料形成符合人体曲面的立体形状，从而使服装合体美观。如图3-2所示为原型收省后的立体造型效果，从图中可以看出在胸部以下完全合体，中腰部的前后左右的空隙都已经消除掉了。

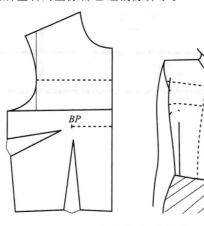

图 3-2 省的功能

二、省的构成

对于初学服装纸样的人来说，如何设计省呢？什么样的省才能够达到使服装既美观合体又便于加工制作呢？首先，必须了解省的构成要素。要确定一个省，至少包括四个要素，即省尖、省量、省形和省位，现分述如下。

（1）省尖　是指收省的结束点（省的消失点），应该指向人体凸点。对上衣来说人体的凸点前面有胸廓凸和乳凸点；后面有肩胛凸和背凸。

（2）省量　是指收省的分量大小，省量决定服装的合体程度：省量大时，如上衣收全省量时，服装为立体的合体结构；当省量小时，如上衣收半省（即收全省量的一半）时，服装为半合体结构；当省量为零时，服装呈现宽松平面结构。

（3）省位　是指收省的位置，省位的确定要根据服装需要做余缺处理的位置、面料的性能、花色以及款式的分割特点来综合考虑。省可以在一定范围内移动和变化。以上衣的乳凸省为例，可以有侧省、腰省、领孔省、肩省、袖窿省等多种省位（图3-3）。

（4）省形　是指省的形状，一般常用的省形有锥形省、钉子形省、菱形省、橄榄形省及复杂的曲线省等。

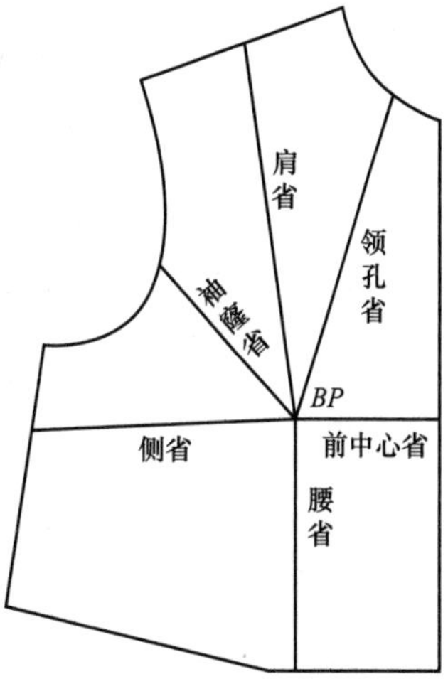

三、省的种类

省的分类可以按照省道的形状及省位来分类。

按省的形状分，直线省、折线省和曲线省。在直线省中又分为锥形省、钉子形省、菱形省等；曲线省又分为橄榄形省、弧形省等。

图3-3　胸省的位置变化

按省的大小分，有全省、半省、1/4省等。

按省的位置分，如胸凸省可以设计成侧缝省、腰省、领孔省、肩省、袖窿省等（图3-3）。

第二节　省缝转移方法

样板设计的首要任务不仅仅是确定省缝的位置，更重要的是能将一个省缝转移到不同的位置，通过省缝转移获得新的线形和造型效果，从而得到新的款式，事实上很多款式变化是通过省缝结构转移而来的。所以，学习掌握省缝转移尤为重要。

制作省时必须配合体型、布料性质、花样的完整性来考虑，设置于效果最佳的地方。以省尖点为中心，根据实际需要将省向其他位置移动或平均分散，称为省移。衣身的省移方法有两种：一种是旋转法；另一种是剪切法。

一、旋转法

（一）旋转法的概念

旋转法又名转省法，以笔尖压住乳凸点，转动原型，将省份移出。旋转法建议在形状简单的直线省或单省转移时使用，这种方法对于初学者来说常常会令人迷惑，但当掌握了其原理时，就会用得非常快，而且得出的结论也会非常准确。

（二）旋转法制图步骤

（1）使用原型，确定新省的位置（图3-4）。

（2）从原省的一边描绘外轮廓至新省位（图3-5）。

（3）用笔尖压住 *BP* 点（省尖），旋转原型至腰线水平，将新的省份留出（图3-6）。

（4）复制余下的轮廓线（图3-7）。

（5）移开原型纸片，连接新省位与省尖点形成新省（侧缝省）。

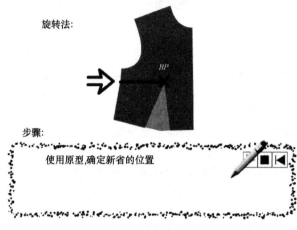

图 3-4　旋转法步骤一

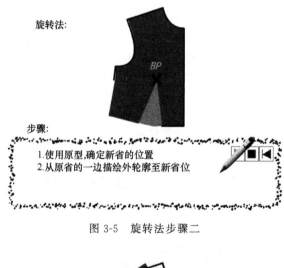

图 3-5　旋转法步骤二

图 3-6　旋转法步骤三

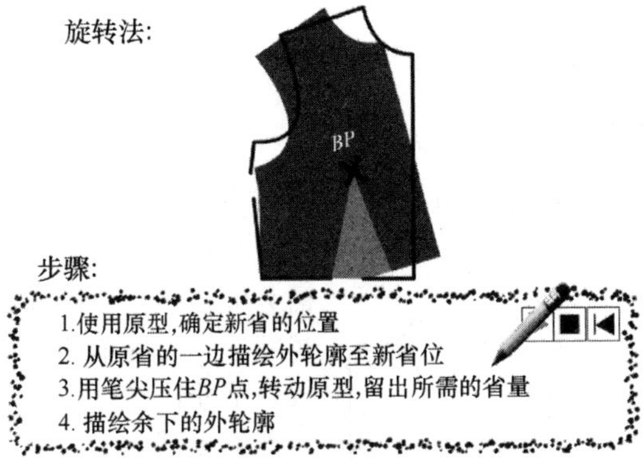

旋转法：

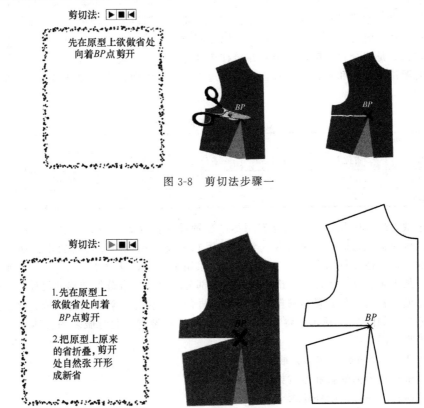

步骤：

1. 使用原型，确定新省的位置
2. 从原省的一边描绘外轮廓至新省位
3. 用笔尖压住BP点，转动原型，留出所需的省量
4. 描绘余下的外轮廓

图 3-7　旋转法步骤四

二、剪切法

（一）剪切法的概念

剪切法是先在原型上将欲做省处向着凸点剪开，再把原型上原来的省折叠，如此剪开处自然张开形成新省。当遇到多省或复杂省形时，最好用剪切法。在这种情况下，剪切法既简单、快捷，又准确、便于理解。

（二）剪切法制图步骤

（1）连接新省位至省尖。

（2）从新省处剪开至省尖（图 3-8）。

（3）闭合原省，新省张开（图 3-9）。

剪切法：▶■◀

先在原型上欲做省处向着BP点剪开

图 3-8　剪切法步骤一

剪切法：▶■◀

1. 先在原型上欲做省处向着BP点剪开

2. 把原型上原来的省折叠，剪开处自然张开形成新省

图 3-9　剪切法步骤二

（4）修顺新省外轮廓。

（5）依据实际调整省尖位置。

三、省的分解转移

以前衣片为例，在合体设计时，围绕着胸部可以任意收一个省，但收省过于集中时造型效果生硬死板，既不舒服也不美观，因而需要进行省的分解转移。分解的部位越多，其造型与人体就越贴近。最简单的胸省分解转移，是把胸省分解成两个并转移到其他的部位。胸省可以多次分解，从理论上讲，只要分解的省量不超过胸省量，都是合理的。由此可见，胸省的分解有很大的灵活性和应用范围。分解的方法与部分转移相同，只是处理时要分开处理，分解的省与省之间的用量要平衡。如图 3-10 所示，新文化式原型中省的分解是根据实验数据确定的（表 3-1）。

从造型上讲：一个省的省量过大，容易形成尖点，外观造型较差；多方位省缝由于各个方位缝去的量小，可使省尖处造型较为均匀而平缓，造型效果较好。原型上衣片胸凸全省包括乳凸、前胸腰差和胸部设计量的总和。全省的意义在于其确定出了胸部余缺处理的最大极限。传统胸省

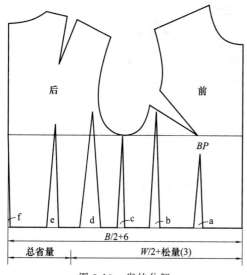

图 3-10 省的分解

的选择有五种，即腰省、侧省、袖窿省、肩省和领孔省，这些省无论怎样改变位置，省的指向都是乳点。实际上胸省可以在任何一个位置作省，只要省尖对准乳点即可。也就是说胸省的设计可以有无数种选择，既可以是分解设计，也可以是移位设计，这就是胸省的分解与转移。最简单的全省分解转移，是把全省分解成两个省并转移至其他部位。全省也可选择多次分解设计，从理论上讲，只要单位省的总和不超过全省，都是合理的结构。因而，全省的分解转移有很大的灵活性和应用范围。

表 3-1　胸省省量分配

项目	省量					
	省位 f	省位 e	省位 d	省位 c	省位 b	省位 a
实验数据	4.1%	21.4%	37.1%	6.3%	16.0%	15.1%
新文化式	7%	18%	35%	11%	15%	14%

胸部余缺处理的极限，就是把全省用尽，这种设计称为紧身设计。服装造型并不都是贴身的，服装结构应适应人们的生活环境、活动范围和审美习惯等多方面的要求。在半合体的服装中，胸省的用量中往往只用全省的一部分，尽管采用全省的紧身设计，也习惯于分解使用，这样能使造型更加丰满适体。因此，就出现了全省的部分转移和全省分解转移的设计方法。全省的部分转移，是使全省的部分省量转移至全省位置以外的任何位置，剩余的部分成为腰省或含在腰围线中成为松量。如图 3-11 所示，将全省分解为袖窿省和腰省，此时服装的合体程度与作一个大的全省的效果相同。

【实例 1】 将全省分解转移为袖窿省加腰省

全省分解转移为袖窿省和腰省如图 3-11 所示。

（1）从原省的一边描绘外轮廓至新省位。

（2）用笔尖压住 BP 点（省尖），旋转原型至腰线水平，将新的省份留出。

（3）复制余下的轮廓线。

（4）将新省位两边分别与省尖连接。

（5）修正省尖距乳凸点 BP 的距离。

（6）画新省的省山（省山的画法参见本章第三节）。

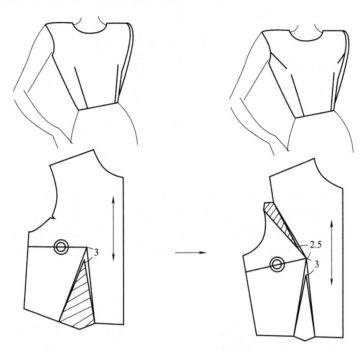

图 3-11　全省分解为袖窿省和腰省

【实例 2】　将全省分解转移为双肩省

全省分解转移为双肩省如图 3-12 所示。

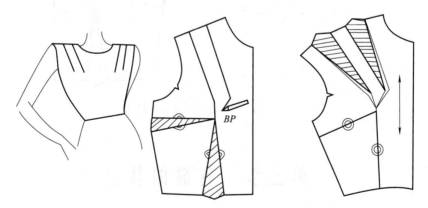

图 3-12　全省分解转移为双肩省

【实例 3】　将全省分解转移为双领孔省

全省分解转移为双领孔省如图 3-13 所示。

在全省的部分转移中，如果剩余的部分成为在腰围线中的松量时，这意味着转移出去的省量越接近全省量，也就越接近贴身设计，相反也就越宽松。对省量的选择实际是对服装造型合身程度的选择。为了掌握更明确的范围界限，半省转移量以前片原弯曲的腰线移成水平线为准。

【实例 4】　将全省分解转移与省尖修正

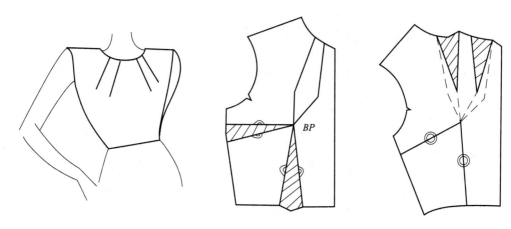

图 3-13　全省分解转移为双领孔省

　　一般情况下，分解后的双省的省尖都要进行适当修正，使其离开 BP 点一定距离，这样可使省缝在制作完毕、经过熨烫后造型更加含蓄美观。如图 3-14 所示，腰省省尖一般距离 BP 点 1～2cm，领孔省省尖距离 BP 的距离在 2～3cm。有时为了让翻驳领能够盖住领孔省，此时的省尖离开 BP 点的距离更大，此时依据款式而定。总之，指向 BP 点的省都要离开适当的距离使省缝制作完成后更加含蓄优美。

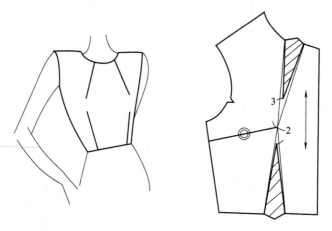

图 3-14　全省分解后省尖的修正

第三节　省缝的转化

一、省与断缝的转化

　　省与断缝是可以互相转化的，省是可以隐含在断缝中的。

（一）袖孔公主线

　　袖孔公主线是袖窿省与腰省相连的断缝，通过乳点连接腰省直至下摆，其贴身的线条，包括垂直线、斜线和弧线等恰到好处地结合在一起，具有流畅优美的韵致。公主线在服装品种中用途广泛，如公主线型衬衣、连衣裙、套装及大衣等。

公主线结构是通过乳点上下连成断线。全省的使用通常是由 *BP* 点引出两条结构线或者省缝。公主线从完成的服装看似乎只是一条断缝，但实质上公主线是两个省（袖窿省和腰省）的组合，这也说明公主线结构是贴身结构，它不适用于宽松的服装造型。其纸样设计方法与胸省的部分省移方法相同，即把部分省移到袖孔，使腰线呈水平状，同时把剩余在腰上的省量作为腰省量。

【实例1】 袖孔公主线（前身）

袖孔公主线（前身）如图 3-15 所示。

1. 款式分析

前身片为对称图形，有一条竖分割曲线，从袖窿连接到腰部，说明在这线条中隐含着两个省：一个是袖窿省；另一个是腰省。

2. 制图步骤

（1）描下原型，在袖窿线上找一点连接至 *BP* 点，与腰省重合，这条线为弧线的公主线，一定要画顺。

（2）剪开至 *BP* 点，折叠侧缝省，全胸省的一半就转移到袖窿省，在胸高点处画顺。

（3）最后把前身片分成两个部分（图 3-15）。

同理可以完成实例 2 后身袖孔公主线（后身）制图。

 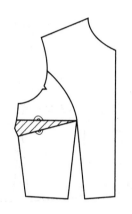 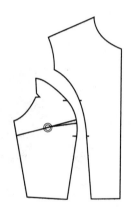

图 3-15 袖孔公主线（前身）

【实例2】 袖孔公主线（后身）

袖孔公主线（后身）如图 3-16 所示。

图 3-16 袖孔公主线（后身）

（二）肩部公主线

肩部公主线由肩省与腰省连接形成，公主线的全省分解，有一部分恰好在全省的相同位置，故此不用转移。甚至凡是包括腰省的断缝结构，全省分解时根本不需要移省，只要把设定的断缝剪开，全省量剪掉，就完成了纸样。

【实例 1】 肩部公主线（前身）

肩部公主线（前身）如图 3-17 所示。

1. 款式分析

身片为对称图形，有一条竖分割线，从肩部连接到腰部，说明在这线条中隐含着两个省：一个是肩省；另一个是腰省。

2. 制图步骤

（1）描下原型，在肩线上找一点 a，连接 a 至 BP 点。

（2）剪开 a 至 BP 点，折叠腰省，部分腰省就转移到 a，连接 ab，ab 为公主线。

（3）在胸高点处画顺。

（4）如果胸部较突出，可在胸高点向侧缝线剪开一条缝，拉开 0.3cm 作为胸部的松度。为了使收省与人体体型相吻合，收省效果更好，公主线可抹掉棱角取虚线的形状。

同理可以完成实例 2 肩部公主线（后身）制图。

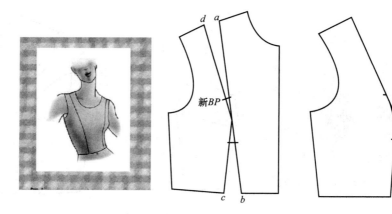

图 3-17　肩部公主线（前身）

【实例 2】 肩部公主线（后身）

肩部公主线（后身）如图 3-18 所示。

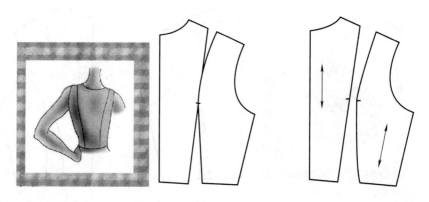

图 3-18　肩部公主线（后身）

二、省与褶的转化

省可以根据款式变化需要，转化为不同的褶皱，现分述如下。

（一）腰省转为腰部碎褶

【实例1】　前衣片腰身碎褶

前衣片腰身碎褶如图 3-19 所示。

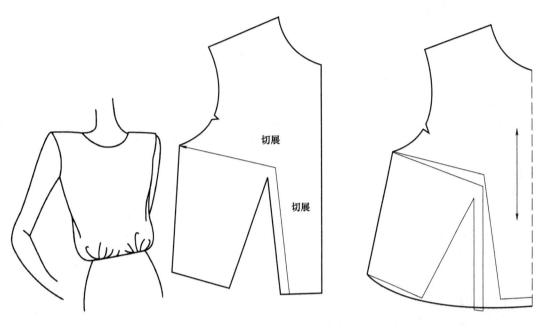

图 3-19　前衣片腰身碎褶

【实例2】　后衣片腰身碎褶

后衣片腰身碎褶如图 3-20 所示。利用后腰省做碎褶时，若褶量不够，也可以切展以达到所需的褶量

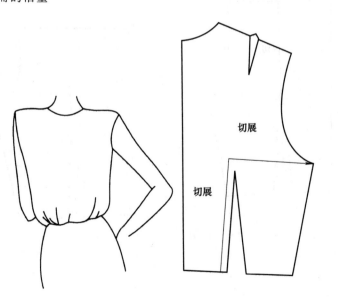
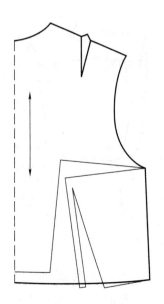

图 3-20　后衣片腰身碎褶

（二）肩省转移至剪接线上的碎褶

【实例1】 前衣片过肩与碎褶

前衣片过肩与碎褶如图 3-21 所示。

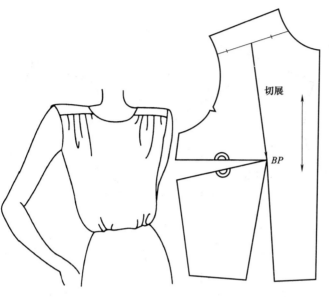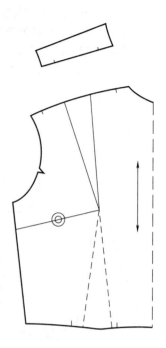

图 3-21 前衣片过肩与碎褶

【实例2】 后衣片过肩与碎褶

后衣片过肩与碎褶如图 3-22 所示。

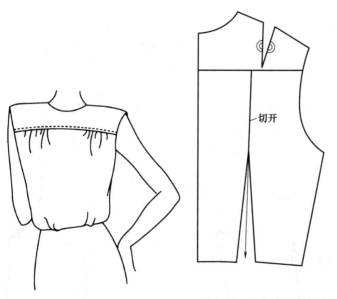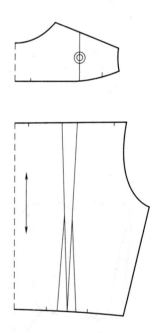

图 3-22 后衣片过肩与碎褶

三、省与撇胸

如果将一块布覆合于人体胸部时，在领口的前中心部位就会出现多余的面料。尤其在那些前中心为整裁、领口开深相对较大的无领型款式中，这部分多余的面料更加明显。着装后不但给人不稳重的感觉，而且降低了服装的档次。如果将这些多余的面料缝合进去，或剪去（做撇胸处理），或运用工艺处理方法达到款式设计的变化，就能使胸部平服、合体且美观。

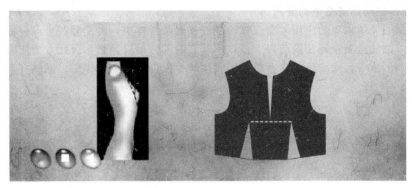

图 3-23　撇胸的产生

（一）撇胸的产生及作用

如图 3-23 所示，通过前中心领口处收省缝的方法，将前身领口处的多余量缝进去，使得胸部平整服帖。实质上这是完成的功能，撇胸是由胸部至前颈窝的坡面状态所形成的差量而产生。撇胸常用于胸部合体的服装款式设计中，其作用是使领口处服帖、胸部合体、前身平整。

（二）撇胸的纸样处理方法

运用原型进行撇胸的纸样处理：描下原型，按住 BP 点，将原型纸样向侧缝方向移动1.5cm。如果前中缝为关门领型时，修正乳峰线以上的前中心线，此时的前中心线变成了一条平缓的弧线，然后再画出与它平行的搭门线（图 3-24）。

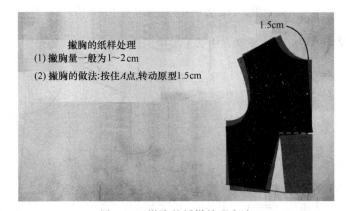

图 3-24　撇胸的纸样处理方法

因服装材料、款式及人体体型的不同而合理运用撇胸，在女装结构设计中，由于女性体型特征胸凸的存在，形成胸省，所以女装撇胸设计往往又与胸省的设计相结合。有时胸部全省的设计包含了撇胸量；有时撇胸量的设计又是胸省设计的分解与弱化。无论撇胸以怎样的形式存在，其作用均是使服装胸部造型合体、平整。

由于服装材料、服装款式及人体体型的不同，撇胸设计运用不当，就会产生一定的弊病。具有规则图案和带有条格的面料，会出现错条、错格、杂乱无章的现象。这样处理虽然使服装达到了胸部尺寸的合体性，但视觉效果差。整件服装同样达不到完美的效果。应当保证撇胸设计与材料、款式结构、人体体型相匹配。

当前身分割线通向肩线或领口，或前衣身有较大领口省或肩省时，可以不再另设撇胸量。因为此时通过肩省、领孔省的设计，可使前中心处胸部的不平服现象消失，达到很好的合体效果。实际上前身的分割线、肩省、领孔省中已经暗含了撇胸量。

（三）撇胸在胸部造型中的应用

（1）在翻驳领结构中的应用　在合体的翻驳领服装纸样中，由于翻驳止点一般定在胸围线以下，而驳头外翻的造型正好使胸凸以上止口不顺直的部分得以隐蔽。因此，为使驳领造型达到合体与美的造型的统一，撇胸设计在合体的驳领服装中发挥着重要的作用。撇胸在翻驳领结构中的应用如图 3-25 所示。

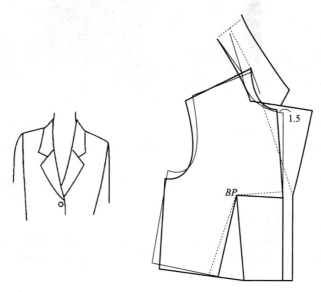

图 3-25　撇胸在翻驳领结构中的应用

（2）在中式服装中的应用　撇胸在中式服装中的应用如图 3-26 所示。

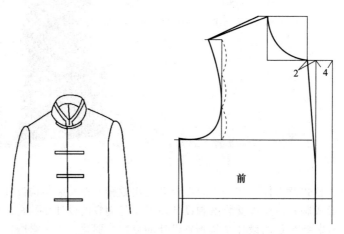

图 3-26　撇胸在中式服装中的应用

四、省外轮廓的修正

省外轮廓（即省山）的修正方法有两种，即实验法和绘图法。实验法，如图 3-27 所示。绘图法如图 3-28 所示，省山绘制。以倒向的一边为对称轴，用镜像法作图。

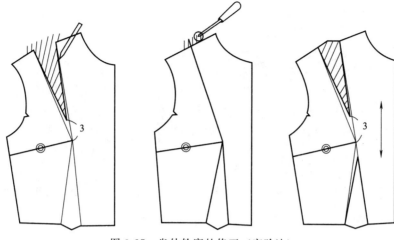

图 3-27 省外轮廓的修正（实验法）

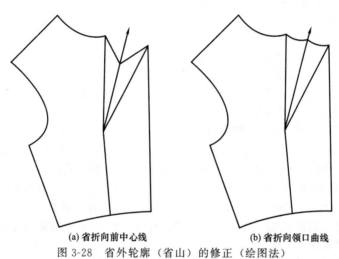

(a) 省折向前中心线　　　　　　　(b) 省折向领口曲线

图 3-28　省外轮廓（省山）的修正（绘图法）

第四节　省缝变化的应用

一、省缝的应用规律

（一）省处理原则

（1）原则　省可以在不影响服装的大小和合体性的情况下，从设定好的省位被转移至纸样轮廓四周任何一个位置。

（2）推论　省超出量可以置于褶、缩缝、衣缝省、款式线、斗篷、袖孔松量或者褶的展开部分等。省超出量可以分布至多重省或款式省，或者以其他方式组合。省超出量系列被看成省等价结构，可以通过图 3-29 显示。

（二）设计方案

关于省处理和省等价结构系列的设计方案都是基于原则Ⅰ进行的。

紧身胸衣前片纸样常常被用于举例说明省处理、增加丰满度、造型（三种主要纸样制作原理），因为大多数款式设计变化都是发生在紧身胸衣前片纸样上。用于演示紧身胸衣的相同方法

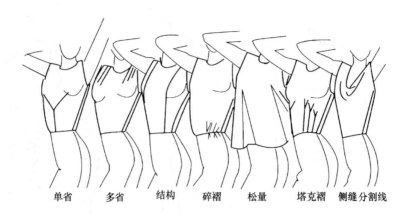

单省　　多省　　结构　　碎褶　　松量　　塔克褶　侧缝分割线

图 3-29　省的存在形式

和五种工作纸样的省也能够被重新部署并为省等价结构服务。本章后面将会阐明省缝在前衣片、后衣片、袖子、裙子、裤子中的应用。

省缝变化的应用规律及省移方法主要介绍了为款式设计变化从一个位置转移到另一个位置的省超出量转移过程中的切—展—转—移等省移制作工艺。这是产生设计纸样的纸样处理过程的最前端（始点或源头）。该过程在管理和控制纸样方面有技术和艺术的双重要求。因为一个服装款式、结构线条的合理、美观性是由纸样处理过程的始点（省缝处理）来决定的，如果在纸样制作的源头（省缝结构处理）没有搞好，那么无论后面的纸样制作、服装缝制怎样努力弥补都是无济于事的。所以说纸样制作中的省缝处理既有技术要求又有艺术审美要求，是双重要求，是一项既含有高技术含量又兼有艺术审美能力的工作，这就需要纸样制作人员具有很高的技术水准与艺术审美、鉴赏能力。这就是为什么一位精通制板技术又具有好的审美能力、经验丰富且具有纸样制板的管理与控制能力的高级板师或板房主管服装企业千金难求的原因，毫不夸张地说，板师的水平决定了服装企业的产品水平与命运。特别是对于时装企业更是如此。对于初学者来说，要想达到如此高的制板境界，需要付出比别人更多的努力。千里之行始于足下，应从省缝的变化原理、规律学起。

（三）省角的确认

在不考虑其在纸样轮廓线四周位置的情况下，为验证省线夹角保持不变，将下列纸样按照如下顺序堆叠：肩省（最长省——粗体线）、腰省（线纹图案）和前片中央胸省（最短省），用一枚图钉贯穿三张纸样的胸点，定位省线。它们都相互匹配并且从最短省至最长省的角度相同。每副纸样省线终端之间的空间有变化。这种差异和胸点至省所在的纸样边缘的距离有直接关系。省越靠近省尖点，省宽度越小；距离越远，省宽度越大（图 3-30）。

（四）原理检验

在前述纸样制作中，省被转移至轮廓线四周的很多不同位置。这些纸样的形状和初始工作纸样不同。但当省线合拢和固定时，纸样仍应该为初始尺寸和形状。这点可以通过采用纸样预先处理来证实。把省线集合起来（即把省缝缉掉），使纸样呈杯状凹陷并黏合牢固。堆叠纸样，前片中心对准。可观察到纸样立体度完全一致（图 3-31）。

二、省缝在前衣片中的应用

（一）单省

1. 袖窿省（图 3-32）

制图分析：在身片上有两个袖窿省，款式图是对称的，只需半身制图就可以。

（1）描下原型，在袖窿上找新省位 C。

（2）旋转原型至原省的两边 A、B 点重叠，描下其余部分轮廓线。

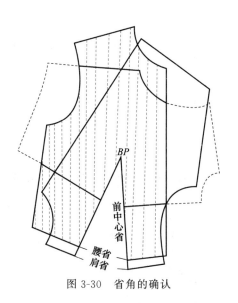

图 3-30　省角的确认

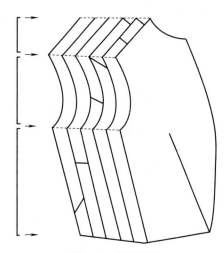

图 3-31　原理检验

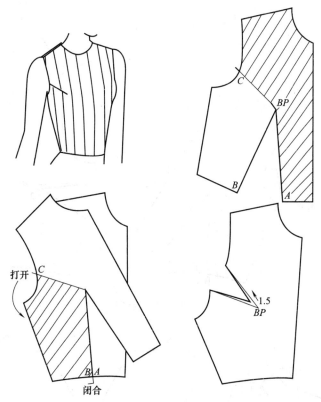

图 3-32　袖窿省

（3）画出新省缝，离开 BP 点 1.5cm 确定省尖。裁剪时前中心是折线。

2. 侧缝省（图 3-33）

制图分析：在身片上有两个腋下省，款式图是对称的，只需半身制图就可以。

（1）描下原型，在侧缝上找一点画出侧缝省位 C。

（2）旋转原型至原省的两边 A、B 点重叠，描下其余部分轮廓线。

（3）画出新省缝，离开 BP 点 1.5cm 确定省尖。裁剪时前中心是折线。

3. 前中心省（图 3-34）

制图分析：在身片上前中心线为破缝，两边各有一个中心省，下半边连裁，所以必须左右制图都做出来。

（1）描下原型，在中心线上找一点画出中心省。

（2）旋转原型至原省的两边 A、B 点重叠，描下其余部分轮廓线。

（3）画出新省缝，离开 BP 点 1.5cm 确定省尖。

（4）对称制图画出另一边。

4. 单省练习题

单省练习题如图 3-35 所示，完成的纸样实际效果与设计效果图一致就说明纸样是正确的，单省练习题参考答案如图 3-36 所示。

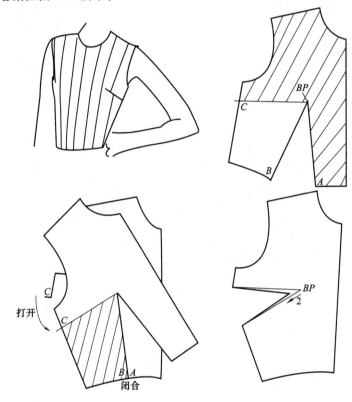

图 3-33 侧缝省

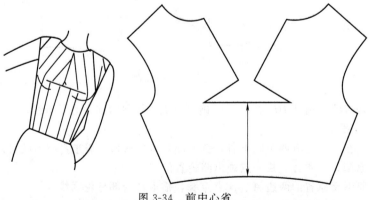

图 3-34 前中心省

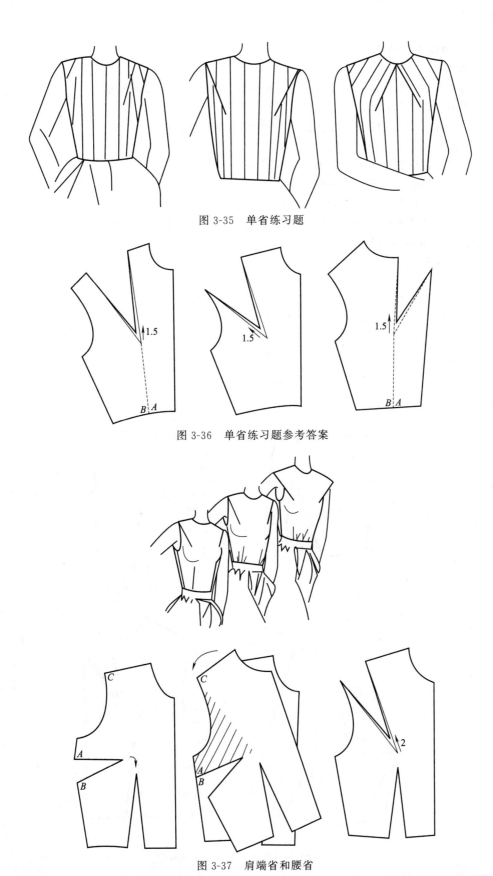

图 3-35 单省练习题

图 3-36 单省练习题参考答案

图 3-37 肩端省和腰省

（二）肩端省和腰省

1. 设计分析

肩端省和腰省如图 3-37 所示，在设计中侧缝省被转移至肩端做省或褶。

2. 纸样绘制和处理

（1）在胸点用图钉将纸样固定在纸上。标记肩端新省位 C 点。

（2）标记省线 B 并向上延展到 BP 点。

（3）向下转动纸样直到省线 A 和 B 在纸上重合。

（4）在肩端标记 C 点并回溯至省线 A。

（5）重新移动纸样，绘制省线至胸点。

（6）新省形状修正，距离胸点 1.5cm 处定位省点并重新画线至省点。

（三）前片中央领省和腰省

1. 设计分析

前片中央领省和腰省如图 3-38 所示。

2. 纸样绘制和处理

（1）将纸样放在纸上用图钉固定，标记中央前片领 C。

（2）在省线 B 上标记并上溯至点 C。

（3）向下转动纸样直到省线 A 触到在纸上的 B。

（4）在领部标记点 C 并追踪至省线 A。

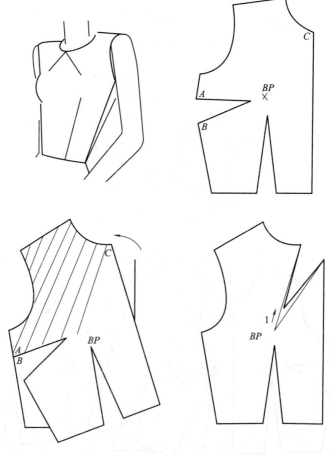

图 3-38 前片中央领省和腰省

（5）移动纸样，画省线至胸点。

（6）在距离胸 1.5cm 处确定省点，重新绘制线至省点。

（四）组省

组省可以被看成一个独特的设计元素，可以看成是一组基础省或程式化省、褶皱或一系列任何想要的组合。用于组省排列的切开线可以变化，可以是平行的，也可以是辐射状的。

1. 肩部组省

（1）设计分析　肩部平行组省如图 3-39 所示。

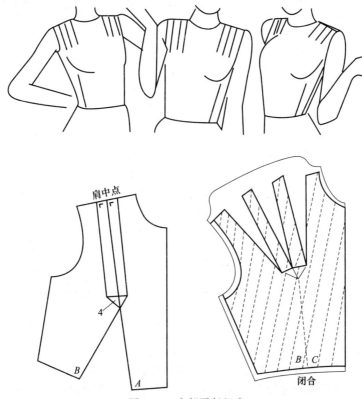

图 3-39　肩部平行组省

（2）纸样绘制和处理

• 绘制基础原型纸样前片。

• 标记肩中部和省线 A、B。

• 从肩中部向胸点 BP 绘制切开线。

• 在胸点上方 4cm 处画一条垂直线。

• 从切开线两边各 2.5cm 处画切开线的平行线，和胸点 BP 连接。

• 合拢原省线 A、B 两边，新省张开，用胶带黏合。

• 画省线至垂直线，完成新省轮廓修正线。

2. 前胸中央组省

（1）设计分析　前胸中央组省如图 3-40 所示。

（2）纸样绘制和处理

• 绘制原型前片纸样，标记原省线 A、B。从前身中央画垂线至胸点。

• 从距离胸点 2.5cm 处绘制导出线，和前身中心线平行。

• 从线的两边朝外 2cm 处画线至导出线。

- 剪切线至胸点 BP，合拢原省线 A、B，展开新省，黏合固定。
- 修正新省，完成纸样。

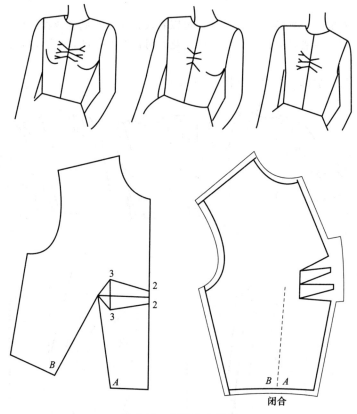

图 3-40　前胸中央组省

3. 渐进辐射组省

渐进省是一组有长度变化的省。省从一个焦点发散，平衡排列，可能等长，也可能长度有递进变化。为了防止离胸峰最远的省的顶点凸出，较短的省的省量较小，一般为 1～2cm，所有残余省量都被最靠近胸凸的省吸收。

（1）设计分析　渐进辐射组省如图 3-41 所示。渐进省设计以沿着肩部线条的渐进为特色。最长的省终止于胸凸水平线上。

（2）纸样绘制和处理

- 描下原型前片，标记原省线 A、B。
- 从前片中心向侧缝作垂线，穿过省点。
- 从前片中心向过省点 2cm 处画线，标记 C。
- 从肩部向导出线画 4 条切开线，等距分布。
- 从领向 C 裁剪，从 C 向省点裁剪。
- 合拢省线 A 和 B，展开新省，用胶带黏合，保持领角处不变形。
- 修正新省尖至导出线距离为 2.5cm。

4. 辐射组省

（1）设计分析　辐射组省如图 3-42 所示。设计以从颈部开始的辐射省为特征，处于领圈中部的长省且方向朝向胸点。

（2）纸样绘制和处理

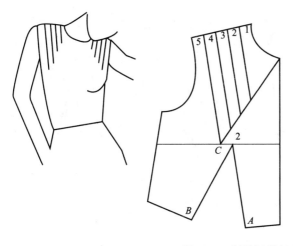

图 3-41　渐进辐射组省

 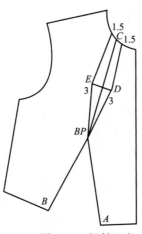 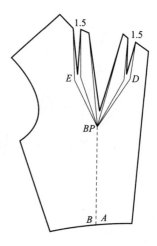

图 3-42　辐射组省

- 描绘原型纸样，标记省线 A、B。
- 画出从领中部至胸点的切开线，标记为 C 点。
- 找出 C 线的中点，从该点向两边作 3cm 长垂线，标记为 D 点和 E 点。
- 在 C 点两边各量出 1.5cm，标记并从该处向 D 点、E 点和胸点画切开线。
- 剪切线至胸点，闭合省线 A、B，用胶带黏合。
- 在领部延伸 D 线、E 线 1.5cm，其他省量都集中在中间省。
- 中间省距胸点 2.5cm，其他两省尖分别在 E 点和 D 点附近。
- 修正新省形状，并与款式图核对。

（五）平行省

平行省可以由两个或两个以上平行省线形成。可以通过移动远离胸点的边省来增大平行省之间的空间。平行省如图 3-43 所示。

1. 侧缝平行省

（1）设计分析　侧缝平行省如图 3-44 所示，是一组弯曲的平行侧缝省。

（2）纸样绘制和处理

- 绘制原型带有侧省和腰省的过渡前片纸样，绘制从省点（省尖点应在胸点附近设计）至边缘的弯曲平行切线。

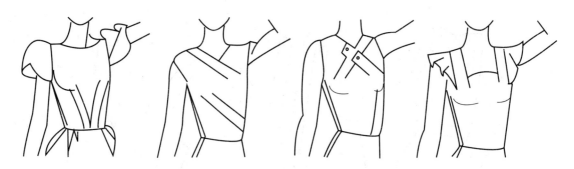

图 3-43 平行省

- 剪切线至省点，闭合原侧缝省和腰省，用胶带黏合。
- 修正新省形状，完成纸样。

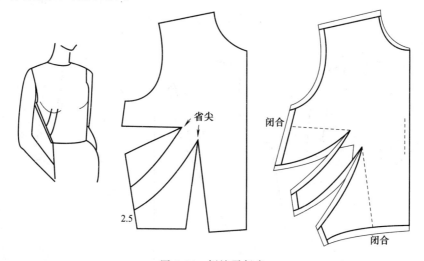

图 3-44 侧缝平行省

2. 颈部平行省

（1）设计分析 颈部平行省如图 3-45 所示。平行弯曲省线结束于颈窝处。领圈深度在侧颈点以下 8cm，在那里弯曲并和省线交叉。

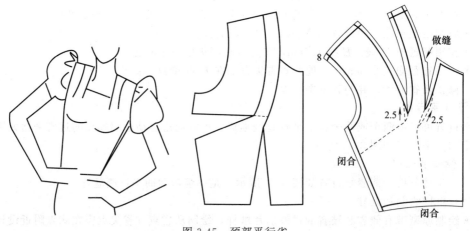

图 3-45 颈部平行省

（2）纸样绘制和处理
- 绘制侧缝省和腰省的原型前片。
- 从省点至颈窝处绘制弯曲切线。
- 从省点朝肩线绘制平行切开线。
- 绘制弯曲领圈，剪出领圈纸样。
- 剪到省点并闭合原省，展开新省。
- 距离初始省尖点和标记2.5cm处绘制新省尖点。

（3）贴边处理　颈部平行省贴边处理如图3-46所示。

3. 披肩效果平行省

（1）设计分析　披肩效果平行省如图3-47所示。一组平行省延伸至肩部外端，制造出披肩效果。领圈和曲线平行。

（2）纸样绘制和处理

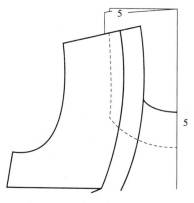

图 3-46　颈部平行省贴边处理

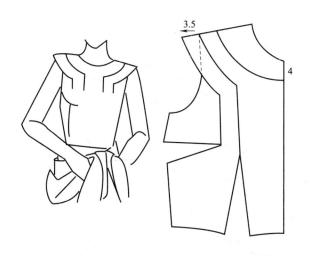

图 3-47　披肩效果平行省

- 绘制两个省（侧缝省和腰省）的原型纸样。
- 延伸肩部3.5cm。
- 从省点朝上绘制垂直切展线，和前片中心线平行。

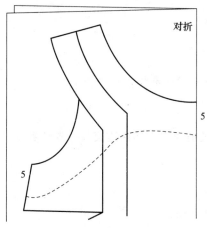

图 3-48　披肩效果平行省贴边处理

- 从肩部延伸处绘制一条曲线直到它与边省的垂线相交。
- 距离3.5cm处绘制一条平行曲线至下一条垂线。
- 为领圈绘制一条平行曲线。
- 裁剪纸样并修正领圈。
- 剪切线至省点和胸点，合拢两个原省线，用胶带黏合。
- 绘制修正新省线。
- 衣服贴边，在折叠纸上绘制如图3-48所示。

（六）不对称曲线省

非对称分割线设计，通常见于色彩和局部造型的非对称变化，在平稳中求变化，从而使人感到新奇、刺激。巧妙地将省转移到非对称分割线内，使服装款式呈现丰富多彩的变化。省缝隐藏得很巧妙，是服装结构设计的一种技巧，必须考虑轮廓线与结构线的统一谐调与完美结合，这种设计构思的独具匠心，需凭借服装美学与裁剪技艺的娴熟功力，方能运用自如。

1. 设计分析

不对称曲线省制图如图 3-49 所示。不对称曲线省设计是以程式化曲线省为特色的，曲线省从胸点开始，横穿前片中央。一个省终止于袖孔，另一个省终止于腰侧。两弧线近似平行。省缝就隐含在其中。腰省会受到款式线位置干扰，应该在绘制纸样之前转移至袖孔中部位置，对于这样的过程省又称为"辅助省"。

2. 纸样绘制和处理（如图 3-49 所示）

• 依据折线绘制前片纸样，转移腰省至中部袖孔位置。

• 绘制一条弯曲切线，从胸点至腰部上方 2.5cm 处。

• 绘制一条平行线，从胸点至袖孔处。

• 裁出切展线至胸点，合拢原省线，用胶带黏合并绘制新纸样。

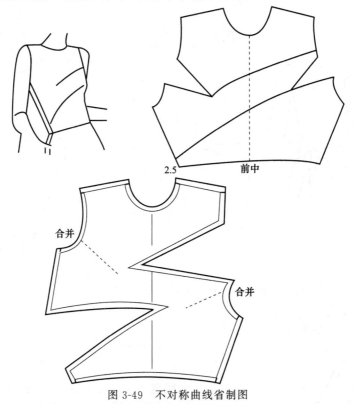

图 3-49　不对称曲线省制图

• 使省点集中于距离胸点 2.5cm 处，修正新省线形状，完成纸样。

（七）交叉省

1. 设计分析

交叉省如图 3-50 所示。交叉省类似不对称省。省穿过前片中央和两边交叉。省被看成"V"形部分的褶裥，裁出领圈。

2. 纸样绘制和处理

• 依据折线绘制纸样，转移腰省至中部袖孔位置。

• 在肩部距离领 2.5cm 处绘制领圈，和前片中央领部连接。

• 绘制切线。

- 剪出切线至胸点，合拢袖孔省线，用胶带黏合。
- 用折线形成省，增加接缝，为打褶开槽。
- 从省线突出部分（虚线）修正缝份容量。

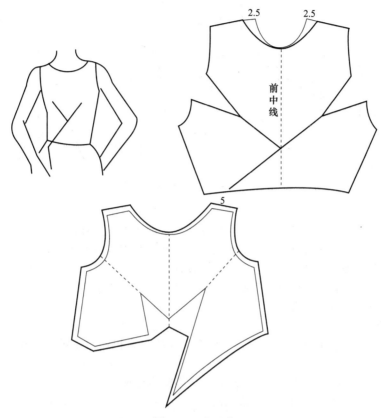

图 3-50　交叉省

交叉省设计练习题如图 3-51 所示。如果能够正确表现设计则所绘制的纸样是正确的。

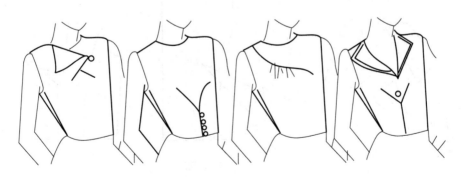

图 3-51　交叉省设计练习

交叉省设计练习题答案如图 3-52 所示。

（八）公主线内的胸省

在前衣片中，远离乳凸点的公主线结构（嵌条款式线）并不是省的等价结构，因为它不经过胸点，此时远离乳凸点的公主线必须增加一个小省，才能保持原有的合体程度，此时公主线内保留的胸省控制服装的合体性。

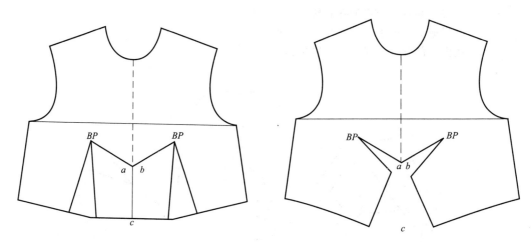

图 3-52　交叉省练习答案

1. 设计分析

身片为对称图形，有一条竖线分割，从袖窿连接到腰部，并且在曲线上有腋下省的一部分。嵌条款式线不横跨胸部或肩胛，而是从袖孔曲线延伸至腰部（前片和后片），形成了分离前片服装和后片服装的嵌条。无论是否有侧缝都能够设计嵌条（图 3-53），在前片和腰部有短的可见省。

注意：如果嵌条款式线位置靠近后片腰省，则后片腰省可以被吸收进款式线内。在这个例子里，后片嵌条款式线取代了省。

2. 纸样绘制和处理

（1）描下原型，在袖窿上找一点 a，画弧线与腰围线相连，在弧线上找一点 b，与 BP 点相连。

（2）剪开 b 至 BP 点，折叠腰省，腰省就全部转移到 b。

（3）最后把前身片分成两部分，修顺侧片纸样。

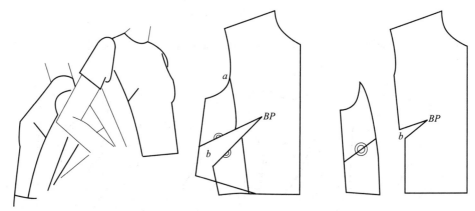

图 3-53　嵌条款式

（九）分割线上抽褶（增加丰满度）

在分割线中把隐含的省量作为褶量处理，使省的设计范围拓宽到褶的设计领域。褶是将布料折叠缝制成多种形态，外观富于立体感，给人以自然、飘逸的感觉。褶又能使服装具有一定的放松度，以适应人体活动的需要，补正体型的不足。褶裥是把布折叠成一个个的裥，经烫压后形成有规律、有方向性的褶，所形成的众多垂直线条，使人身材更显修长苗条。在工艺上采用抽褶技术，可以达到与省缝完全不同的造型效果，大大丰富了省的表现力。为了增加褶的丰满度，纸样可以分为以下三种方式（图 3-54）。

- 均等丰满度　纸样背面被等分，从上到下增加丰满度。
- 单向丰满度　纸样的一边被加宽以增加丰满度，在顶部和底部形成弧形。
- 不均等丰满度　纸样一边比另一边加宽更多，在顶部和底部形成弧形，增加了丰满度的设计和基础服装之间的轮廓变化。

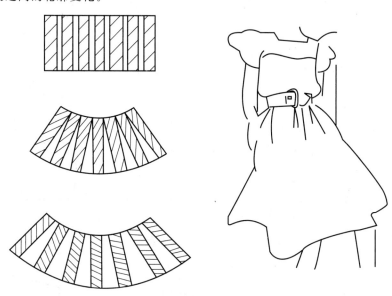

图 3-54　均等增加装饰褶

1. 沿着紧身衫分割线的装饰褶

（1）设计分析　沿着紧身衫分割线的装饰褶如图 3-55 所示。紧身连衫裙款式线在从腰部至刚到胸部下方的款式线两边聚集，另一端在前身侧缝聚集，显示平行丰满度。在裁剪和为丰满度展开时由一条松紧线控制纸样。

（2）纸样绘制和处理

- 绘制前身和侧前身公主线分割裁片。
- 按照褶裥显示方向绘制切线，计算每一部分并从纸上裁剪。
- 在纸上放置裁出的纸样部分，按中线折叠，两边等量展开，展开量为 1 倍左右（由设计决定）。
- 修顺展开处，绘制纸样轮廓线。

2. 胸部上方半育克装饰褶（丰满度）

（1）设计分析　胸部上方半育克装饰褶如图 3-56 所示。胸部上方一条短款式线控制褶裥终止于袖孔中部，形成单向丰满的缩褶或褶裥。

（2）纸样绘制和处理

- 绘制原型前片，从中心朝向袖孔中部作垂线。
- 绘制一条切线垂直于省点，标记为 X 点。
- 从袖孔中部裁至 X 点，从胸点裁至 X 点，分离纸样。
- 闭合腰省，展开部分创造的丰满的褶量。
- 绘制纸样轮廓并修顺。

3. 款式省上的褶裥

（1）设计分析　款式省上的褶裥如图 3-57 所示，为经典女装款式。胸点从原始位置移动 2.5cm。因为根据胸点位置对款式省点做标记，所以这一移动是可以接受的。朝着背离省的方向

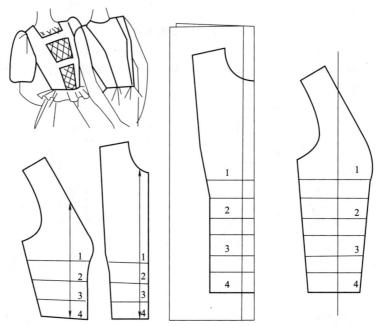

图 3-55　沿着紧身衫分割线的装饰褶

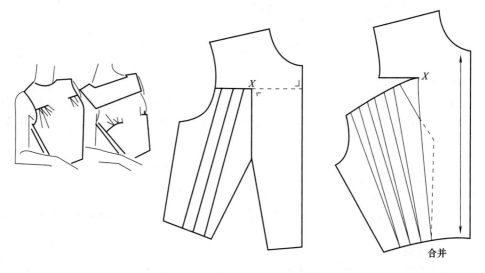

图 3-56　胸部上方半育克装饰褶

打褶裥，显示单向附加丰满褶。

（2）纸样绘制和处理

• 描绘背面和前身纸样，重绘省线，距离胸点 2.5cm。

• 绘制一条直线从中心点垂直于距离胸线 8cm 处，将胸部跨距等分。

• 从这一点画一条省线至省点，从这一点画一条省线至肩部距离领部 3cm 处。

• 肩部扩展 3cm，画一条裁剪用线至中部袖孔。

• 修饰领圈的阴影区域。

• 对胸点裁出款式省，合拢腰省（一条省线不会和腰线交叉），在纸样结束时连接腰部。

• 裁出切线至肩部，延伸切线至 2：1。

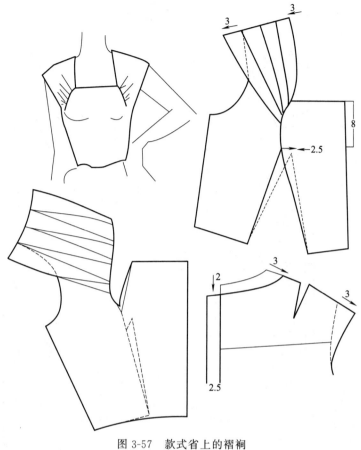

图 3-57　款式省上的褶裥

- 绘制背面纸样，绘制并修饰领圈，扩展肩部 3cm。
- 完成纸样修正。

4. 领周围的装饰褶（丰满度）

（1）设计分析　领周围的装饰褶如图 3-58 所示。沿着衬领边的缩褶设计，省余量（褶皱）结束于胸部水平线，其余褶皱显示出单侧装饰褶（增加额外丰满度）。

（2）纸样绘制和处理

- 描绘前身和背面纸样，画出 4cm 宽贴边领（衬领）。
- 从胸部向距离前身中心上方 5cm（缺口）画出 3 条切线。
- 画出其他切线，从纸样上剪出衬领。
- 剪切线至纸样轮廓线或者胸点，和省线汇合。
- 按照要求展开装饰褶（增加额外丰满度）附加量。
- 描绘展开部分轮廓线，修顺纸样边缘，完成分离纸样。

5. 附加装饰褶（额外丰满度设计）变化练习

此设计练习是建立在装饰褶（额外丰满度）基础上的（图 3-59）。给出每种设计的纸样，或者练习设计该款式的其他变化。哪种设计要求有丰满度加入量，最终的服装成品就应该和这种设计相似。如果不相似，则应找出问题所在，继续练习。

三、省缝在后衣片中的应用

在后衣片中，在肩胛凸点处都可以作省。对合体服装，这个省量是非常重要的，必须做收省

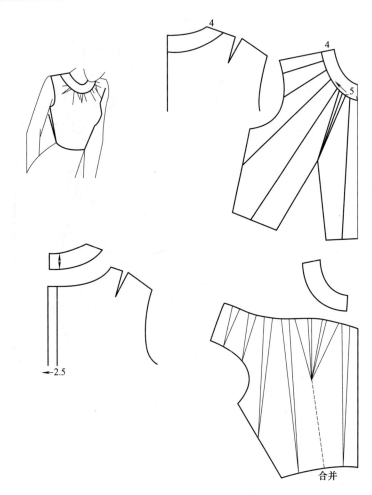

图 3-58　领周围的装饰褶

处理，才能达到合体的效果。由于肩胛省的量较小，转移的方法与胸省略有不同，同时变化也没有胸省丰富。

　　原理要点：后衣片共有两个省，即肩省和后腰省，其变化及应用分述如下。后腰省则可以收在后背收腰中、后腰省或作为后衣片腰部松量。省缝在后衣片中的应用如图 3-60 所示。

（一）肩省及其分解

　　肩胛凸相对胸凸在外形上是比较模糊的，但与臀凸、腹凸相比较还是明确的，因此省的指向和结构线的作用范围是比较确定的。在方法上与胸凸省移有所不同，这是因为肩省的使用量很小（1.5cm），省量的选择往往也是一次性的。不过有时在一种比较严格的造型中，只使用肩省的一大半省量，其余部分省量则是采用归拔的方法处理掉，这样使造型结构更加自然丰满。

　　在肩省的转移变化时，如果肩省被设计细节干扰，则应该将肩省重新部署，即先做辅助省。肩省和胸省相似，能被转移至纸样轮廓线四周的任意位置。当腰部或底边有附加展开量（装饰褶量）要求时，可以通过改变肩省形状或将其转移至腰部来进行创造性的肩省应用。

　　肩省的省量实际应用有三种方式：一是全部作省；二是使用部分作省（一般 2/3 省量），其余量在前后肩处做归拔处理；三是全部省量分散于领口、肩部和袖孔中，分别随着不同部位的结构变化而做处理，比如分解在领口的肩省量可以作领孔省；留在肩部的肩省量可以做归拔处理；分散在袖孔中的肩省量可以隐含在袖孔公主线中。有关肩省的分解变化现分述如下。

　　1. 肩省全部转移

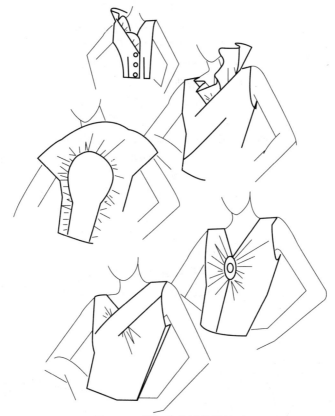

图 3-59　附加装饰褶设计练习

图 3-60　省缝在后衣片中的应用

　　肩省的转移，是以肩胛骨凸为凸点，可以引无数条射线出来，由于后衣身变化不是很大，常用的省缝形式有肩省、后领口省、后育克等。肩省转移位置如图 3-61 所示。

　　2. 肩省部分转移

　　在肩背较理想的造型设计中，实际转移肩省的时候，并不是把后肩线与前肩线的差量 1.5cm 全部转移出去，而是转移肩省量的 2/3（1cm），剩余的前后肩之差（0.5cm），通过归拔处理消耗掉，使其前后肩吻合。从这种意义上说，该处理方法也是省道的分解使用，因为归拔处理实际也是余缺处理的一种工艺方法（利用布料的伸缩性），但在表面不宜发现。

　　3. 肩省分散

　　肩省分散如图 3-62 所示。当不要求肩省时，优先采用其他位置多重分散肩省。其纸样绘制和处理如下。

图 3-61 肩省转移位置

- 绘制后片纸样，包括横背宽线 *HBL*。
- 从省点和领中部向辅助线画切开线，绘制贴边。
- 从领、肩省和中袖孔至旋转点剪切线，均分平等展开。
- 绘制修顺领孔、肩和袖孔领口线。

（二）领胛省设计

（1）款式分析　领胛省设计如图 3-63 所示。后领口有一条斜线是后领口省，腰部仍有腰省。使用后衣身基本纸样，在后领口上按照生产图所示确定省位，连接肩胛点，然后固定肩胛点，移动纸样使原来的肩省合并，转移到领口，最后修顺肩线，完成领胛省。

（2）制图步骤

- 描下原型，在领口找一点 *a* 连接至凸点。
- 剪开 *a* 至凸点。
- 折叠原肩省，新省自然张开。
- 将后肩线凹点处画顺。

（三）后领口省与原身出立领

（1）款式分析　后领口省与原身出立领如图 3-64 所示。后衣片原身出立领，领口处有省缝。

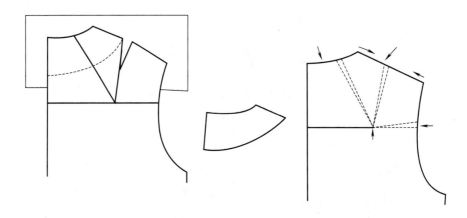

图 3-62　肩省分散

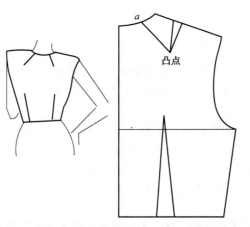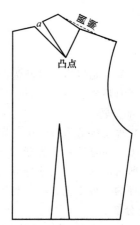

图 3-63　领胛省设计

（2）制图步骤
- 在原型衣片上根据款式图确定新领口省的位置 a。
- 剪开新省位 a 至凸点，折叠原肩省，肩省全部转移到领口处。
- 修正领口省的形状。

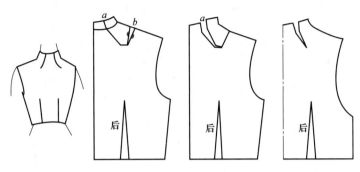

图 3-64　后领口省与原身出立领

（四）后背育克线

（1）款式分析　衣身后背贴身和宽松对肩育克线的选择大不相同，一般贴身的肩育克线设计，都与肩胛骨凸有关，肩育克线通常基于肩胛省尖设计，做肩胛凸的余缺处理。在肩胛省尖以下 1cm 作水平分割线，将肩胛点移到分割线上固定，移动纸样，使省量转移到分割线上，然后分别修顺肩线和育克线，使其成为断缝结构。肩胛省的用量也可以分解成断缝用 2/3、肩线归拔量用 1/3 的理想结构。

（2）制图步骤　在后背上有一条分割线，而且有一些抽褶，在腰部也有一些抽褶。腰省的褶就是把腰省的量用抽褶来处理，但后背的褶量就要有所变化，使后背肩省的量转移到育克线上。后背育克线如图 3-65 所示。

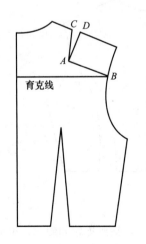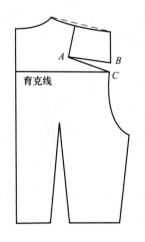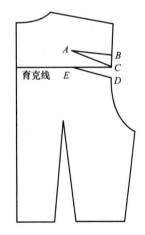

图 3-65　后背育克线

（五）后片公主线

1. 肩部公主线

制图要点：在后身片半身上有一条竖向分割线，从肩部连接到腰部，在这线条中隐含着两个省，一个是肩省，另一个是腰省。在肩线上画出肩省，过腰省的省尖连接此线为公主线，将后凸点处画顺，把后身片分为两部分。肩部公主线如图 3-66 所示。

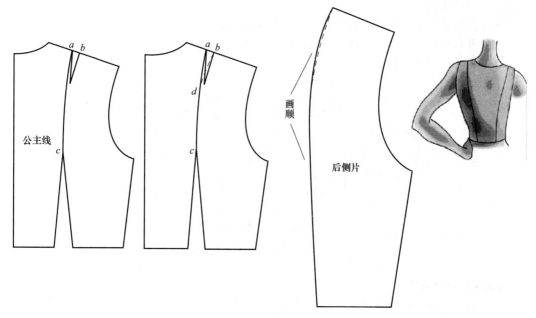

图 3-66　肩部公主线

2. 袖孔公主线

（1）后肩省与袖孔公主线组合　制图要点：在后身片半身上有一条竖向分割线，从袖孔连接到腰部，在这线条中隐含着腰省。在袖孔上画出公主线位置，过腰省的省尖连接此线为公主线，将后凸点处画顺，把后身片分为两部分。后肩省与袖孔公主线组合如图 3-67 所示。

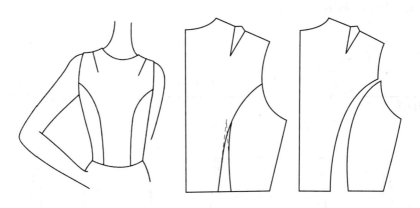

图 3-67　后肩省与袖孔公主线组合

（2）后肩省融入公主线　制图要点　在后身片上有一条弧线，从袖窿连接到腰部，说明在这线条中隐含着两个省，一个是袖窿省，另一个是腰省。后片袖孔公主线如图 3-68 所示。制图步骤如下。

• 描下后片原型，在袖窿线上找一点 a，过 a 点连接至腰省的一边，并且通过腰省的省尖 c，这条线为袖孔公主线要画顺。

• 剪开 a 至肩省的省尖，折叠原肩省，肩省就转移为袖窿省。

• 将 b 与 c 连成弧线，袖窿省 ab 就转移到公主线上。

• 将后肩线凹点处画顺。

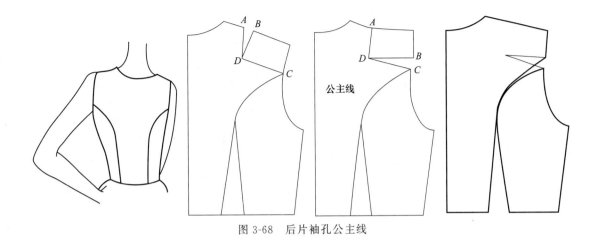

图 3-68　后片袖孔公主线

四、省缝在袖片中的应用

省缝在袖片中的应用涉及肩峰和肘凸两个大的凸点，这两个凸点与胸凸、肩胛凸的结构有本质的不同，胸凸和肩胛凸反映人体局部的静态特征，它们不直接反映活动的关节。所以在收省时无须考虑关节运动，而肩峰和肘部正处在关节部位，作省的设计时，除了考虑静态造型外，还必须顾及关节活动的因素。

（一）肩峰省的转移

1. 肩峰省的认识

一般肩峰省都是隐含在袖山线与袖窿线之中，当把原型的前、后衣片的肩线对准肩端点合并，再把袖片的袖山顶点与肩端点重合并使肩线和袖中线成为一条直线时，发现袖子和上身的接缝实际是围绕肩端点所作的肩峰省。肩峰省的认识如图 3-69 所示。从而得出结论，一般的绱袖结构中，肩峰省隐含在袖山和袖窿曲线中。

图 3-69　肩峰省的认识

2. 肩峰省的转移

由上面分析知一绱袖结构中肩峰省隐含在袖山和袖窿曲线中。那么，在插肩袖结构中，肩峰省包含在哪里呢？这需要从插肩袖结构来分析，原隐含有肩峰省的袖窿线与袖山线相似部分重合，在袖中线与前后肩线的汇合处，肩端点出现了一个张角，这说明原来袖窿线和袖山线的肩峰省量转移到了肩线上（图 3-70）。这就是肩峰省的转移。这对所有肩部结构的处理都具有指导性，是肩部省缝转移与造型的依据。

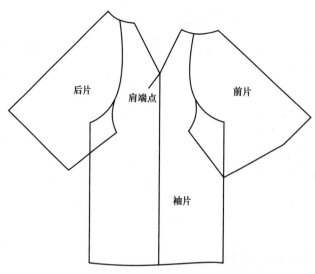

图 3-70 肩峰省的转移

（二）肘凸省的转移

1. 肘凸省的认识

在设计合体袖时，一般都以肘线为基础，因为确定手臂自然弯曲是以肘关节分界的。肘线的定位点是肘凸点，根据凸点造型原理，可以做许多作用于肘凸的肘省，但由于袖子的造型与运动功能的要求，其结构线作用范围小而隐蔽，一般是以不暴露缝线为省的设计原则。利用通过肘凸点的断缝结构，就可以设计出各种各样的合体袖片结构，所以说肘凸省的转移是一切合体袖变化的基础（如图 3-71 所示）。

2. 肘凸省的转移

此款为紧身一片袖，其肘凸省转移至袖口，特点是利用袖口省的位置留开衩，来满足手臂的活动。肘凸省转移为袖窿省如图 3-72 所示。

• 描下袖原型，确定袖口省的位置 a，然后与肘凸省的省尖相连。

• 剪开 a 至袖肘省的省尖，折叠肘凸省，肘凸省全部转移到袖窿省。

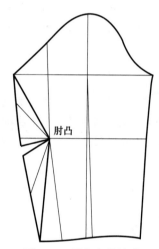

图 3-71 肘凸省的转移

• 确定袖口开衩的长度 8cm。

五、省缝在裙片和裤片中的应用

裙片和裤片中省缝涉及的凸点有腹凸和臀凸，它们与乳凸、肘凸不同。严格意义上说，腹凸和臀凸是区域凸。所以在裙片和裤片结构中，腹凸省和臀凸省的省尖不固定，都可以水平移动。

（一）腹凸省的转移

裙子腹凸省省尖分布在中腰线上，因此省位可以沿中腰线选择，可见腹凸省设计范围极为广泛。最常用的是把省变成横向断缝结构即腰育克的设计。育克线设在中腰线处最佳，这样设计的内在作用是使腰腹之差的两个竖省，可以通过转移并入作用于腹凸的断缝里。看似装饰线，实际它起到了合体的作用。在设计育克线时，必须通过省尖或接近省尖，即使在设计时没有省尖重合，在省移之前也要把省尖并入断线里，这样才可保证省移之后，改变断缝线形状时长度不变。可见前育克线位置的设定依据是腹凸点。腹凸省转移为育克如图 3-73 所示。

• 描下前裙片原型，过腰省的省尖画一条弧线的育克线。

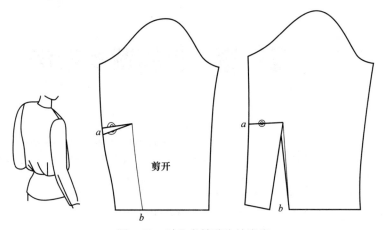

图 3-72　肘凸省转移为袖窿省

• 剪开前育克线，折叠腰省，这样腰省就转移到前育克线中。

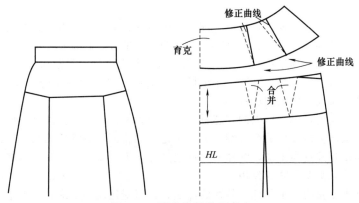

图 3-73　腹凸省转移为育克

（二）臀凸省的转移

臀凸省转移的应用范围和腹凸省相似，都是两个省，省量相近，凸点分布相似，所不同的是臀部的凸点要比腹部的凸点略低，所以臀凸省略长于腹凸省，在同时设计前后育克时，腹部育克线比臀部育克线略高，如果前后育克线对接时，则应设计为前高后低的斜线断缝结构。臀凸省转移为育克如图 3-74 所示。

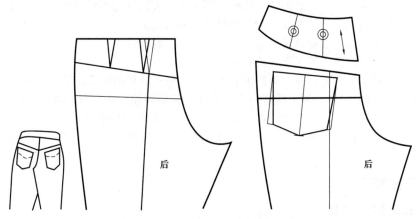

图 3-74　臀凸省转移为育克

第四章 衣领裁剪技法

衣领是衣服的重要组成部分之一。由于衣领最接近人的面部，所以衣领的结构与设计从某种意义上能够衬托出人的面部特征，给他人以深刻的印象。衣领与衣身领口的弧线相缝合，依据人体颈部结构进行设计。相对于覆盖脖颈的着装功能来说，衣领通常更侧重于形态设计，更侧重于设计感和表现个人喜好。衣领的样式极富于变化，形成各具特色的服装衣领款式，使缝制出的领型既可以符合身体的生理舒适性，又能显示出衣着的形态美感。

第一节 领子的认识

脸部是给人印象最深的地方，为使脸部显得更生动，除了发型及其他饰物外，衣领的设计最能突出富有个性的脸部。衣领是服装上至关重要的一个部分，它具有功能性的同时，兼具有装饰情趣，其构成因素主要有领口形状、领座高低、翻折线的形态、领轮廓线的形状及领尖修饰等。领子可以斜裁、直裁、横裁等，这取决于纸样或者织物组织及所需要的效果，在大批量生产中，依据纸样上标注的布纹方向来完成排料图。

衣领是服装的灵魂，服装给人的观感首先是色彩和整体轮廓，其次就是脸形及与之相配的领型。领子是点缀颈部旁边部位的服装细节，最接近人的脸面。尽管领圈只有一条线，但对服装起着重要作用。为使脸部更为生动，领样的设计就显得尤为重要。一套服装如能选择一款适合的领样，可对整套服装起画龙点睛的作用。

衣领是最富于变化的一个部件。领线的深浅、宽窄变化及领子形状、大小、高低、翻折等变化可以形成各具特色的服装款式，有时甚至能引导流行时尚。衣领除了与颈部关系密切之外，与肩部及前胸也密切相关，由此使之结构变化更加丰富起来。

一、衣领的分类

领型是最富于变化的一个部件，领圈线的深、浅、宽、窄变化及领圈上的各种形状的领子构成了丰富的衣领领型。衣领的种类多种多样，按照着装方式的可以分为关门领和开门领；按照衣领的高度可以分为低领、中领和高领；按照衣领幅的大小可以分为小领、中领和大领；按照衣领纸样结构可以分为无领、立领、平领、翻领及翻驳领五大类。

（1）无领　没有领子的领口采形无领，只有领圈线的设计。

（2）立领　没有翻折线的立领，只有领腰。

（3）平领　底领量很小，相对于脖颈来说更多地覆盖肩部的平领，只有领面。

（4）翻领（又称企领）　领子通过翻折线被分为领面和领底两部分的翻领，既有领面又有领腰，又分为连体企领（领面、领腰连裁）和分体企领（沿翻折线剪开）。

（5）翻驳领　随着领子翻折部分衣身同时也翻转的翻驳领，由翻领（又称肩领）与驳头两部分组成。

二、衣领结构认识

（一）衣领各部位名称

衣领结构主要包括衣身绱领线的形状和长度、领外口线的形状和长度、通过领子翻折线至底领线形成的底领和翻领（也称领面）的形状和宽度等（图 4-1）。改变这些面的宽度和各条线的长度，就可以设计出各种不同的领型。

领子纸样主要构成线可以简单地分为领下口线、领上端线、领宽线、领角造型线几条主要线条。对领下口线的控制依靠领圈线的长度，对领上口线的控制依靠领宽的尺寸。

另外，如翻领还受到翻领宽和领座高的分配的影响，驳领领上口线受到驳领领外形线的影响。领宽线主要依据设计的领造型的尺寸决定，而领角造型线在满足工艺要求的同时主要依据造型决定。翻驳领各部位名称如图 4-2 所示。

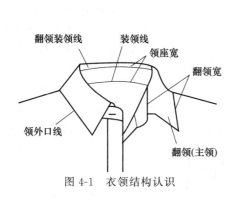

图 4-1　衣领结构认识

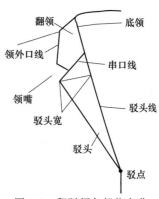

图 4-2　翻驳领各部位名称

（二）影响衣领结构设计的因素

（1）衣身领口弧线　与领子缝合的衣身领口弧线，一般设计成与脖颈根部形态基本相吻合的结构形状，详细情况参考本节领口采形部分。

（2）颈部形状及运动　在领子的结构设计中除了考虑脸部形状外，还必须考虑与颈部、肩部等形态因素，如颈部的长度、粗细、围度等尺寸和颈部的倾斜角、肩倾度等之间的关系。防止发生颈部在伸屈、回转等运动状态下受到领子压迫等现象。

（3）温度调节功能　领口是在衣服最上方的开口部位，随着户外空气的冷暖变化，在调节衣服内部环境温度时起重要作用。为了符合衣服的穿着目的，衣领的设计和纸样制作时必须考虑到服装穿着的季节。

（4）衣服的穿脱方便　在领子的设计过程中，还需要考虑在穿脱衣服时，如在套头衫的设计中，衣领的设计必须便于通过比颈部尺寸大得多的头部。有一些初学者经常只考虑衣领的漂亮，有时却忽略了衣领纸样设计的最基本要求——穿脱方便。

三、领围尺寸的确定

沿着颈根部的环形领圈称为圆领圈。领圈距离脖子的尺度随着款式的不同而变化，小领圈显得有朝气，大领圈显得华贵。脖子粗而短的人，选择领圈稍大的会相配些。

领围中的松量决定了衣领的松量。领围的松量有两种方法确定：一种用胸围计算；另一种用颈根围计算，后者适合做立领、衬衫和旗袍领，更为准确。一般利用胸围计算时，是先确定衣片的领孔大小，如原型领孔的计算。另外一种利用颈根围计算方法，是在净颈围加上 2cm 左右的松量来确定，这是最基本松度的圆领，立领的领圈围度也可采用。在净颈围上加 3～4cm 的松量时，可配合最基本松度的翻领和翻驳领。

衣领作为服装整体造型的一部分，在其结构设计中一方面需要考虑领口弧线要与人体脖颈根部形态基本吻合；另一方面还需要考虑人们在穿脱衣服时头部是否能够顺畅通过。因此在领围的尺寸确定上要注意以下两个方面。

（1）领围的尺寸要符合颈部的长度、粗细的大小。领围尺寸的确定如图 4-3 所示。

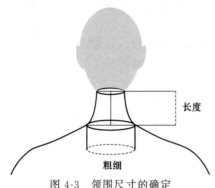

图 4-3 领围尺寸的确定

（2）领围尺寸要与颈部的倾斜度和肩斜度保持相对协调的关系，避免着装者因颈部的运动而产生不适的感觉。颈部运动范围如图 4-4 所示。

四、领口采形

领口的采形必须服从形式美的和谐与多样性统一的规律出发，使领口与衣片分割线的形状达到局部与整体的协调。此外，在衣片上进行直线或曲线分割时会产生不同的修饰效果，必须注意服装结构线对整体着装的装饰美的效果。领口需要根据造型的主次关系来确定最佳的状态，至少要使领口的一部分与衣身主要的分割线廓型相似。例如，采用直线分割衣片时配以直线构成的几何形领口，就能够显现出简洁的阳刚之气。直线与曲线组合分割，可以赋予衣身很强的装饰性。根据服装的不同款式要求，可对领口深、领口宽进行深度或者宽度上的处理变化。利用直线、曲线等在领口部位构成不同形状的领型，从而形成不同风格的服装造型，适合各种不同的场合，适合不同脸形的消费群体穿着。

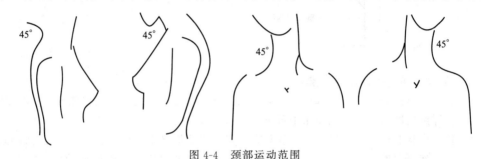

图 4-4 颈部运动范围

五、领型裁剪方法

领型设计的自由度比较大，它可以设计成所能想象到的任何一种形态。其中一种也是通常采用较多的是以前中线为对称轴，两边对称的领型，以求得造型上的平衡美。另外一种是打破固有的平衡，采用不对称的结构设计。

领型的结构设计通常分为平面裁剪和立体裁剪两种。平面裁剪法是最常用的方法，通过制图步骤，运用纸样切、展、连等手法配上领子。

（1）领片单独绘制裁剪 常用于立领、翻领等。由领片领座底线的起翘量决定结构，起翘量越大，领片弯度就越大。

（2）领片与衣片相连 翻驳领、帽领、结带领等款式常需要这样绘制。领片向后下方倾斜的倒伏量决定领型的结构，倒伏量越大，领片松度就越大。

（3）肩缝重叠绘制 领座较低的平领常用此法，由领片底线与领口线的曲度差异来达到配领目的。前、后衣片在肩部重叠的分量越多，领口线的曲率就越小，成形后的领型越立挺。

（4）纸样切展绘制 是通过对纸样的切割、展宽、变形及修正达到设计的效果。波浪领、褶皱领等较为特殊的领型通过这样的方法实现。

（5）立体裁剪制作 是在标准人台上将面料围成所设计的领型，用珠针固定做标记，然后裁剪面料成为衣领裁片。

六、衣领的装饰手法

衣领的设计除了领口形状、结构的变化外，还可以运用各种装饰工艺来丰富它们的变化。

（1）辑明线或镶边装饰手法　这种装饰手法具有简洁而明快的美感，可用与服装色彩相同的单双股辑线或镶边作装饰；有时为了突出装饰效果，也可用与服装色彩不相同的撞色线或镶边作装饰。把辑明线和镶边装饰从领子一直延伸至门襟是很常用的设计手段，能使整体风格更加统一。

（2）刺绣、蕾丝、花边　刺绣、蕾丝及花边是极具浪漫、妖媚且有女人味的装饰辅料。刺绣运用广泛且不受年龄、面料等因素的局限；而蕾丝、花边则多用于儿童、少女及少妇的衣领、门襟、袖口、衣裙下摆等服装局部的装饰。

（3）拉链、扣襻装饰　采用拉链、扣襻等装饰显得帅气，富有阳刚之美，多运用在立领、坦领上。

（4）钉珠、烫钻、亮片、铆钉　近几年的流行服饰中，钉珠、烫钻、亮片、铆钉仍然被大量运用，并且打破了原有呆滞的造型装饰图案，以时下风行的各式风格装点到服装文化中。如流行的标语字母、LOGO等。

七、衣领配用

衣领是服装上装饰性极强的部位之一，合体的服装配上适宜的衣领才能恰如其分地修饰人体，衣领的作用主要表现在两方面：衣领的廓型同人的脸形和谐地配合，可以使脸部显得更为生动；衣领的造型同服装风格的流行趋势相吻合，可以更充分地表现人的风度，给人以现代感。衣领的配用应能最大限度地发挥其作用。除了满足艺术美和实用的要求外，还可以利用面料的特性和缝制工艺中变形或定型的方法，赋予服装更丰富的表现力。

在一般情况下，脸部、颈部稍长的人，使用领口开度较小的圆领、立领或褶边领等，而圆脸颈短的人却适合于开度较大的 V 形领、U 形领等。对于流行时装，流行的领型也应使大多数人产生美感，尽管不限于脸形的差别，但是在领型的设计中要辅之以相适合的颈部装饰，如丝巾、项链等。除此之外。领型必须与服装的风格相符，配领关键在于确定衣领的比例、颜色、廓型以及材料。

衣领的比例是根据服装用料的厚度和松度来确定的。一般薄型夏装可配各种宽度的衣领，但对于较高或较宽的衣领，由于面料的轻柔而出现垂坠或披肩的效果，厚型冬装应配以较高或较宽的衣领才与宽松的服装相协调并给人以暖感，因而不宜采用过窄的领型。对于同种领型，外套的领口开度及领宽应大于内穿的套装衣领的领口开度和宽度，才能与其松度相符。

第二节　无　　领

无领服装是所有只有领口而无须加装衣领的服装统称，其领口开度既受服装流行趋势的影响，又受服装款式的制约。无领由领口的形状与外观构成，它的领型变化取决于领口的形状与开度。其结构并非是一种简单的去除领子造型，而是利用领圈线的不同形态与组合对穿着者的面部进行修饰。

一、领口的开度及变化原理

无领是由领口的不同形状与开度构成的基本领型，多用于内衣及夏季服装。

1.领围最小值

原型领口为领围的最小值，也称标准领圈。这就意味着，当选择小于标准领圈的设计时，就缺乏合理性，但这并不意味着领口线的设计不能高于标准领口线，重要的是领口抬高时必须将其开宽。在套头衫的无领设计中无领的领口弧长必须大于头围尺寸，或者采用加拉链、纽扣开衩口的方法满足套头的需要。

2. 领口的开度

（1）开深 领口的开深以不过分袒露为原则。一般情况下，前片领口开深以胸围线为极限；后片领口开深一般以腰围线为极限。领口开深如图4-5所示。

（2）开宽 领口开宽以肩点为极限。有时胸部以上全部暴露，此时领圈也就不复存在，华丽的晚礼服多用此结构，这时要用一种绝对紧胸的采寸，使胸部固定或加吊带。领口开宽如图4-6所示。

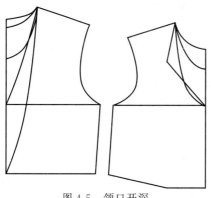

图 4-5 领口开深

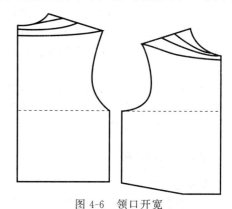

图 4-6 领口开宽

二、无领的种类

无领是只有领圈线的纸样设计结构，其中包括圆形领、船形领、U形领、方形领、V形领、多边形领、一字领等任何一种所能想象到的形状。

（1）圆形领 原型领口就是标准的圆形领口，一般夏季服装采用的圆形领口都要作适当的开深和开宽。

（2）一字领 领圈线画成一条直线，线可以是笔直的，也可以在两端稍作弯曲。多用于内衣和春秋时装。

（3）U形领 U形领圈线纵向可深可浅，可大可小，但是横向相对比较窄。常用于夏季服装。如果领圈线挖得太大时则需要搭配内衣或加一层胸挡。

（4）V形领 领圈线的前中心底下呈V字形。常用在针织衫、毛衫及休闲服装中。

（5）方形领 领口呈方形，其大小、深浅可以任意变化。而其形状也不局限于方形，可在其基础上进行局部修正，产生不同式样的方形领。多用于连衣裙的设计。

无领领型具有所有领型中最简单的廓型结构，根据造型的不同又可分多种领式，主要应用在春夏服装中。象形式、褶裥式、吊带式、无带式、垂浪式这五种样式被大量运用在高级成衣发布会中。为了使其更具有装饰性，往往加以滚边、镶边、绣花等缝制工艺来修饰领边，也可通过放褶、缩褶的手法使领口周围出现褶裥及垂浪的效果。褶裥式、垂浪式等结构都是建立在象形式的基础上进行的再设计。因而，不同的样式相结合运用在同一款领型中又能造就新颖的样式。除了上述多种类型的结构制图方法之外，还有许多艺术造型仿生态设计的领型结构。

三、无领裁剪的基本方法

无领的裁剪方法最为简单，其横开领与直开领的造型可根据设计图的领型进行绘制裁剪，不需要特殊的计算。有时可以选择在人体或者人台上进行直接测量尺寸以提高绘图的准确性。基本领口开度计算公式如下，单位为cm，领口开度计算如图4-7所示。

• a＝胸围/20＋2.9 或者 a＝胸围/12
• b＝1/3（胸围/12）
• c＝胸围/12＋0.5

- $d = 胸围/12 - 0.3$
- $a + b + c + d = 颈根围/2$

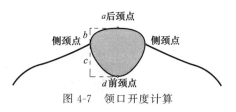

图 4-7　领口开度计算

四、无领裁剪的注意事项

在进行无领裁剪时应充分考虑领圈的最小值即基本的领口必须符合人体的颈根围。前开口的无领领型的领口要求要大于或等于基本领围，套头的无领领型的领圈应该大于头围。

女装原型的领口开度尺寸是无领款式的领口最小极限尺寸。必须遵循的原则是：领口开度不能超过内穿胸罩的外廓线。因此，无领款式的前领口变化范围应在基本领口线与胸罩外廓线之间，后领口在腰围线以上的范围内变化。在原型前后开领的基础上，根据领型需进行前、后横或直开领的设计。为了保证领口造型的稳定，横开领应避开肩点3cm以上，一般晚礼服或用弹力面料制作的紧身服，横开领较大，甚至超过肩点而成为露肩的款式。套装及背心的横开领必须在肩点以内，如果横开领较小，而采用增大领口纵向开度的设计时，必须考虑前后领口的互补，以保持肩部的稳定。当领口开至腰围线以下并偏离前中线时，无领服装则成为开襟的款式。对于套头衫，后横开领必须大于前横开领0.3cm以上，横开领变化量越大，其差值也越大；否则在穿着过程中会产生前领口不贴身现象。

五、无领裁剪实例

【实例1】　圆形领

圆形领又称基本领，指沿着颈根部的弧线弯曲度，与人体颈部自然吻合的一种领线领型，能表现人体的自然美，具有庄重的风格且不失活泼。如用于脸形较小者，会显得更加圆润可爱。此种领式所适应的年龄跨度较大。经常用于衬衣、外套、T恤衫等服装。因为圆形领具有与人体颈部较为靠近的特点，其领式的变化可表现为留缝、打褶、加襻、加拼色布，也可添加结饰、扣饰及适合的图案装饰，还可以变化门襟搭门，如无搭门、单搭门、双搭门等，搭门处可以是明翻边，也可以是暗翻边。圆形领裁剪图如图4-8所示。

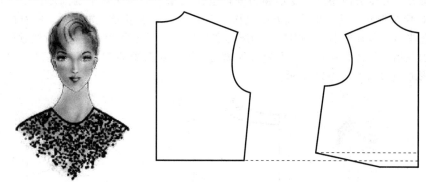

图 4-8　圆形领裁剪图

【实例2】　船形领

领线造型与船底相似，故称船形领。船形领横向开领较宽大，而前中心挖得浅。具有潇洒大方、简洁高雅的特点。日常服装如内衣、休闲服、运动衫、沙滩装及晚装中多有应用。下颚过尖的脸形不太适合该种领型，因其会将尖尖的下颚突出得更加明显。另外，圆形领的装饰变化同样适用于船形领。船形领裁剪图如图4-9所示。

【实例3】　一字领

一字领裁剪图如图4-10所示。领线造型与一字相似，故称一字领。前中心挖得浅，一般在人体前颈点以上。具有潇洒大方、简洁高雅的特点。

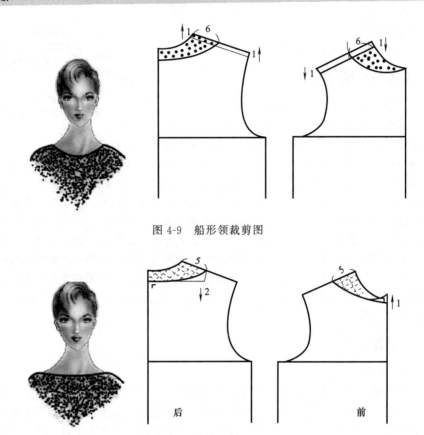

图 4-9 船形领裁剪图

图 4-10 一字领裁剪图

【实例 4】 U 形领

与船形领的开度方向相反，U 形领为领口呈纵向深而横向相对窄的圆形，形成在前中线左右对称的 U 字母形状，具有坦荡大方的风格。主要用于夏季服装，如背心、连衣裙等。U 形领的装饰变化丰富，除在圆形领当中提到的装饰变化外，还可配合设计加深或改浅领围大小，或搭配内衣或加胸挡，构成叠穿效果。中间打规律的褶裥，在简单的 U 形领的基础上加入了变化的手法。U 形领裁剪图如图 4-11 所示。

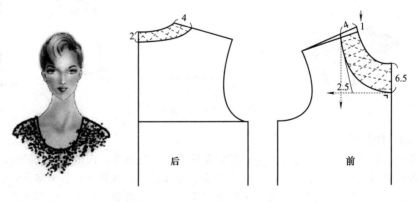

图 4-11 U 形领裁剪图

【实例 5】 V 形领

和别的上衣比起来，V 形领暴露出前胸部分较多，所以也最容易运用。宜用装饰物件和内衣，掌握肌肤的露出方式、颜色的搭配技巧等，可以使日常搭配变得时尚。高腰深 V 形领的吊带长裙款式，性感但不妖冶，有效地拉长身体比例，让人看起来步履轻盈。V 形领裁剪图如图 4-12 所示。

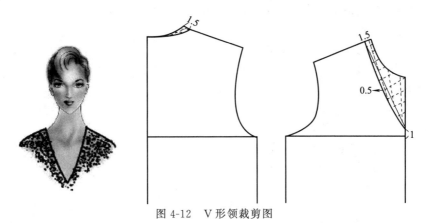

图 4-12　V 形领裁剪图

【实例 6】　方形领

方形领领口呈方形，方形的大小、深浅可以任意地变化。小方领口显得年轻活泼，而大开度的领口颇具高贵气质，富有罗曼蒂克气氛，能充分地显出肩部的优美线条及颈部的装饰品，在连衣裙的设计中多有应用。方形领裁剪图如图 4-13 所示。

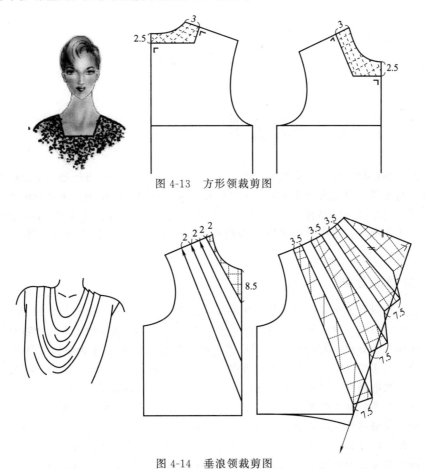

图 4-13　方形领裁剪图

图 4-14　垂浪领裁剪图

【实例 7】 垂浪领

垂浪领是将前中线偏离前颈点，使前领口在中线处展宽加放而产生余量自然下垂形成的领型。余量可由纵向切展，也可从横向分割展开得到。由于垂浪领型必须在前中线处连裁，因此制图时需保证领口线与前中线相互垂直。垂浪领裁剪图如图 4-14 所示。

【实例 8】 倒垂领

制图要点：将前片完成的样板拿到后片，与后片颈部对齐挖大后片的侧颈点，再描出前片肩线的形状，则后片肩线自然形成弯曲形状，然后再与后中心提高尺寸相连即可。倒垂领裁剪图如图 4-15 所示。

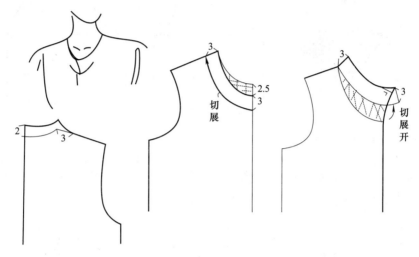

图 4-15 倒垂领裁剪图

第三节 立 领

衣领的结构设计是服装结构的重要部分之一，其结构的合理性直接影响成品的美感、外观的质量、缝制的难易及穿用的舒适程度。为了保证领型设计效果的体现，使缝制出来的领式既能符合生理舒适、满足合体的穿着需要，又能充分显示出美观大方的设计效果，因此配领是否科学、准确，缝制工艺程序、技法等的安排是否合理也是非常重要的，这需要从认识立领的结构分类开始。

一、立领的分类

立领是一种只有上领口线和装领口线形成的，没有翻折出来的领面部分的领型，具有造型别致、立体感强的特点。如旗袍领、企鹅领、卷筒领、抱领、结领等均属于此种领型。立领在中国的许多传统服饰中有很深的创作和应用价值，有时也被其他国家称为中国立领或"中华立领"。立领造型简洁，实用性强，成为中国服装史上流行时间最长的领型。它具有端庄、严谨的特征，能体现东方女性的稳重。立领领型变化取决于领高及上领口的松度。

（1）立领领型根据领高可分为小立领、中立领、高立领、遮面立领等。

（2）根据廓型可分为直立领、锥形立领、倒锥形（喇叭）立领等。

（3）根据领口开启位置可分为套头立领、前开立领、后开立领、侧开立领等。

（4）按结构可分为标准立领、翻卷立领、连衣立领、蝴蝶结领、飘带领等。

二、立领的变化原理

（一）立领的结构

立领是没有翻领部分的领型。由于立领只有领子的领底部分，所以在领型设计和纸样结构中领子的宽度、上领口线的长度和装领线的长度之差，以及装领线的形状对立领的变化起着关键性的决定作用。立领结构如图 4-16 所示。

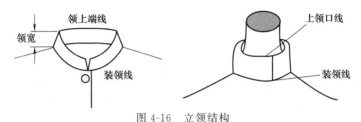

图 4-16　立领结构

立领的结构要素：最古老的领子设计是用直条形布片围成能让颈部通过的圆圈形态，由此形成最基本的领子——立领。立领的构成要素中的底领部分，它的宽度、装领线的形态、领上端线的长度以及与颈部的贴合程度都会影响领子的设计，由此形成的装领线和领上口线的长度差是决定其纸样结构的主要因素。

（二）衣领构成原理

人的颈部可以近似看成圆柱体，将其张开便可得到领子的基本图形。各类型之间并不是独立的，而是在结构中互为利用和转化，不同领型之间的关系可以通过以下衣领变化原理来概括。领子基本结构如图 4-17 所示。

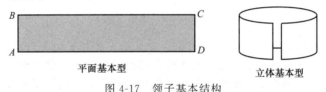

平面基本型　　　　　　　　立体基本型

图 4-17　领子基本结构

1. 立领构成

（1）直立领　立领结构的基础是立领的直角结构，它是根据颈和胸廓的连接结构产生的。人体胸廓为前胸两个斜面的六面体，在靠上的斜面接近垂直地伸出颈部圆柱体，颈部和胸廓的构成角度呈钝角，靠近颈窝的角度大，接近肩部的角度小，整体的颈部造型呈下粗上细的圆台体，因此构成立领的直角结构是长方形。

如果将装领线和领上口线同样尺寸的长方形布片缝合到原型的领口弧线上，整体领子的上端和颈部之间会有明显的空隙。此外，由于装领线为直线，领子着装后呈稍向后倾的状态，尤其是对颈根形态扁平的体型会更明显。当领底线为直线时，立领为圆柱形（称为直立领），此时，立领的立度最好，但领口线与颈部的空隙较大，不服帖。因此一般情况下直立领的领口需要进行修正，需要将后领口深度稍微减小一些。直立领还包括蝴蝶结领、卷筒领等领型。在立领中影响领型变化的有两个因素：一是与领孔相接缝的立领底线；二是立领的采形。前者决定立领的结构，后者决定立领的外形。领底线长度是相对不变的，总是等于领孔的尺寸。直立领如图 4-18 所示。

（2）锥形立领　将直立领和颈部之间存在的空隙叠合之后，就能形成吻合颈部倾斜形态的立领。一般情况下，被称为立领的领子就是这种形态。当这些空隙部分被折叠，即可发现外领圈随着缩短，领子呈弯曲状，此时的立领称为锥形立领，锥形立领与颈部非常服帖，颈部感觉舒适，但其立度不如直立领的好。被叠合之后的领子上端线尺寸明显比装领线尺寸要短，在领子上端线处纸样被合叠的量越大，装领线向上的弯曲越大，领子上端和颈部的贴合状态就越紧密。领底线

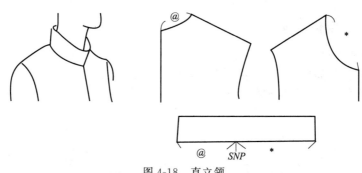

图 4-18　直立领

上翘的选择是有条件的，如领底线上翘必须保证立领上口围度不能小于颈围。当领底线曲度与领口曲度完全吻合时，立领特征消失，变为原身出领，此时必须开大领孔。

一般领底线弯曲的程度和位置是很严格的。首先领底线上翘度要考虑立领上口围度比实际颈围大，以便于活动，通常设在 1～2cm，而在实际设计中要灵活得多。领底线弯曲的位置在该线靠近前颈窝的 1/3 等分点或是后领孔长度处。无论领底线曲度、领口开度以及领高如何变化，都要以保证立领上口不影响颈部活动为原则。锥形立领如图 4-19 所示。

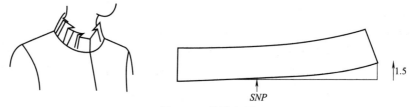

图 4-19　锥形立领

（3）倒锥形（喇叭）立领　将 F 点打开一定的量，使领子向下弯曲。成形后的领子为上口大下口小的倒锥状，此时的倒锥形立领与人体颈部的空隙加大，倒锥形立领现在直接应用较少，其使用最频繁的时期是清朝。与锥形立领的结构恰恰相反，领底线下曲度越大，立领上口越长，使立领的上半部分容易翻折，构成事实上的领底座和领面的结构，这就是翻领结构形成的基本原理。而且，领底线下曲度越大，立领翻折量越多，当和领口曲线完全相同时（曲度相同），立领就全部翻贴在肩部，立领特点完全消失，变成平领结构。倒锥形立领如图 4-20 所示。

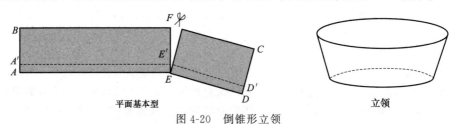

平面基本型　　　　　　　　　　　　　　立领

图 4-20　倒锥形立领

2. 翻领构成

在倒锥形立领的基础上，将 F 点再继续打开较大的量，使领子继续向下弯曲。成形后的领子为上口大下口小的倒锥状，这种领子能够将领上口线翻折下来，形成"翻领（即连体企领）"。图 4-21 中 A'、E'、D' 三点间的虚线连线表示领座与翻领的分界线。翻领构成如图 4-21 所示，此时，由量变到质变，从立领构成转变成翻领构成。

3. 平领（坦领）构成

在翻领的基础上继续增大 F 点的打开量，领子向下弯曲的程度也相应增大，直到领子的弯度与领口曲度相近时，成形后领座高度在 0.5～1.0cm 范围内，就形成标准的平领（坦领）。平

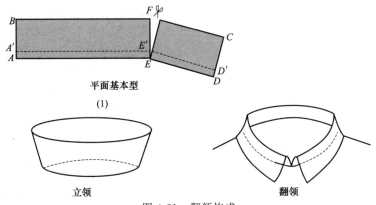

图 4-21 翻领构成

领构成如图 4-22 所示。

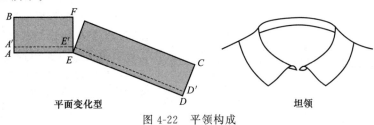

图 4-22 平领构成

当领子的弯度继续增大，直到其曲度远远大于领口的曲度，达到360°或以上时候，领外口线增大的长度就变成了褶量，领子成形后呈现很多自然的波浪褶皱。

此时的特殊平领称为荷叶领或波浪领。荷叶领（波浪领）构成如图 4-23 所示。

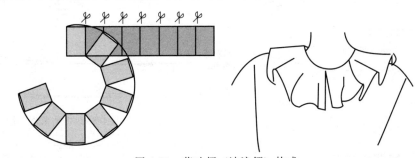

图 4-23 荷叶领（波浪领）构成

三、立领裁剪的基本方法

1. 起翘量的作用

立领裁剪的基本方法是基于最基本的立领的领型，即以等长的上领口线和装领线的尺寸做成长方形领条缝制到领口线。如前所述，此时立领呈现圆柱形，但领口线与颈部的空隙较大，不服帖。这就需要对这种直条的立领领口进行调整，使其和颈部更好地贴合在一起。调整方法就是将立领和颈部之间的空隙进行部分的折叠，外领圈随之缩短，领子呈向上弯曲状，立领向上翘起的量称为起翘量。起翘量是立领裁剪制图的关键结构参数。起翘量的作用如图 4-24 所示。

2. 起翘量的确定

起翘量过大，上领口会过紧；反之，起翘量太小，上领口又与人体颈部空隙过大，不服帖。

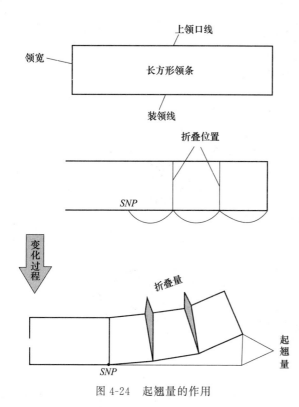

图 4-24　起翘量的作用

如果在原型的领口弧线上设计立领，领起翘量一般为 1～2cm，然后依据领起翘量绘制与领口弧长相等的装领线。

立领在裁剪时需要注意的是领底线的确定。当起翘量为 0 时，装领线为直线，倾斜角＝90°，此时立领的力度最好，但与颈部有一定的空隙；当起翘量为 1～2cm 时，倾斜角＞90°，此时颈部最合体；当起翘量为负值时，装领线向下弯曲，倾斜角＜90°，此时立领的力度不好，与颈部的空隙较大，一般不采用负值。起翘量的确定如图 4-25 所示。

3. 立领角度制图

除了利用起翘量制图法外，有时也可以使用角度制图法来绘制立领。

立领领型中使用最多的为锥形抱脖式立领，可设计成单层结构，也可以做成两层翻折式样。它与人体颈部的配合有密切关系，一般来说，领下口弧线起翘曲度为 7°，领上口弧线起翘曲度为 5°。这样领下口弧线大约比领上口弧线要长 3cm 左右。立领角度制图如图 4-26 所示。

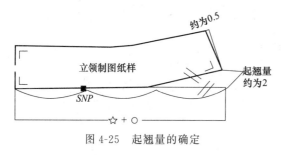

图 4-25　起翘量的确定

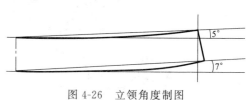

图 4-26　立领角度制图

四、立领裁剪实例

【实例 1】 标准立领

标准立领多用于旗袍或其他中式服装中。其制图分为两大步骤：一是基础线的绘制；二是轮廓线的绘制。标准立领裁剪图如图 4-27 所示。

【实例 2】 双翻立领

双翻立领裁剪图如图 4-28 所示。

【实例 3】 原身出立领

服装前后中心有领腰的连身立领裁剪方法，首先要确定领孔宽及前后身领孔线型，再确定前后侧颈点和前后中心连身立领的上口位置，依据立领的上下口尺寸差与人体颈部、造型的关系，找出前后连身立领上口尺寸不足的量，然后运用衣片至领孔的分割或省转移至领孔的方法，在前后连身立领上口加入所需的尺寸，使之达到预期的连身立领造型。原身出立领裁剪图如图 4-29 所示。

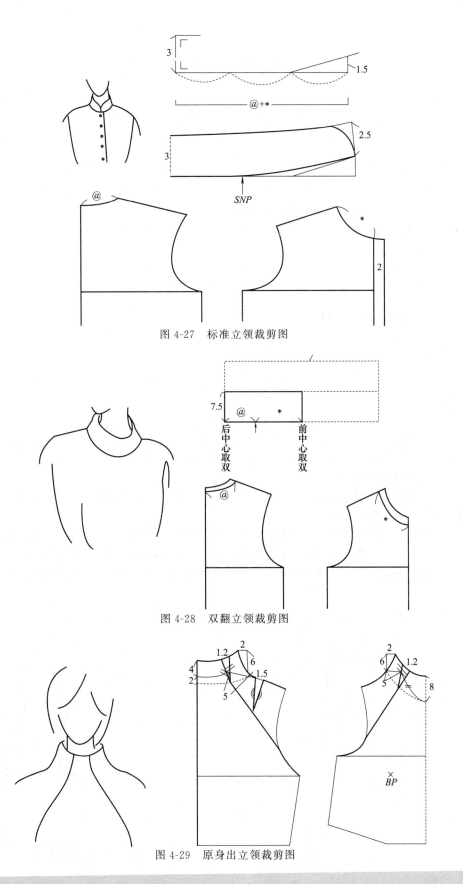

图 4-27 标准立领裁剪图

图 4-28 双翻立领裁剪图

图 4-29 原身出立领裁剪图

第四节 平 领

平领的内在结构是相对稳定的，变化主要是靠外在的造型设计。另外，由于平领几乎没有领座，因此颈部的活动区域无任何阻碍。扁领多用在便装和夏装中，如海军领、荷叶领、T恤领等。

一、平领的种类

平领又称为坦领，是一种基本平贴在肩部的领型，具有舒展柔和的造型特点。平领（坦领）通常领座在 1.2cm 以下，领面平服地摊在肩背部，多用于女装和童装中，特别是女衬衫中得到广泛采用；形式简单而不容易受到潮流的过多影响。可通过直开领的深浅、领宽大小、领角形状等改变造型。

平领（坦领）领角造型多为方形、圆形，圆形领使穿着者娇美可爱，大方形坦领大方得体。常见的领型有娃娃领、海军领、荷叶领、波浪领等。

二、平领的变化原理

（一）平领构成

根据服装主题造型的要求其变化原理为没有领座的设计，其特点是领腰很小，领子平服，前领自然地服帖于肩部和前胸，后领折叠服帖在后背上，在绘制平领纸样时，可以利用衣身纸样的领口弧线来设计。

平领构成如图 4-30 所示。将原型的前后肩线对合后绘制，领宽为 10cm 的纸样，缝制后穿在人台上。在领子的制图过程中，沿衣身领口弧线向内 0.5cm 形成装领线，再加上面料厚度等因素，衣身的后领中心会形成约 0.5cm 的领腰，而前面则几乎没有领腰。

（二）平领构成原理

平领（坦领）制图采用前后衣片在肩线处重叠的方法，而重叠量决定了领子的外观。平领构成原理如图 4-31～图 4-33 所示。

（1）前后肩线重叠量为 0 时，没有领座，而且领外口线过长，领子稳定性差，易飘动，也容易露出底线。由于此领型的缺点是绱领线外露不美观，而且其接缝处摩擦颈部不舒服，领子稳定性不高，容易飘动。只有特例平领的变形领如披肩领、荷叶领才采用零重叠量的设计。

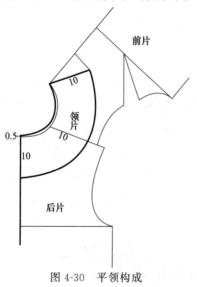

图 4-30 平领构成

图 4-31 平领构成原理（一）

（2）前后肩线重叠量为 1cm 时，形成非常小的领座。这个重叠量称为平领的搭围量，搭围量是平领制图的关键结构参数。这时可以通过前后肩线的搭接，将飘动份进行折叠，继而产生搭位量。

（3）前后肩线重叠量为 2.5cm，后领座挺起量为 0.5～0.6cm。

（4）前后肩线重叠量为 3.8cm，后领座挺起量约为 1cm。

（5）前后肩线重叠量为 5cm，后领座挺起量约为 1.3cm。

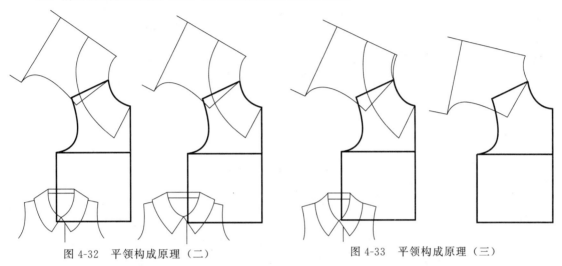

图 4-32　平领构成原理（二）　　　　图 4-33　平领构成原理（三）

由以上数据可以得出结论：重叠量越多，后领座的挺起量越大；反之，则越小。重叠量一般取值在 1～5cm。当重叠量超过 6.3cm 时，前后领围线将产生不圆顺的现象，领子外形向翻领样式转变。

平领的构成要素：如果想稍微增加一点底领，则可以缩小领外口弧线的尺寸。相反，如果打开领外口追加领外口弧线长度，则完全没有底领，领子在外口处呈波浪形，为无底领的平领款，如荷叶领等。平领与翻领不存在严格的界线，因为扁领底线的设计往往不采用与领口曲线完全相同的结构，通常领底线比领口线偏直。其中有两个原因：一是扁领整体结构的弯曲过大而出现斜丝，使外围容易拉长，减小领底线曲度可以使扁领的外围减小而服帖在肩部，使领面平整；二是领底线的曲度小于领圈，使扁领仍保留很小一部分领座，促使领底线与领口接缝隐蔽，不直接与颈部摩擦，同时可以造成扁领靠近颈部位置微微隆起，产生一种微妙的造型效果。

三、平领裁剪的基本方法

平领可以在衣身上直接作图，基本裁剪方法是搭位量的确定。平领裁剪方法如图 4-34 所示。

一般情况下平领搭位量是搭过前肩线的 1/4，根据实验得知，搭位量为 2.5cm 时，领台高约为 0.5cm；当搭位量约为 4cm 时，领台高约为 1cm。领子的外围线及领角的形状都属于设计量，其与平领的纸样结构无关。改变领外口弧线的长度就可以绘制出不同类型底领的纸样。也就是说，不同平领及其纸样的主要构成因素是，装领尺寸和领外口尺寸的差值以及领宽。因此理想的制图方法是，掌握领腰高度与领外口弧线的长度、原型前后中心线夹角之间的关系。

四、平领裁剪实例

【实例1】　中分披肩平领

中分披肩平领裁剪图如图 4-35 所示。

【实例2】　披领

披领裁剪图如图 4-36 所示。

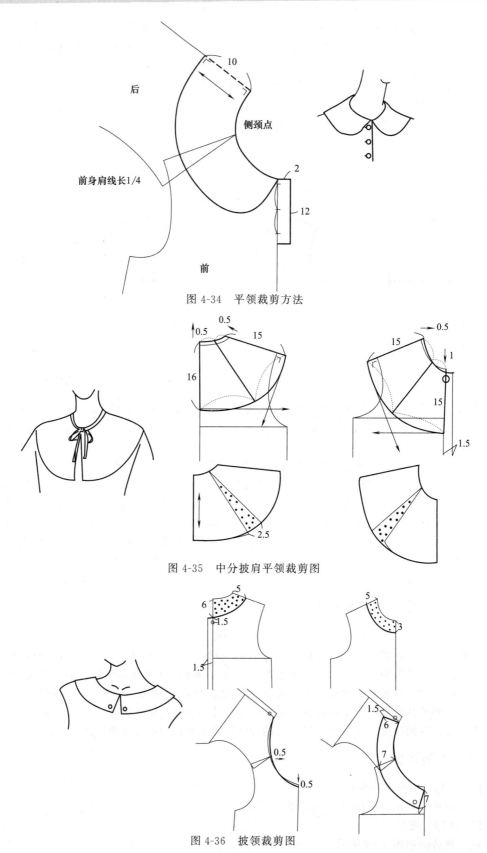

图 4-34 平领裁剪方法

图 4-35 中分披肩平领裁剪图

图 4-36 披领裁剪图

【实例3】 海军领

海军领也称水兵领，是坦领的代表性领型，最初来源于水手服，由法国著名设计师夏奈尔率先应用在女性服装中，从此备受年轻女性青睐。是具有青春活力象征的领式，从而被广泛应用到学生制服、青少年装及童装当中。海军领的设计变化主要体现在领片的宽窄、边缘造型与装饰及挡布搭配。

根据生产图理解，领子不宜过分贴肩，为此前后身肩部重叠量较少。前片设套头式门襟。在纸样设计上，前后身的侧颈点重合，肩部重叠1.5cm，确定领底线曲度，按照设计要求，把领口修成V字形，以此为基础画出水兵领型。当然，把这种水兵领理解为领圈拱起的造型也是成立的，这就需要前后肩的重叠部分增大，使领底线曲度小于领口曲度，重新画出水兵领型。海军领裁剪图如图4-37所示。

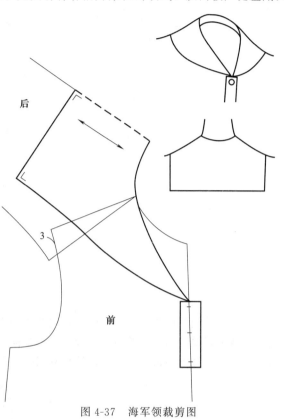

图 4-37 海军领裁剪图

【实例4】 荷叶领

如果领型的外容量需要增加，可以将前后片肩线合并使用。当造型需要有意加大扁领的外沿容量使其呈现波形褶，这时要通过领底线进行大幅度的增弯处理，也就是说，领底线弯曲程度远远超过长度，绱领时，当领底线还原后使领外沿挤出有规律的波形褶。这就是所谓荷叶形平领的结构设计。荷叶领构成如图4-38所示。

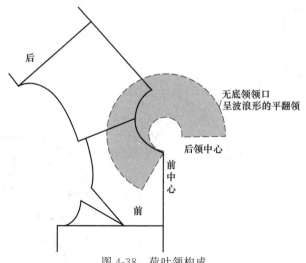

图 4-38 荷叶领构成

在纸样处理中，为了达到波形褶的均匀分配，采用平均切展的方法完成，波浪褶的多少取决于扁领底线的弯曲程度。荷叶形平领裁剪图如图4-39所示。

【实例5】 V形双层荷叶领

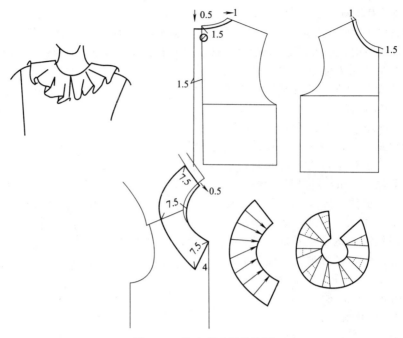

图 4-39　荷叶形平领裁剪图

　　平领的造型结构是极为丰富的，这主要表现在领与领口造型的组合上，可以说有多少种领口的形式就可以设计出多少领型。组合方式的不同，又可以造成不同的效果。然而无论扁领如何千变万化，它的基本结构规律不变。V形双层荷叶领裁剪图如图4-40所示。

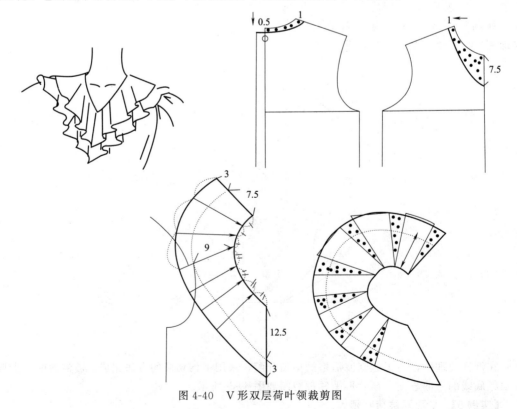

图 4-40　V形双层荷叶领裁剪图

第五节 企 领

一、企领的分类

企领（又称为翻领）通过翻折线被分为领面和领底两部分的翻领，既有领面又有领腰，又分为连体企领和分体企领两种。连体企领即领面、领腰连裁；分体企领即沿翻折线剪开分为底领和翻领两部分。依据领腰的立度与高度又分为企领、半企领、登翻领等。

（一）连体企领

后面有领座，前面沿着翻折线领座自然消失的关门领或开门领称为翻领。为了简化工艺和便装化特点，可以将领座和领面连成一体，这就是利用立领底线向下弯曲的结构处理，使立领上口大于领底线产生翻领所形成的连体企领结构。由于领底线下曲度的范围较大，形成了连体企领不同幅度的造型。需要强调的是，连体企领的底线上翘时，不能超过1cm，否则领面翻折困难，这种结构只用于较服帖、立度较强的企领。不过连体企领的结构更适合宽松的便装设计。连体企领如图4-41所示。

（二）分体企领

分体企领是由立领作领座、翻领作领面组合构成的领子，如衬衫领、中山装领都属于此类。分体企领常用在衬衫、外衣和军大衣等服装上，具有庄重、严肃和成熟的风格。由于分体企领是由两部分组成的，同时又在立领原理制约下进行组合，因此形成了企领的底线曲度和领面的结构关系，这种关系所反映的造型特征是"企"和"伏"的程度，故此有企领和半企领之说。

（1）企领 是指企立程度较大的领型，在结构上表现为领底线上翘较小，接近立领的直角结构，领型特征庄重、俏丽，如标准衬衫领就属于典型的企领（图4-42）。

（2）半企领 是领底线上翘较大，领座成形后较为平服的企领，典型的如风衣领。在外形上很难划分它们的界限，但在结构处理上有所区别。

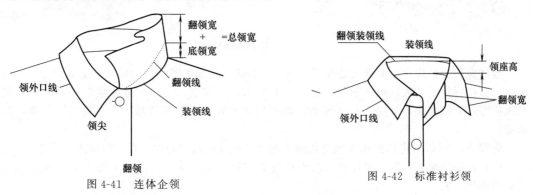

图 4-41 连体企领   图 4-42 标准衬衫领

二、企领的变化原理

由于连体企领和分体企领的基本结构不同，所以其变化原理也有所差异，现分述如下。

（一）连体企领原理

连体企领（翻领）的变化原理主要表现在领面宽度的变化，当领面增宽时，领外围线应适量增长，以保证领面的造型与人体前后颈肩更加贴合。倘若只增加领外围线的长度同时上领口线基本保持不变，则需要加大领片的弯曲程度。总之翻领的领面宽度越宽，领面的弯曲程度越大。翻领的裁剪是依据直领进行改进，即将长方形直领平均剪切，使得外领口尺寸加长，长方形的领子变成扇形，装领线变成弧线，同时后中心线提高。此时，领子翻折后盖住领外围线，容易翻折。

连体企领原理如图 4-43 所示。

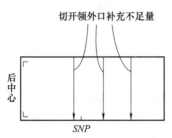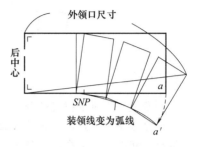

图 4-43 连体企领原理

翻领松度包含两个方面内容，一方面是基本松度；另一方面是变动松度。基本松度是指领子成形后，领座处内圆与翻领处外圆，因面料和领衬的厚度，使内外圆圆周产生一定的长度差，只有适量增加翻领外围的长度，才能使领座与翻领自然吻合，这个长度差称自然松度。基本松度仅适用于翻领宽度大于领座宽度 0.5～1cm 的范围内。当超过这个范围时，领子的外口会受到肩部的制约，就需要增加变动松度。连体企领观察实验如图 4-44 所示。

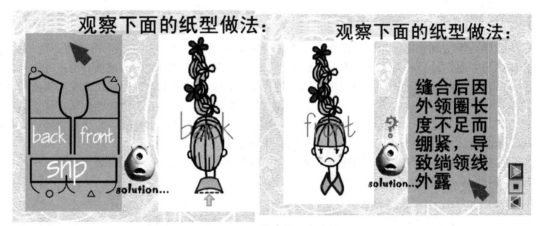

图 4-44 连体企领观察实验

连体企领变化规律的关键之处在于，装领线的向下弯曲程度，即后领线的上提尺寸。一般情况下，要使得领子自然翻折下来是将后中心上提 1.5cm 左右。上提尺寸依据领腰与领子外围线之差决定，差值越大，上提的尺寸越大，翻折后领子越平坦；差值越小，上提尺寸越小，领腰越挺。

由图 4-45 可以看出，连体企领变化的关键是领底线的弯曲程度，即后领线上提尺寸。

（1）一般情况下，为了使外领围的松量足够翻折下来，可在直角中上提 1.5cm 左右，领子就自然翻折下来。

（2）直角上提尺寸一般依据领腰与领子外围线之差决定，差值越大，上提尺寸越高。

（3）直角上提尺寸越小，领腰越挺，越服帖，领腰宽度越大；直角上提尺寸越大：领子立度越差，领腰宽度越小。当连体企领需要领面增大时，应使领底线的向下弯曲程度增加。

对宽松连体企领的采寸有较大的随意性。领底线弯曲位置的不同，可设计出局部造型的特殊效果。如果在领底线 1/2 处下弯，对应的肩部领面容量明显；在领底线 1/3 处下弯，领面的容量靠近前胸；如果领底线均匀下弯，那么领面容量的分配也是均匀的。在纸样应用制图中，最常用的是量取后领孔长处下弯，这样制图简单且较符合领型曲度与人体颈部的立体关系。判断这些造型因素要有丰富的经验和设计意识，同时要培养对纸样结构造型的理解力、观察力和应变力，避免使用某种公式机械套用。

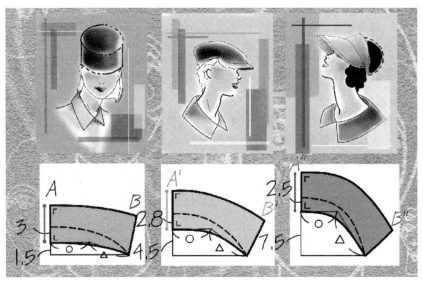

图 4-45　连体企领变化

连体企领的底线曲度与领型的关系，即领底线下弯曲度越大，领面和领座的面积差越大，领面容量越多，以至于完全转化为扁领结构；如果领底线上曲，其结果相反，以至于完全转化为不能翻折的立领结构。

（二）分体企领原理

连体企领翻折线在着装时会呈现出稍微离开颈部的状态，原因就是因为连体企领中翻折线的弯度只能兼顾领座或翻领一方的弯度，为了使领面容易翻折下来，一般连体企领的翻折线曲度都只兼顾领面需要的曲度。因而，领底的曲度就成为倒锥形，与人体颈部空隙较大，不服帖。而对分体企领就可以很好地解决这个难题。领座曲度向上，形成锥形领台；与领座缝合处的翻领曲线向下弯曲，使翻领的外围线加长，易翻折。翻领的外围线与领角形状是设计量，随款式而定，与纸样结构无关。由领座、领面形成的分体企领，这种结构和人体的颈胸结构更为符合，领面要翻贴在领座上，这就要求领面和领座的结构恰好相反，即领座上弯，领面下弯，这样领面外围线就大于领底线而翻贴在领座上。造型要求领座上弯和领面下弯应该是相互配合的，即领座与领面之间需要特别的容量，可以修正两个曲度的比例，当领面下弯曲度小于领座上翘曲度时，领面较为贴近领座，形成标准的衬衫领结构；反之，当领面下弯曲度大于领座上翘曲度时，领面翻折后空隙较大，翻折线不固定，此领型有自然随意之感，形成休闲衬衫或风衣领结构。

分体企领制图关键尺寸有两个。

（1）领台上翘尺寸 c　此尺寸越小，领子越贴近颈部；反之，领子越远离颈部。标准衬衫领的领台上翘尺寸 c 一般为 1～1.5cm。休闲衬衫领的领台上翘尺寸 c 一般较大。

（2）领面后中上提尺寸 d　此尺寸依据领片的宽度与形状决定，领面越宽，上提尺寸越大。分体企领变化规律如图4-46所示。

领座上口线与领面底线长度虽然相同，但曲度相反。企领基本造型规律是：领面下弯曲度与领座上翘曲度相近，领面与领腰面积相近时，此时的分体企领造型比较服帖，适合正装衬衫领；领面

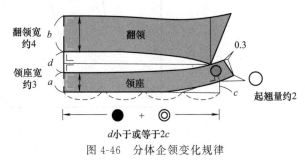

翻领宽约4

领座宽约3

翻领

领座

0.3

起翘量约2

d 小于或等于 $2c$

图 4-46　分体企领变化规律

下弯曲度远远大于领座上翘曲度时，领面宽度也增大，造型宽松自如，更适合休闲衬衫领。采寸的基本规律是：随着领面的宽度与领座的宽度差加大（领座宽度相对稳定），领面底线下弯曲度相应加大，参数以自身的后领宽为准，这就构成了分体企领的基本结构规律。

三、企领裁剪的注意事项

（一）企领翻折线

在裁剪企领时注意把握连体企领和分体企领翻折线的状态。连体企领的翻折线为曲线，分体企领的翻折线为直线。企领翻折线如图4-47所示。

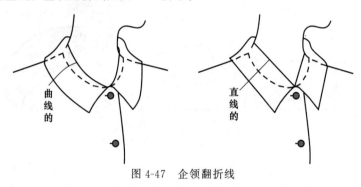

图 4-47　企领翻折线

（二）衬衫领采寸

分体企领在标准衬衫领的应用中，注意领面底线下弯曲度与领座上口线曲度的配合，如图4-48所示，d 小于或等于 $2c$，即两倍的底领起翘量。领面后中宽度为领座宽度加1cm，即 $b=a+1$，以保证领面翻贴后覆盖领座。领角造型根据设计可为方形、尖角形或圆角形。衬衫领领座一般比普通立领稍微窄些。为了防止领座的装领线外露，领面的宽度需要比领座稍宽些，此外与普通衬衫领一样，领面的外领口弧线也需要略加长一些。对于起翘量 c 与下落量 d 的关系来说，d 越大，翻领外口弧线处的松量就越大。当领座宽（a）和翻领宽（b）之间的差值越大时，d 就变得越大。

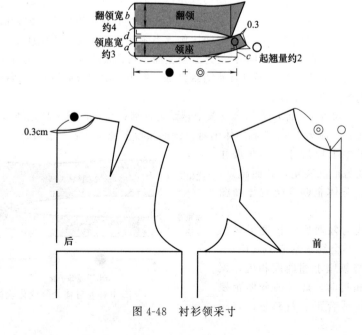

图 4-48　衬衫领采寸

四、企领制图实例

【实例1】 衬衫领

衬衫领属分体企领的一种，领型庄重，因此领底线翘度、领口和领宽都要适中，通常以一般立领结构为基础。确定领座和领面的后中线并与衣身纸样方向一致，以后领口和前领口的二分之一加上搭门 1.5cm 为领座底线长，与后中线垂直。在该线靠前颈点三分之一处上翘 1～1.5cm 并修顺底线。设后领座宽 3cm，前领座宽 2.5cm，修顺领座上口线，搭门领台修成圆角。在后中线上，从领座上取领座底线翘度的两倍（2cm）至领座的前中点连成与领座曲度相反的曲线为领面底线。衬衫领制图如图 4-49 所示。

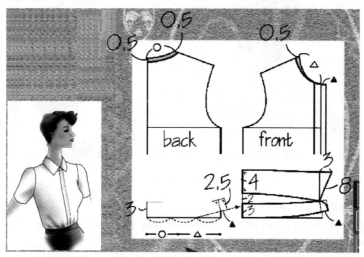

图 4-49　衬衫领制图

【实例2】 连体企领

连体企领在立领上加出翻领部分就变成带有领座的衬衫领。像这样将底领部分沿着颈部立起来，在中部将领子上部翻折过来，装领线设计在原型领口线附近的领子适合便装衬衫领。

确定领底线之后，翘起 0.5cm 修顺底线。后领总宽为领座 3cm 加上领面 4cm，前领台为2.5cm，领角为小八字，领座和领面之间用翻折线区分。由于合身连体企领立度强，领面的容量很小，为此领面和领座的面积比很接近，领面宽以领座不暴露为原则。连体企领制图如图 4-50 所示。

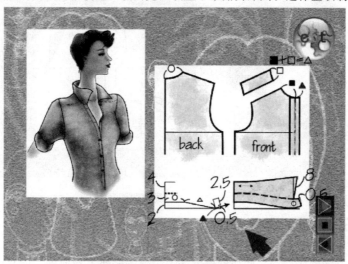

图 4-50　连体企领制图

【实例3】　重叠翻领

重叠翻领制图如图 4-51 所示。其结构为连体企领，只是在搭门处领台和领面都左右重叠。

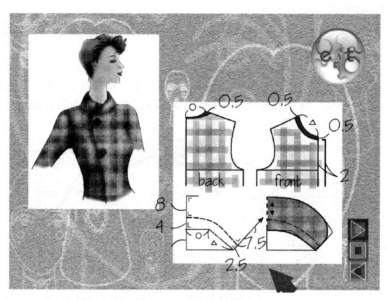

图 4-51　重叠翻领制图

【实例4】　翼领（驳口翻领）

翼领是缝合在 V 形领口上的企领，此翼领在结构上为平企领，其领座和领面的面积差较明显，领座从后中到前中逐渐消失。设计纸样时，应在领底线二分之一左右处向下弯曲 2.5cm，后领总宽为领座 2.5cm 加上领面 4.5cm。领座宽从后中 2.5cm 宽逐渐减小到前中点消失，用翻折线表示，领尖设计依照生产图示完成。翼领制图如图 4-52 所示。

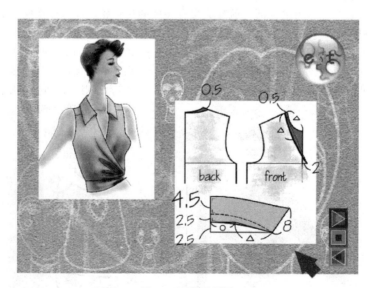

图 4-52　翼领制图

【实例5】　拿破仑领（登翻领）

拿破仑领在风衣中较为常见，由于风衣领要求翻折自如，需要加大领面容量，故此领底线下弯幅度要大。其特点在于领面底线弯度较大，大于领座底线上翘曲度，因此领面不会紧贴领座，

风衣企领的造型特点和使用功能表现为，领型从肩向颈部倾斜，领座相当于立领的钝角结构。领面容量较多不贴近领座，这是因为加宽的领面在穿用时，需要经常立起，用于挡风遮雨。在纸样设计中，首先确定领中开度和双排扣翻领部分，领座底线起翘2cm，领座前宽是3cm，后宽为4cm，修顺上下边线，完成领座。领面后宽为领座后宽加上2.5cm，领角作大尖领设计。拿破仑领制图如图4-53所示。

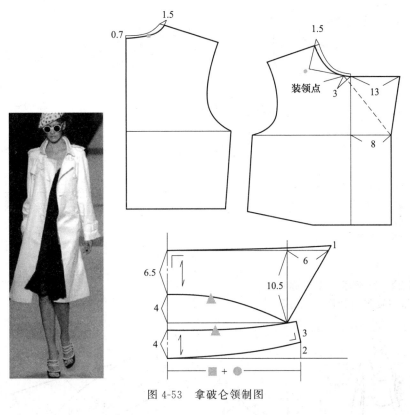

图 4-53　拿破仑领制图

【实例6】　连体企领（一片式登翻领）
一片式登翻领制图如图4-54所示。

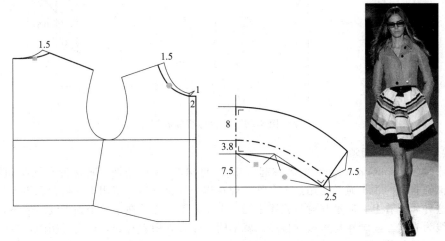

图 4-54　一片式登翻领制图

【实例7】 大卷领

大卷领制图如图 4-55 所示。

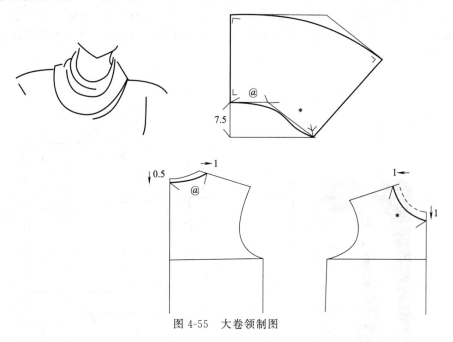

图 4-55 大卷领制图

【实例8】 鸳鸯领（不对称翻领）

不对称翻领制图如图 4-56 所示。

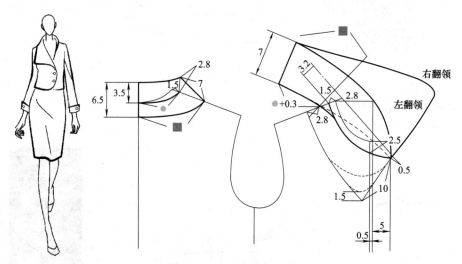

图 4-56 不对称翻领制图

【实例9】 两用翻领

两用翻领（soutien collar）的名称起源于 20 世纪 50 年代初期，凡是带有领座和翻领领面、前领口能够打开的领子通常使用这个名称。现在作为变化领型，多用于女衬衫和男士穿的雨衣外套中。这种领子看上去似乎与衬衫领属于同一类型，不同之处在于领子翻折线的形态，两用翻领的翻折线为直线。其纸样与衬衫领自然也就不同，需要利用衣身的领口进行制图，将领底线的前半部分绘制成与前领口相同的形状。由于翻折线是直线的，因此可以解开前纽扣作为开领衬衫的领子穿着，也可以扣上纽扣作为关门领穿用，所以被称为可变两用领。两用翻领制图如图 4-57

所示。其倾斜的倒伏量可参见本章第六节"翻领制图原理"。

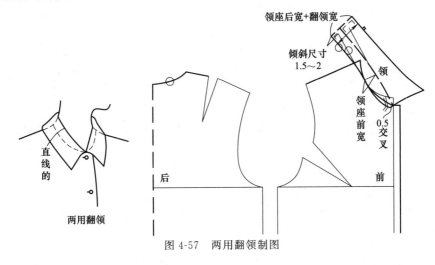

图 4-57　两用翻领制图

第六节　翻　驳　领

　　翻驳领是由翻领和驳领两部分组成的领型。翻驳领在四大领型中是最富有变化、用途最广，也是最复杂的一种，这是因为翻领的结构具有所有领型结构的综合特点。此领型具有防护和遮盖的功能，前领与驳头的结合使得服装整体显得美观、庄重。

一、翻驳领的结构与种类

（一）翻驳领的结构

　　翻驳领是以西装领为其典型结构。翻驳领结构名称如图 4-58 所示。

　　翻驳领结构中，翻领（又称肩领）具有企领和扁领的综合特点，它与驳领连接形成领嘴造型。翻领正视时好似扁领造型，由于肩领受领座的作用，从侧面和后面观察又具有企领的造型特点。因此肩领底线曲度仍然是翻领结构设计的关键。

图 4-58　翻驳领结构名称

（二）翻驳领的种类

　　翻驳领常见的领型有西装领、长方领、青果领、戗驳领等，可以根据不同参考因素进行分类。

（1）根据驳头的宽度可以分为窄驳领和宽驳领。驳领的宽度如图 4-59 所示。

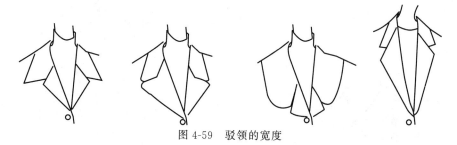

图 4-59 驳领的宽度

（2）根据领嘴位置可以分为高驳领、中驳领和低驳领。

（3）根据驳领廓型可以分为平驳领、戗驳领、倒戗驳领、连驳领、立驳领和登驳领等。驳领的廓型如图 4-60 所示。

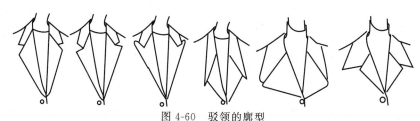

图 4-60 驳领的廓型

（4）根据翻驳线的形状可以分为直形翻驳领和弧形翻驳领。

（5）根据有无领嘴可以分为青果领、方形领和西装领等。领嘴的变化如图 4-61 所示。

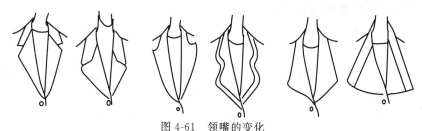

图 4-61 领嘴的变化

二、翻驳领的制图分析

（一）翻驳领的构成要素

标准翻驳领是由作为衣身一部分的驳头和翻领共同构成的领型。翻驳点（驳头的翻折止点）、驳头的领宽、领子的长度、串口线的高度和倾斜（驳头与领子的连接线被称为串口线）、翻领的外领口长度等，都是翻驳领纸样设计的变化要素。翻驳领裁片构成如图 4-62 所示。

（二）翻驳领的制图

一般翻领的标准是翻领前门襟开度至腰；翻驳领宽度适中，肩领靠近胸部与翻驳领构成八字形领。制图步骤如下。

（1）绘制翻驳线　使用衣身基本纸样，前门襟开至腰部，设搭门 2cm 找到 B 点，前中线和腰线交点为第一扣位。翻驳领设计，从侧颈点沿肩线伸出领座宽减掉 0.5cm。如果设领座宽为 2.5cm（此尺寸相对稳定），则该尺寸为 2cm 找到 A 点，从此点到腰线与搭门线交点的连线 AB 为驳口线或称翻驳线。绘制翻驳线如图 4-63 所示。

（2）绘制串口线　通过肩线中点 C，与前颈点 D 的连线设为串口线。垂直于驳口线量取驳

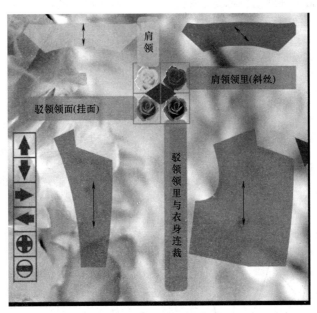

图 4-62　翻驳领裁片构成

领宽为 8cm；交于 CD 串口线的延长线上。绘制串口线如图 4-64 所示。

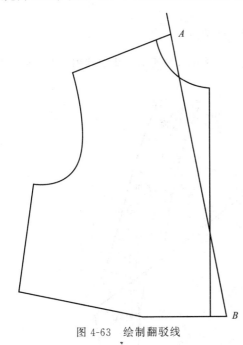

图 4-63　绘制翻驳线

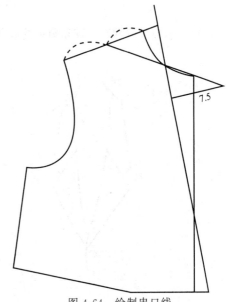

图 4-64　绘制串口线

（3）绘制驳领轮廓线　通过侧颈点作翻驳线 AB 的平行线为肩领和翻驳领衔接的公共边线（止口线），从驳头宽点到翻驳点用微凸线画出驳领轮廓线（止口线），完成驳领制图。

（4）确定倒伏量　在肩领底线的辅助线上，从侧颈点上取后领口长至 F 点，固定侧颈点，将该线段向肩线方向倒伏 2.5cm 得到 G 点，连接 GE 为肩领底线。

（5）确定肩领后中宽度　过 G 点作 GF 的垂线，在其上量取肩领的后中宽度。

（6）绘制肩领　在公共边线上取驳领宽为 3.5cm，作 90°领嘴，取肩领宽为驳领宽减去

0.5cm，得3cm。最后分别把领底线到领口线、肩领翻折线到驳口线平滑顺接，完成全部翻领结构。绘制肩领如图4-65所示。

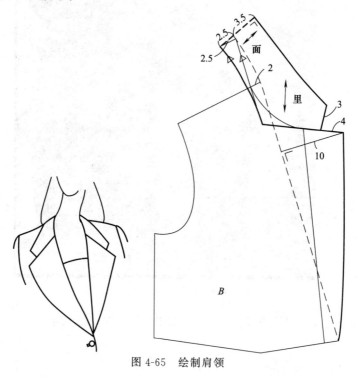

图 4-65 绘制肩领

总结：裁剪翻驳领时，首先确定翻驳点的位置、驳头的高低形状、串口线斜度及位置，然后

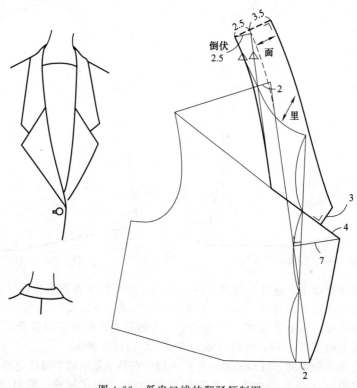

图 4-66 低串口线的翻驳领制图

将肩线延长，决定前领座的尺寸和倒伏量，进而连接至翻驳点形成驳口线（驳领翻折线）。最后垂直于翻折线，取驳头宽度交于串口线一点，以此点至门襟点用圆滑的曲线连接画出止口线（翻驳领边线）。

（三）翻驳领的变化

1. 低串口线的翻驳领制图，参见图 4-66 所示。
2. 高翻驳点的翻驳领制图，参见图 4-67 所示。

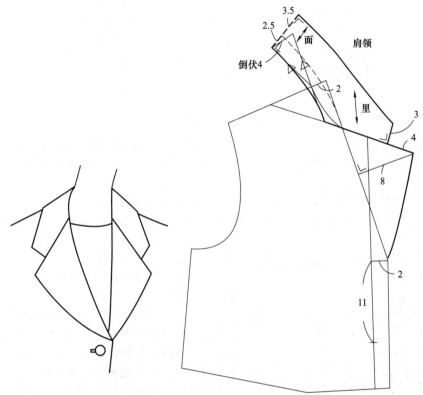

图 4-67　高翻驳点的翻驳领制图

三、翻驳领的变化原理

（一）翻驳领款式变化因素

翻驳领的款式变化因素包括翻驳点的高低、串口线的斜度及位置、领嘴的形状、领面及领底的宽度等。

依据连体翻领的纸样结构，若装领线上翘，则领面不可能翻贴在领座上，因此需将装领线向下弯曲，形成倒伏。同样根据翻领的这一变化原理，在翻驳领中为了达到领口和翻领，肩领和翻驳领在结构中组合的准确，此时需在前片纸样上进行设计同时将肩领底线竖起，当需要增加领面容量时，则要使装领线向肩线方向倒伏。翻驳领的构成规律如图 4-68 所示。

（二）肩领底线倒伏量确定

1. 倒伏量的作用

在翻驳领结构中，肩领（翻领）与肩胸部要求服帖，这意味着肩领的翻折部分和领座之间的空隙很小。按照连体企领规律，必须将领底线向下弯曲，以增加肩领的外围尺寸，这种翻驳领特有的结构称倒伏。肩领底线倒伏是翻驳领的特有结构，然而翻驳领的服帖度要求很高，这意味着肩领底线倒伏量不宜过大。

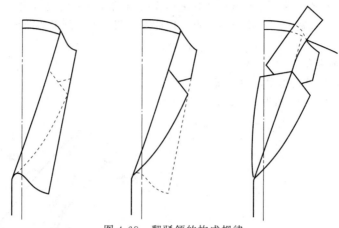

图 4-68　翻驳领的构成规律

　　肩领底线倒伏量的设计，对整个领型结构产生影响。一般翻领倒伏量的平均值是 2.5cm，这是根据肩领领座和领面宽度差为 1cm，驳头开深至腰部左右，以及翻领设有领嘴的基本结构相匹配。

　　假设一般翻领的结构不变，肩领底线倒伏量从 2.5cm 增加到 4cm，这意味着一般翻驳领的领面外围容量增大，可能产生翻折后的领面与肩胸部不服帖。倒伏量过大如图 4-69 所示。

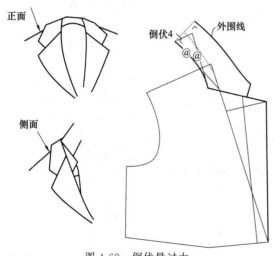

图 4-69　倒伏量过大

　　如果倒伏量为零或者小于正常的用量，使肩领外围容量不足，可能使肩胸部挤出褶皱，同时领嘴拉大而不平整。无倒伏量如图 4-70 所示。

　　倒伏量的作用：增大领外围线长度，避免因此长度不足引起的肩胸部褶皱、绱领线外露以及领嘴因拉大而不平整。

　　2. 影响倒伏量的因素

　　影响肩领底线倒伏的因素较多，结构方面因素有肩领的领面与领底的宽度差、翻驳点的位置高低、领嘴的结构形状等；材料方面因素有面料的性能（主要是弹性）、面料的厚度及衬料的性能等；工艺方面因素有加工方式、敷衬方式、归拔工艺等。以上条件发生改变时倒伏量就随之调整。现将影响倒伏量的主要因素概括如下。

　　（1）肩领的领面和领座差　如果肩领的领面和领座差值加大，需要增大倒伏量。一般翻驳领的领面比领座要大 1～1.5cm，这说明领底线下弯曲度是比较小的。有时领面需要加宽，而领座不同时加宽，因为领座尺寸相对比较稳定，主要考虑颈部舒适度制约。也就是说，领面增加的部分应向肩部外围延伸，而不是增加领高。这就要求通过领底线倒伏量的增大来增加领面的比例和容量。

　　（2）面料的质地与性能　材料质地对倒伏量也有较大影响。翻驳领的结构虽然在各种材料中都适用，但最适合于表现翻驳领造型的是中厚毛织物，因为毛织物的弹性、伸缩性好。通常天然织物或粗纺织物的伸缩性较大，领底线倒伏量要小；人造织物或精纺织物的弹性相对要小一些，领底线倒伏量就要适当增加。面辅料的厚度也是考虑因素之一，薄型面料倒伏量取值小些，厚型

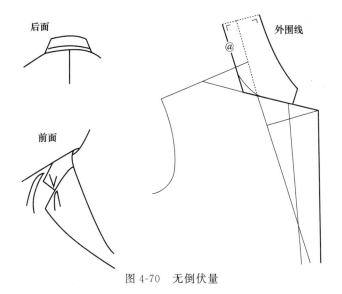

图 4-70　无倒伏量

面料倒伏量取值要大些。

（3）领嘴结构　翻驳领一般采用带领嘴结构，领嘴的张角实际起着翻领和衣身容量的调解作用。因此，带领嘴翻驳领的底线倒伏量通常较小，而没有领嘴的翻驳领如青果领，其调节容量的作用就不存在了，因此这种翻驳领的底线倒伏量要适当增加。

3. 倒伏量的确定

倒伏量的作用主要是增大领外围线松度，这个松度主要由三种因素构成，即倒伏量＝基本松度＋领宽松度＋调节松度。

（1）基本松度　取决于面辅料厚度所需要的翻折松度：一般薄型面辅料取值 1cm，中厚型面辅料取值 1.5cm，厚型面辅料取值 2cm。

（2）领宽松度　取决于肩领的翻折领面部分与领底部分之间的宽度差值☆，当翻折领面宽度小于或等于领底宽时，领宽松度为零即可；当翻折领面宽度大于领底宽时，领宽松度为☆/2。

（3）调节松度　取决于领嘴的调节能力，无领嘴（青果领）时调节松度取值为 2cm；有领嘴时调节松度取值在 1cm 左右；有领嘴且领嘴恰好位于翻折线上，则调节松度可以不计，取值为零。

值得注意的是，在实际翻驳领的结构设计中，领面领座的差值、材料性能和领型等诸多因素，往往在同一结构中出现，因此设计者要注意根据综合因素确定倒伏量，而绝对不能简单套用固定的单一数学公式，这样才能体现出不同设计者的造型风格和水平。

翻驳领制图原理总结：倒伏量主要由领腰与领面的宽度差、面辅料厚度及翻驳领领型来决定，倒伏量越大，领外围尺寸越大，领面越易翻折，肩领的贴体度越小。为使肩领合体，同时领面翻折平服，肩领往往采用分体结构，使领底保持锥形立领结构，仅仅使领面底线倒伏，增加翻领松度。

（三）分体肩领结构

在翻驳领结构中，为使肩领结构造型更加完美，也常运用类似的分体企领结构。这种结构可以使肩领后部紧贴颈部，领面服帖而柔和。在纸样处理上，将底线不倒伏的肩领，靠近翻折线 1/3 的领座断成两部分，余下的领座部分不变。把其他部分的肩领底线做倒伏处理。倒伏量的依据和上述三点相同，重新修正纸样。这是一种最为理想的肩领结构设计，更多用在高档男西装和女时装的翻驳领结构中，这种处理有时也用于高档外套和休闲装的翻驳领设计中。分体肩领设计如图 4-71 所示。

105

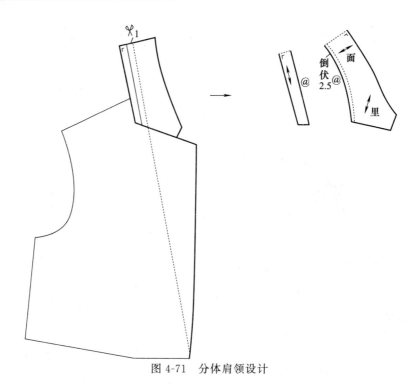

图 4-71　分体肩领设计

（四）翻驳领的采寸配比

前面集中剖析了翻驳领内在结构原理，下面就翻驳领的外形设计尺寸配比进行论述。翻驳领的外在变化往往是受内在规律影响的，但不是决定因素，翻驳领造型遵循着一定的习惯比例进行，由于西装领造型受传统男装的功能性要求影响，习惯于在一种传统的审美要求下穿着打扮。至今设计师们仍然把它作为不成文的规定，旨在表现一种变化的程式之美，一旦违背，就感觉不舒服。这作为一种专业知识是很重要的，就如同从事什么行业要了解什么规矩一样。但不能视此为一成不变之物。

1. 平驳领尺寸配比

平驳领又称八字领，其外形设计是按照一定的配比关系进行的。一般是由肩领面后宽尺寸 & 依次推出：肩领面后宽 & 与肩领领角宽 * 近似；肩领领角宽 * 比翻驳领嘴宽 @ 小 0.5cm 以上；翻驳领嘴宽 @ 比串口线 # 要短。肩领面后宽 & 和翻驳领嘴宽的尺寸是成正比的，如果不符合这个配比关系，就影响平驳领（八字领）的造型习惯。八字翻驳领的最大特点是领嘴呈八字形，构成标准是肩领领角和翻驳领领角之间的夹角在 90°以内。八字领尺寸配比如图 4-72 所示。

八字领领嘴过小或过大都是不正确的配比，如图 4-73 所示。

2. 戗驳领尺寸配比

标准戗驳领在尺寸上也有一种程式化的配比关系。这种领型基本沿用了男装礼

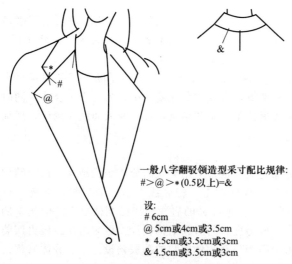

一般八字翻驳领造型采寸配比规律:
#＞@＞*(0.5以上)=&

设:
6cm
@ 5cm或4cm或3.5cm
* 4.5cm或3.5cm或3cm
& 4.5cm或3.5cm或3cm

图 4-72　八字领尺寸配比

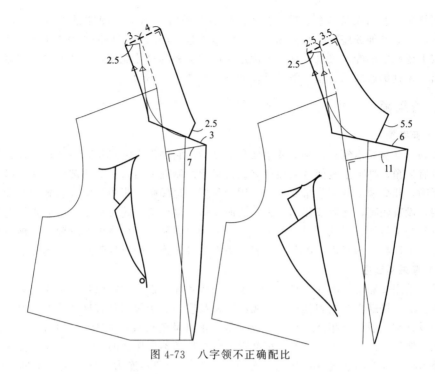

图 4-73　八字领不正确配比

服戗驳领的造型特点，即领尖与肩领领角合并构成一条缝线，使肩领和驳领在衔接处呈现箭头状，故又称为"箭领"。这种领型常配合双排扣搭门。

在肩领设计中领角采用的配比与八字领有相似之处，因此领底线倒伏和一般翻领相同。戗驳领的领角造型，应保持与串口线和驳口线所形成的夹角相似，或大于该角度，这种配比不仅在造型上美观，更重要的是控制肩领领角不宜过小，这样使翻角工艺变得简单，更容易使造型完美。肩领领嘴伸出的部分"＊"不宜超出翻驳领领嘴伸出的宽度"@"，同时翻驳领领嘴伸出的部分"@"也不宜超出串口线的长度"＃"，否则领角容易翘起影响翻驳领造型。根据这种造型要求设

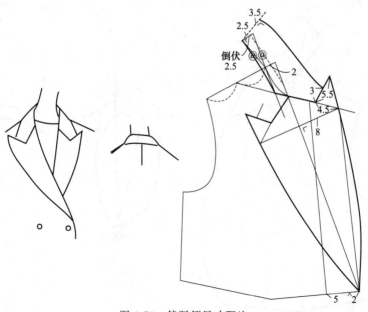

图 4-74　戗驳领尺寸配比

计戗驳领结构，使用衣身基本纸样，在腰部增加双搭门量 5cm 和纽扣搭围量 2cm，确定前门襟宽度。从侧颈点外伸领座宽减 0.5cm，与搭门点连接成驳口线。肩领采寸配比与一般翻领相似。戗驳领按上述确定的配比关系设计。灵活运用戗驳尖领的尺寸配比，改变戗驳领领宽或领型，可以设计出一系列的戗驳领造型。戗驳领尺寸配比如图 4-74 所示。

四、青果领

（一）青果领

青果领（又称丝瓜领）在翻驳领中属特殊领型。它的最大特点是，肩领和驳领完全形成一个整体，没有领角，外形上酷似青果而得名。青果领的制图方法与正规西装领一样，但是由于该领型没有领嘴，相应领子的倒伏量要增加。因为我们知道领嘴的张角其实是起到调节翻领和衣身容量的作用，没有领嘴，此调节作用消失，故而要增大倒伏量。同时根据结构形式的需要，又分为接缝青果领和无接缝青果领两种。前者是由肩领和翻驳领组合构成的接缝而不设领角的翻领，有时两个部分采用异色布料进行配色。后者是由左右驳领连通构成的青果领，属标准青果领型。

（二）青果领制图

青果领采用接缝的原因并不是单纯为了装饰或者配色设计的，而是为了简化无接缝青果领的工艺而设计的。接缝青果领和其他翻驳领的肩领和驳领的接线都具有这种功能。因此，接缝青果领的结构设计和一般翻领相似，只是不设领角，止口呈抛物线，因为缺少领嘴的松度调节功能，所以领底线倒伏要适当增大。然而，标准青果领往往是不设接缝的，这就需要用特殊结构加以处理。在外形尺寸上它与接缝青果领大体相同，只是左右翻领连为一体（领后中也不应有断缝）。对丝以该后中线的垂线为准，这时翻领与衣身在领口重叠的部分，采用两种特殊结构的处理方法：把重叠部分在无接缝青果领贴边（过面）中去掉，然后把去掉的部分用另布加以补偿。这种补偿结构只能在青果领的贴边中进行，因为补缺的接缝在贴边中可以隐蔽。在衣身纸样重叠的部分仍然可以采用肩领和翻驳领的断缝结构。因为翻领可以掩盖背面接缝，也就是说无接缝青果领的过面纸样（贴边）是无接缝的。衣身的纸样仍然为肩领和翻驳领组合的结构（如图 4-75 所示，青果领的倒伏量为 4cm）。

另外，也可以把青果领过面的贴边线设在领与颈窝重叠部分的切点上，使重叠部分划分在里

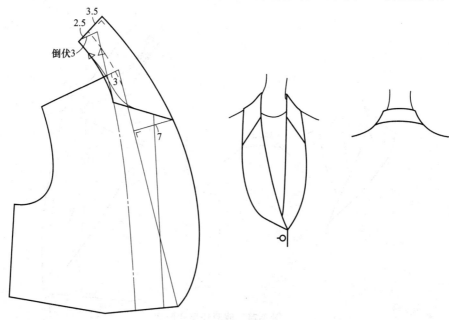

图 4-75　青果领

子布纸样中得到补偿（如图 4-76 所示）。

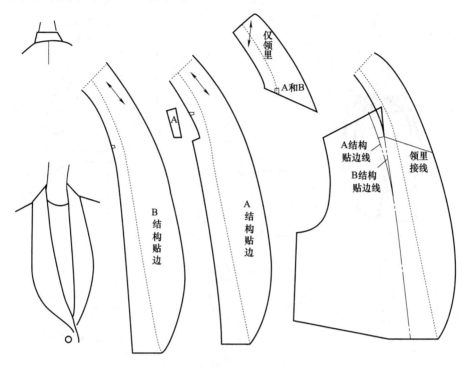

图 4-76　青果领贴边结构

五、裁剪翻驳领的注意事项

　　翻驳领领嘴的大小、角度以及领型可以依据设计自由变换。但是对于领子的整体结构，后领倒伏量的设计为关键，因为适度的倒伏量可以增加领外围线的长度，从而避免了因长度不足引起的肩胸部褶皱、绱领线的外露以及领嘴因拉大而不平整的现象，倘若倒伏量过大，则会造成翻领的领面与领腰和肩部不服帖。

　　服装材料是影响倒伏的因素，材料对结构的选择是由材质决定的。适于表现翻驳领的一般是中厚毛织物，因为这种织物具有一定的塑形性，天然织物或者粗纺织物材料伸缩性较大，翻驳领倒伏量要小；人造织物或者精纺织物材料弹性稍小，倒伏量要适量增加。

　　根据翻驳领设有领嘴，翻驳点在腰部以及领腰和领面的高度差为 1cm 时，倒伏量均值为 2.5cm；但是翻领的倒伏量遵循一定的变化原则：（1）领腰与领面高度差增大时，倒伏量增加；（2）在做双排扣戗驳领时，倒伏量稍微增加；（3）在做无领嘴领型时，倒伏量增加。

六、翻驳领制图实例

【实例 1】　披肩翻驳领

　　大披肩翻驳领领面较大，具有保暖功能，适用于冬季服装。利用切展手法使坦领面积增大并在腰部做缩褶处理。披肩翻驳领制图如图 4-77 所示。

【实例 2】　驳头领

　　驳头领制图如图 4-78 所示。

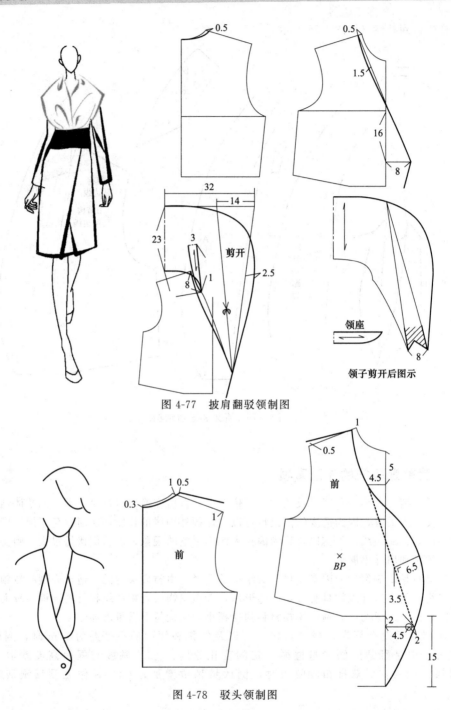

图 4-77 披肩翻驳领制图

图 4-78 驳头领制图

第七节 其他领子的应用制图

一、帽领的种类

帽领是将帽子装在领圈上，形成以帽子代替领子的一种领型。一是可以将帽子竖起戴在头上；二是可以将帽子披在后肩上。不同的帽领造型形成不同的效果，可以是大帽，也可以是小帽，可方形也可圆形，同时也可以在帽子的边缘处加上串带、毛条等。帽领的种类丰富，形态多样，适用于不同年龄层次着装。帽领根据分割线形式可分为二片帽领、三片帽领、四片帽领等；根据实用功能可分为连身帽领、活动帽领、两用帽领、披肩帽领等；根据帽口形状可分为饰边帽领、褶边帽领等。帽领的种类如图 4-79 所示。

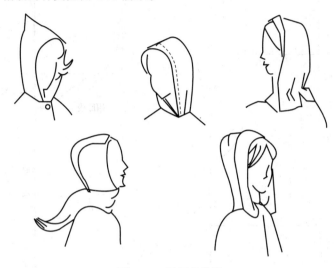

图 4-79　帽领的种类

二、帽领的变化原理

帽领的变化原理依据领圈的结构造型，可以是一字形、圆形、V 形或 U 形，不同造型的领圈将带来不同的变化效果。帽领可以看成是由翻领上部延伸而形成帽子的结构。由于具备挡风御寒的功能，所以多用于休闲装、风衣及冬季外套。

（一）帽领基本结构

帽领一般利用衣身纸样绘图。以中性装帽为例，两片帽领的结构如图 4-80 所示。先过侧颈点画一条水平辅助线，再向上延伸前中线，与水平辅助线相交于高度大于或等于 1/2 头围尺寸，向左量取帽宽尺寸，帽宽尺寸大于或等于 1/3 头围尺寸（作一辅助矩形）。这时帽子的尺寸基本能容纳头部。从前领口圆顺画弯弧与水平辅助线相切，绘制帽底线，在帽底线上量取前后领口的长度，交辅助线于 B 点，过 B 点连线至帽后中辅助线的中点，然后圆顺地画好帽顶线至前中线。帽口线可为直线，或为弧线，但注意使帽口线与帽顶线的夹角为 90°角，以便帽口在顶缝拼接后止口平齐，由帽子结构可以看到帽子与头之间的松度同样取决于帽底线的倾斜量，即帽底线的下弯程度与绘图时所确定的帽底水平辅助线的位置密切相关。

（二）帽底线高度设计

如图 4-81 所示，当帽高与帽宽一定时，如果水平辅助线高于侧颈点，如线（1）所示位置，帽底线的弯度增大，帽子后部位高度减小，帽子与头顶之间的间隙就会变小，当头部活动时，容易造成帽子向后滑落。摘掉帽子后，帽子能自然摊倒在肩背部。如果水平辅助线低于侧颈点，如线（2）所示的位置，帽底线的弯度变小，但帽子后部位高度增大，为头部活动留有充分的空间，当头部活动时，帽子不易向后滑落，反会使帽口前倾，摘掉帽子后，帽子会围堆在颈部。

（三）帽领的宽度与高度设计

冬季外套所用的帽领往往需要较大的松度。帽领的宽度与帽子的高度（图 4-82），可以在实测的侧颈点至头顶尺寸的基础上考虑其造型需要增加的宽松量。由于冬季外套面料较厚，伸缩弹

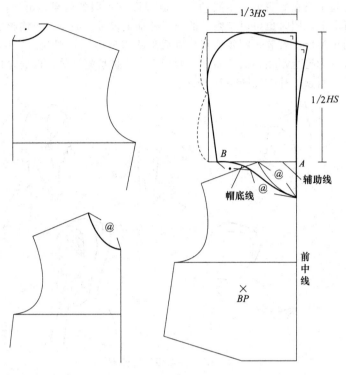

图 4-80 两片帽领的结构

性较小，帽领的宽度与领口尺寸之差可作为褶量或省量均匀分布于衣身后中线及肩线所对应的一段帽领底线上。为使帽口下部能够闭合，增加保暖性，在帽口的前颈点向上以脖颈长度为限，设计搭门，将搭门在帽口处展宽加放出头部活动所需的松度，从而形成护颈结构。

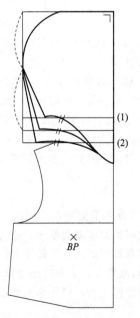

图 4-81 帽底线的高低

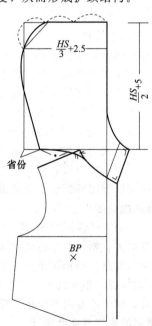

图 4-82 帽领的宽度与高度

三、帽领的结构设计实例

（一）多片帽领设计

帽领可以通过结构的变化而呈现多种造型。利用不同的分割线，使帽子成为多片结构而更趋于合体。多片帽领设计如图4-83所示。

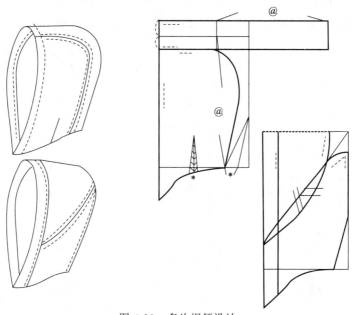

图4-83　多片帽领设计

（二）平领帽领设计

开深领口并使帽里与衣身挂面连裁，则帽子兼有坦领的廓型。平领帽领设计如图4-84所示。

（三）装饰沿帽领设计

使帽口展宽加放后，再抽缩至原来的尺寸或加装帽口饰边、褶边等，帽子就更具美观实用的功能。装饰沿帽领设计如图4-85所示。

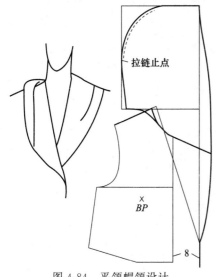

图4-84　平领帽领设计

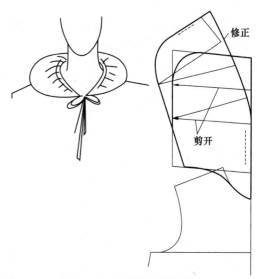

图4-85　装饰沿帽领设计

（四）连衣帽领设计

连身帽领由于帽子与前身连为一体，需要利用衣身纸样进行结构设计。首先确定领口开度，将领口的宽度增加 0.5～2cm，后领口可降低 0.5～1cm，帽口止点位于原型领口与胸围线之间，然后画帽子轮廓线。过侧颈点作水平辅助线，并且作前中线的延长线，按实测尺寸或头围推算的尺寸确定帽宽与帽高，作矩形制图辅助线，从侧颈点向左量取后领口长度，并且绘出帽后中线、帽顶线，帽口边要追加搭门量，与衣身止口平齐，为了使帽顶更合体，可将帽底线在后中线处起翘 1～2cm，与提高领底辅助线作图的原理相同。连衣帽领设计如图 4-86 所示。

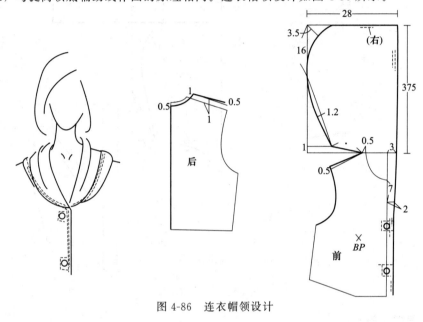

图 4-86　连衣帽领设计

第五章 衣袖裁剪技法

本章从分析袖子基本形态的构成因素入手，依次介绍衣袖构成因素与具体袖型设计之间的关系，通过大量流行新款袖子制图实例，从而使读者全面理解和掌握袖子纸样的制图原理。

第一节 袖子的认识

款式设计是服装设计的三大要素之一，而袖子在服装的整体造型设计中，起着加强和充实服装的功能，也丰富和完善服装的形式美感。

袖子是指服装上覆盖人体手臂的部分。

袖子以筒状为基本形态，与衣身的袖窿相连构成完整的服装造型。从设计的角度上讲，不同的服装造型和功能会产生不同结构和形态的袖型。相反，不同的袖型与主体服装造型相结合，又会使服装的整体造型产生不同的风格。它的造型直接影响肢体的动作。它的宽窄、长短、有无都是根据适用的需要而安排的。

袖子虽然仅仅是服装的一个局部，但它对穿着者的性格反映起到很大作用，袖型不仅体现了各种不同的美感，而且也传递出人们的活动场合与情感。如紧身的体操服、无袖的游泳衣、舞台装的喇叭袖、婚礼服的麦克风袖等，都体现出人们活动方式不同，穿着场合不同的需要。

一、袖子的分类

袖型的种类可根据多方面形象划分。

袖子的设计是多种多样的，根据袖山与衣身的相互关系以及结构特征，衣袖结构分为装袖、连身袖两种基本结构。

（1）根据空间造型分为两类，包括立体造型袖和平面化的袖型。

（2）从合体程度上分类，可分为合体袖和宽松袖两大类。

（3）根据袖子长短，可分为长袖、九分袖、七分袖、半袖、短袖、盖肩袖、无袖等类型（图5-1）。

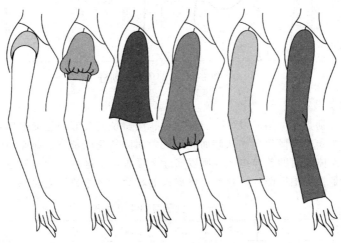

图 5-1 根据袖子的长短分类

（4）根据袖片数目，可分为单片袖、双片袖、三片袖和多片袖。

（5）根据造型划分名目繁多，如灯笼袖、喇叭袖、羊腿袖、郁金香袖、宝塔袖、蝙蝠袖、中式袖、西式袖、扇形袖等。

（6）按袖子与衣身组合关系分：绱袖与连身袖两大类。

各种式样的袖子，其袖头、袖身还会有很多不同变化。在此基础上加以抽褶、垂褶、波浪等造型方法形成千变万化的结构。根据袖子的袖型分类如图5-2所示。

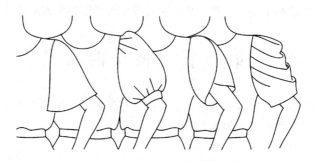

图 5-2 根据袖子的袖型分类

二、袖子的结构认识

（一）与袖子相关的人体特征

1. 人体肩部形态

肩部体表的划分，在解剖学中，肩是由躯干前面的锁骨和后面的肩胛骨组成的，凸出于体侧。考虑上臂骨头的厚度来设计制作袖子，参见图5-3肩部体表的划分。

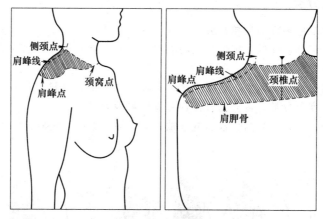

图 5-3 肩部体表的划分

2. 肩斜与肩关节

袖子的设计特别是插肩袖的设计与肩部造型、肩斜及肩关节的运动密切相关。但是由于从人体前面观察肩部所获得的倾斜角和从侧面获得的背面倾斜角以及胸部前面的倾斜角都有一定的差异，再加上不同人体之间的差异很多，所以实际上很难求出这种平均肩形态和标准尺寸值。通过三维自动人体测量系统拍摄图片，观察身体肩部的轮廓，参考数据见表5-1。

表 5-1 女子肩部参考数据

肩斜角度 X	14°	17°	20°	23°	26°	29°	32°	35°
样本数 n	1	2	7	26	32	25	6	1

肩斜角度为20°~29°的共占90%，肩斜角度在20°以下范围的才占3%，而肩斜角度在30°以上的占7%，其平均值为25.7°。上臂骨头与肩关节接缝，而且此区域运动量最大，所以袖子如果设计不适合肩形态，服装在穿着时会显得松垮或紧绷，特别影响美观和舒适性。

（二）袖子结构认识

手臂在靠近人体肩头部分是近似球面的复杂曲面，上臂在腋窝水平线（CL）处拥有最大的周长，观察臂根形状时可以发现，在靠近上方处与躯干部位相连的前腋点和后腋点部位，前、后方向上的厚度变得更厚。如果用简单的形态概括基本袖子立体形状的话，可以将其看成是覆盖前、后腋点之间的厚度，总体围度比上臂最大围稍大的圆柱体。

覆盖上臂的袖子可以把其立体形态考虑成从腋窝开始向下是单纯的圆筒的形态，而从腋窝开始向上只有外侧一直延伸到肩头部位。即该外侧的长度部分就是袖山高，把圆筒沿斜向切断之后，就形成了袖子的基本立体形态。

袖子基本立体形态的展开图和人体尺寸的关系如图5-4所示。其中部分的尺寸就是袖子纸样的构成要素。即袖子基本构成要素包括袖长、袖下尺寸、袖山高和袖肥等。在实际应用中，衣片的袖窿深度、袖窿弧线的长度、衣身以及袖子设计要求的变化等，都会影响袖子纸样的构成要素。

服装的衣袖是衣身部分的袖窿和与之相对应的袖子两部分结合而成的。手臂与身体部分仅由关节联系在一起，其活动范围较大，从功能设计的角度出发，袖子结构一般都与衣身分开，在臂根线的附近具有立体形态的袖子被称为普通装袖。合体袖按照人体的构造应设计成向前弯曲的结构，以及前袖窿弧线弯度大于后袖窿弧线。

袖子作为服装的特殊部位，使其在静态和动态下都能美观、合体，这要求袖子结构

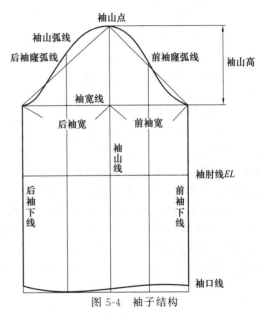

图5-4　袖子结构

既要满足服装肩部与衣袖造型的需要，又要满足手臂活动幅度对袖子腋下松度的要求。服装的种类不同，服装的服用功能不同，对袖子的合体性与活动机能性的侧重也有所不同。一片袖立体造型呈直筒状。一片袖纸样构成线主要包括袖山弧线、前后袖缝线、袖口线，其中袖山弧线关系到袖造型的实现与穿着效果。

第二节　袖子构成要素分析

一、袖山长

袖山长包括两个概念：一个是指纸样绘制中由袖中线顶点向袖肥线外端点所画的线段的长度，即袖山线段长；另一个是指纸样绘制中由袖中线顶点向袖肥线外端点所画的曲线的长度，即袖山曲线长。由于袖山长与袖窿弧长具有最密切的关系，袖山线段长＝袖窿弧长/2（即$AH/2$）加一个调整数，用以把握袖山弧线的长度，使得不管袖子造型要求的角度如何变化，以及胸围松量引起的袖窿弧线尺寸如何变化，袖山曲线与袖窿弧线都能吻合。袖山曲线与袖窿弧线的配合如图5-5所示。

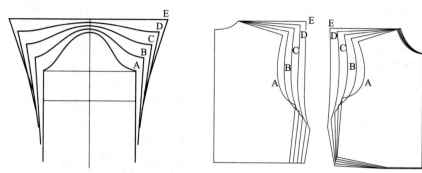

图 5-5　袖山曲线与袖窿弧线的配合

二、袖山高

袖山高指的是由袖山顶点到落山线的距离。袖山高是由袖窿深（腋窝位置的上下设定）、装袖角度、装袖位置（肩部的上袖位置）、垫肩厚度、装袖缝型以及面料特性（衣料厚薄）等多个因素决定的，其直接影响衣袖的合体程度和外观造型。其中上袖位置以及面料特性会影响袖长的变化。以下分别对这些要素进行论述。

1. 袖窿深与袖山高的关系

袖窿深指从衣片落肩线至胸围线之间的距离。袖长根据腋窝水平线（落山线）分为袖山高和袖下长两个部分。对于腋窝位置来说，无论是在衣身原型还是在其他衣片纸样中，通常把袖窿最低位设定在从人体腋窝开始略微向下的位置上，袖子也随之把袖肥线设定在从人体的腋窝开始稍微向下的位置上，因此袖山高的高度就会随之增加。

文化式原型的袖窿深度大约设定在从人体腋窝点下落 2cm 处，袖窿深与袖山高的关系如图 5-6 所示，人体中的"a"数值加上 2cm，即可得到袖山高。对于大衣类等服装，由于多层重叠穿着，衣片袖窿下落较多，一般以袖窿下落量的一定比例追加袖山高。以此为原则，在袖长保持不变的前提下，从袖肥线向下追加一定的量即可。

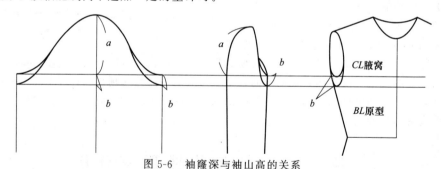

图 5-6　袖窿深与袖山高的关系

袖窿深的取值同服装的宽松程度有关。衣服越是宽松肥大，袖窿深越深，反之，则越浅。袖窿深的大小也直接影响服装穿着的舒适程度。例如，对于西装袖而言，在胸围不变的情况下，袖窿深越深，上肢活动越受限制，而随着袖窿深越浅，袖肥增大，上肢活动越舒适。从审美角度上说，袖窿深越深，袖型越立体，腋下堆积的面料越少，穿起来显得干净利落、造型美观。

2. 装袖角度与袖山高的关系

装袖角度是针对袖子造型和装袖设计，当手臂抬起到一定程度使袖子呈现出完美状态——袖子上没有褶皱，腰线和袖口没有牵扯量的角度。袖子造型要求的倾斜角度不同，装袖角度就不同，袖山高也在随之变化。可以用袖中线与袖山斜线的夹角——袖斜线倾角来描述这一变化，因为袖子越宽松，袖的活动性与机能性也就越好，袖肥要求就越大，在袖窿弧线长一定的情况下，袖山高就越小，袖斜线倾角就越大。反之，袖子越合体，袖肥相应就越小，袖山高就会变大，此时袖斜线倾角就变得相对较小。与装袖角度相对应的袖山高的增减是在袖肥线的上、下处进行的，由于袖长没有变化，所以装袖角度大的时候袖下线会变长，袖子也就更加便于活动。装袖角度与袖山高的关系如图5-7所示。

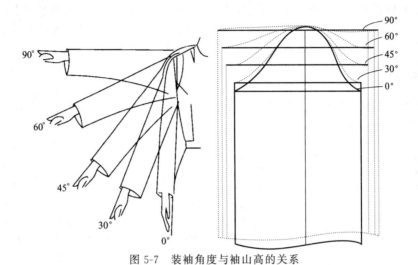

图 5-7　装袖角度与袖山高的关系

　　袖子的装袖角度需要随设计和动作姿势等因素而进行调整变化。

　　在衬衫和女礼服类型中，使用比较多的袖型是在下垂状态时会有褶皱，将手臂向上侧抬至一定的角度，褶皱就会消失，该袖子的基本姿态是装袖角度在20°～45°范围内变化。

　　3. 装袖位置与袖山高的关系

　　由于各种袖子的造型设计不同，装袖位置并不一定与臂根围线重合。普通装袖的装袖位置一般设定在从肩峰外侧端点稍微向内一些的地方；原型袖是装袖位置设定在臂根围线附近；落肩袖即肩宽增加而袖山相应下落降低的情况，在肩下落量大于3cm的情况下，衣片的形态呈舒适宽

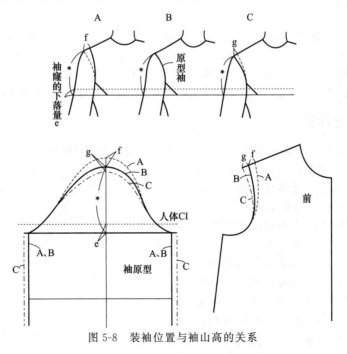

图 5-8　装袖位置与袖山高的关系

松的状态，装袖角度也随之变化，而袖山则为低袖山；加入垫肩时，肩宽比人体的肩宽稍大，加入垫肩抬起肩头，只需追加垫肩部分的量，袖子上所构成的复杂曲面面积最小，吃缝量也变小。装袖位置受肩宽和流性趋势的影响而变化，不同的个体和袖型设计，人体测量值"a"所对应的袖山高尺寸是不同的。装袖位置与袖山高的关系如图 5-8 所示。

随着装袖位置的变化，袖山高就不同，袖长也会随之而变化。比如普通装袖中肩宽最窄，由于人体肩头的复杂曲面全部被袖山包覆住，袖山高相对于人体臂根围线为止的上臂上部外侧长变长，袖山高就会向上方追加，装袖吃缝量随之加大，袖长也相应增加。

三、袖肥

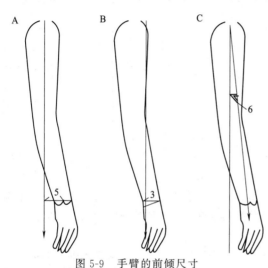

袖肥袖根需要在上臂最大围度的基础上再追加一定的松量，同时必须考虑装袖处袖子的饱满量。在考虑到所有因素后，袖子在前、后上臂最大围度处至少需要各自留出 1cm 左右的空隙量。图 5-9 表示了手臂的前倾尺寸。袖原型的袖肥在上臂最大围度尺寸的基础上追加 4cm 的松量。

在文化式袖原型的制图方法中并没有指定袖肥，而是在决定袖山高的基础上，利用袖窿尺寸形成袖山斜线长，依据这一制图顺序来确定袖肥。如果以人体上臂最大围度为出发点，利用上臂最大围度加 4cm 进行制图，然后通过袖山斜线的长度修正衣片的袖窿尺寸。

袖肥容易受到流行因素的影响，与原型袖相比，应用的袖肥会随着时代的变化而变化，因此把握袖子和人体尺寸之间的关系是非常重要的。

图 5-9　手臂的前倾尺寸

四、袖中线

在袖子纸样的设计中，袖中线的绘制，必须要考虑人体手臂的前倾趋势以及手臂与躯干连接的倾斜角度等因素。人体手臂在自然下垂状态时，手臂从肘关节以上上臂基本保持垂直，肘关节下面的前臂则是呈现前倾状态，一般平均前倾尺寸在 5cm 左右，角度在 6°左右（图 5-9）。由于手臂前倾，所以在制作合体袖片纸样的设计过程中，必须考虑与之匹配的袖子的整体前倾角度和尺寸。

五、袖山饱满量

普通装袖的缝份一般倒向手臂一侧，另外为了形成肩头的饱满形状，需要在袖山曲线的上半部分加入吃缝量。针对这些装袖时的缝制要素，对不同的布料厚度需要增加布料的造型饱满量，细平布等薄型面料加入 0.1～0.2cm，大衣等纸样设计中袖山的饱满度追加量一般是 0.5～0.7cm。饱满量是从袖山上部追加的，因此作为纸样的袖长虽然会变长，但由于在缝制过程中转化为缝线处的袖山饱满量，成品的袖长不会发生变化。袖山饱满量的尺寸很小，但作为与袖子纸样设计相关的因素，除了人体与袖子

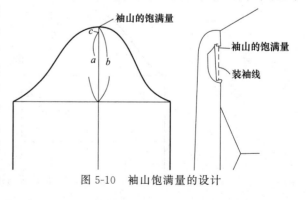

图 5-10　袖山饱满量的设计

之间的关系之外，还受到面料特性、缝制因素的影响。当缝份劈缝或者倒向衣身一侧时，不需要追加袖山饱满量。袖山饱满量的设计如图 5-10 所示。

六、装袖容量

装袖部位的衣片袖窿弧长和袖山弧长有一定的对应关系。袖窿弧长和袖山弧长不一定完全相等，利用袖山高所形成的袖片，通常袖子纸样的袖山弧线要比衣片的袖窿弧长长，这个差值就是吃缝量。利用吃缝量可以构成袖山部分的复杂曲面。随着装袖角度的增加，袖山高随之减少，吃缝量也相应减少。以静立姿势为前提时，肩宽比较窄时，装袖所形成的复杂曲面面积较大，吃缝量随之增加。通常从前、后腋点越向上，需加入吃缝量越大，吃缝量最多可以达到 6cm 左右。装袖容量如图 5-11 所示。

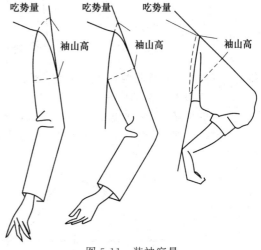

图 5-11　装袖容量

七、袖窿变化

普通装袖的衣身袖窿有多种变化，如袖窿开深使其尺寸变大或者袖窿加宽（加入衣身松量或加大窿门宽比例）。因此，在绘制与衣片袖窿变化相对应的袖子纸样时，就需要考虑装袖角度是否变化，是改变袖肥还是改变袖山高来加大袖山曲线长度。

（一）袖窿开深

在袖窿下降开深时，袖窿曲线长度变大，袖山曲线长度也应该随之增大。要想使袖山曲线尺寸增大，一种是在不改变装袖角度的前提下；另一种是改变装袖角度，现将两种情况分述如下。

1. 不改变装袖角度

静立姿势为前提的下垂状态袖子，袖窿下落开深变大的情况下，通过降低落山线来增加袖山高。注意当衣片袖窿的下落量超过 3cm 时，如果按照此方法同样再追加袖山高，就会妨碍手臂的运动，因此在这种情况下需要微调装袖角度。此时需要在一定程度上控制袖山高，然后利用与前后袖窿等长的袖山斜线来确定袖肥。袖窿开深装袖角度不改变如图 5-12 所示。

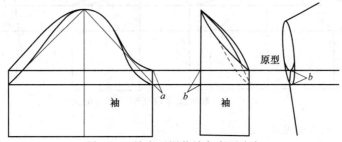

图 5-12　袖窿开深装袖角度不改变

2. 改变装袖角度

当衣片袖窿下落时，不改变袖山高，只增加袖肥尺寸，此时装袖角度增大，缝合后的袖子不会呈下垂状态，而装袖角度在侧面稍微打开一定的量。袖窿开深装袖角度改变如图 5-13 所示。

（二）袖窿加宽

当衣深松量加大时，袖窿加宽，袖窿曲线长度变大，袖山曲线长度也应该随之增大。要想使袖山曲线尺寸增大，一种是在袖山高度不变的前提下，只加大袖肥；另一种是将袖山高降低，而

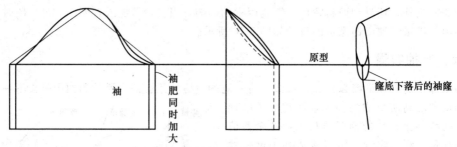

图 5-13　袖窿开深装袖角度改变

袖肥大幅度增加，现将两种情况分述如下。

1. 不改变袖山高的情况

衣片的袖窿由于衣身加入松量而变大，原则上不改变袖山高，只增加袖肥即可。袖山高不变，此时袖肥加大量较小，装袖角度在侧面稍稍打开。袖窿加宽不改变袖山高的情况如图 5-14 所示。

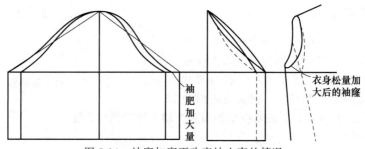

图 5-14　袖窿加宽不改变袖山高的情况

2. 改变袖山高的情况

衣身加入松量之后袖窿变大，降低袖山高，袖肥因而加大。在图 5-15 中装袖角度约为 70°，是侧抬状态的宽松袖，因而便于手臂的多方位活动。此时袖山高降低，袖肥大大增加，适合宽松袖设计。袖窿加宽改变袖山高的情况如图 5-15 所示。

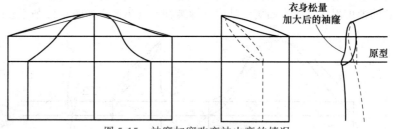

图 5-15　袖窿加宽改变袖山高的情况

袖窿开深与装袖角度见表 5-2。

表 5-2　袖窿开深与装袖角度

袖窿变化	不改变装袖角度	改变装袖角度
袖窿下降（开深）	·袖山高增加＝袖窿下落量 ·袖肥不变 ·适合静立姿势的装袖角度	·袖山高不变 ·袖肥加大 ·装袖角度在侧面稍打开
袖窿加宽	·袖山高不变 ·袖肥加大 ·适合动态姿势的装袖角度	·袖山高降低 ·袖肥加大 ·适合宽松袖，便于手臂多方位活动

八、装袖角度

1. 装袖角度与袖山斜线

装袖角度与袖型和袖子的功能性有直接的关系。静立姿势下装袖角度为基本的下垂状态袖子；在某种特定动作姿势的情况下，加大装袖角度时，成为宽松袖型，便于手臂的多方位运动。根据设计的不同，普通装袖的衣身袖窿也会有多种变化，如下挖袖窿使其尺寸变大或者是通过加入衣身松量使袖窿变大等。因此，在考虑与衣片袖窿变化相对应的袖子纸样时，也需要考虑装袖角度的变化与否。装袖角度与袖山斜线如图 5-16 所示。

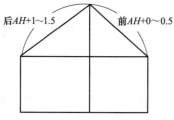
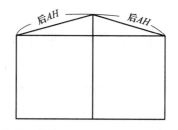

图 5-16　装袖角度与袖山斜线

2. 利用装袖角度设定袖山斜线长度

当衣身的袖窿曲线绘制完毕后，前后袖窿曲线的长度就已经确定。在量取前、后袖窿弧长之后，为了构成肩头部位的复杂曲面结构，袖山斜线的长度可根据需要比袖窿弧长略长些。以静立姿势为前提的袖子，由于构成复杂曲面的面积比较大，要求吃缝量比较多，前袖山斜线长在衣片袖窿弧长基础上需要追加 0.5cm 左右，后袖山斜线长在衣片袖窿弧长基础上追加 1～1.5cm。另外，对于便于运动的低袖山袖子，前、后的袖山斜线长取袖窿尺寸就可以了。袖山斜线长度确定如图 5-17 所示。

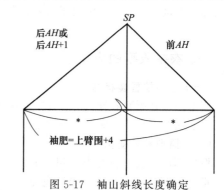

图 5-17　袖山斜线长度确定

九、装袖线

1. 装袖线与袖型

装袖位置可以随着设计的变化而改变，可设定在臂根围线的周围，如普通装袖，普通装袖在人体侧面把袖窿作为对合线装袖子，除了袖山高度极低的袖子之外，大多数具有立体造型感。即由衣身侧面与袖子的内侧面相对应形成立体造型。从袖子的设计来看，随着装袖线位置的变化和款式的变化会形成不同的袖型，有时也会出现没有装袖线的袖子。装袖线与袖型如图 5-18 所示。

2. 装袖线与袖立体度

根据立体感不同可以将袖子分为两组：一组是与普通装袖的立体造型相接近的立体袖型组（如插肩袖、连肩袖、育克袖、连身袖等）；另一组是稍有平面感或完全是平面状态的落肩袖和平袖等。通过对细部进行比较，发现插肩袖、育克袖的立体感与普通装袖的立体感不同。在普通装袖中，袖子的肩头部分通过加入吃缝量形成了肩头部的复杂曲面；而在插肩袖类型中，则是由肩线与袖山线连成曲线构成肩头曲面。前、后肩部和袖部是由两块连续的布片构成的，所以很难形成肩部的复杂曲面结构。

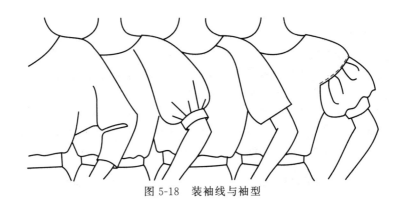

图 5-18 装袖线与袖型

第三节 普通装袖的制图原理及应用

普通装袖是在人体臂根围线附近装袖缝合的立体袖的总称。在普通装袖的设计名称中，有根据袖长不同而进行分类的名称，也有根据袖子的款式进行命名的名称，还有根据构成袖子的袖片数量而分为一片袖、两片袖的情况。

圆装袖是以人体的腋围线为展开而形成的袖型。圆装袖其平面结构是绘制其他各类袖子结构的基础，称为基本袖型，是根据人体肩部及手臂的结构进行分割造型，在臂根围处与衣身接合的袖型。圆装袖型常见有一片袖、两片袖、三片袖等。一般一片袖属宽松结构，具有较大的运动机能性，主要适用于衬衣、夹克等宽松服装，而两片袖、三片袖或多片袖主要是为了造型和功能的需要进行分割的。多用于西装、大衣等结构较为严谨的服装，其运动机能性一般不如一片袖好。

一、衣袖原型的应用

（一）原型袖着装状态

原型袖装到原型衣身后上臂几乎是垂直的，因此在半袖或者加大袖口的喇叭袖设计中，直接利用原型袖的原有状态即可。但如果设计合体长袖，则袖中线应该整体呈现前倾状态。

（二）原型袖长变化

根据不同袖长进行分类应用，如图 5-19 所示。短袖，又称为半袖，并非就是袖长的一半，而是指从腋窝到肘关节的一半，也就是说占总袖长的 3/10 左右。长度在肘关节位置的袖子称为五分袖；在肘关节与腕关节中间的袖子称为七分袖；占总袖长的 9/10 左右的袖子称为九分袖。

（三）原型袖口的画法

对于较合体的袖子来说，由于前臂呈现前倾状态趋势，如果袖口保持水平则前端就会显得过长，所以前袖口需要缩短 1～1.5cm 会更好，原型袖口的画法如图 5-20 所示。

二、一片袖结构原理与应用

袖型的设计重点是一方面把袖肥、袖口宽、中间部分的肘宽部分扩大或者缩小；另一方面又保持与人体密切贴合，是将纸样进行大小组合构成的设计，把袖口无限增大就会形成喇叭袖和半伞袖等袖型；若袖口保持原有尺寸而只增大袖肥，就可以形成羊腿袖。此外，如果只增大袖山的中间宽度，就可以形成灯笼袖；而将袖山高增大到极端状态，就可以形成有悬垂褶裥的袖子。

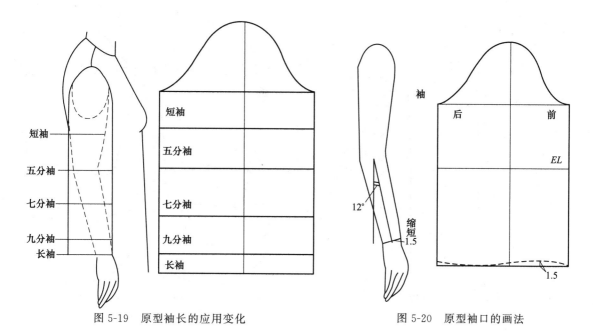

图 5-19 原型袖长的应用变化   图 5-20 原型袖口的画法

（一）一片直筒袖

1. 直筒袖纸样构成原理

直筒袖是指袖口宽尺寸与袖肥的尺寸大小相近的袖型，原型袖是典型的直筒袖。直筒袖是利用吃缝量进行设计来完成造型的。直筒袖与原型袖相比，袖口稍稍变细，形成了看起来像直筒形状的袖子。直筒袖的纸样构成如图5-21所示。

2. 直筒袖的变形

袖山部分除了单纯的复杂曲面构成款式以外，还有重新设计的简单曲面组合构成，同时又具有立体感的款式，如常见的肩章袖和帽袖就属于这种设计。直筒袖的变形如图5-22所示。

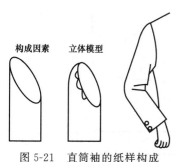

图 5-21 直筒袖的纸样构成

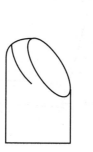

图 5-22 直筒袖的变形

3. 直筒袖纸样制图实例

在直筒袖的设计中，袖口尺寸远远大于手腕尺寸。此时，并不要求一定要使肘关节处的袖子呈弯曲状态。

【实例A】 有肘凸的直筒袖

有肘凸的直筒袖纸样如图5-23所示。

【实例B】 带喇叭袖口的直筒袖

带喇叭袖口的直筒袖制图如图5-24所示。

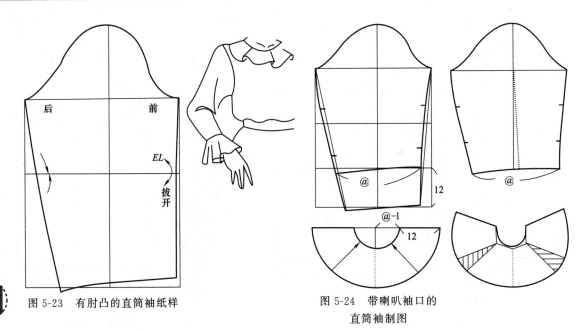

图 5-23　有肘凸的直筒袖纸样

图 5-24　带喇叭袖口的
直筒袖制图

【实例 C】　带荷叶袖口的直筒袖

带荷叶袖口的直筒袖制图如图 5-25 所示。

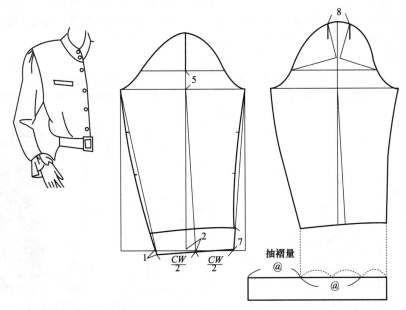

图 5-25　带荷叶袖口的直筒袖制图

【实例 D】　带袖帽直筒袖

带袖帽直筒袖制图如图 5-26 所示。

（二）一片合体袖

1. 合体袖纸样构成原理

将衣袖的袖口缩小就形成了合体袖型。合体袖的设计重点是袖肥适中，袖口宽缩小，保持与人体密切贴合。针对该袖型特点，必须把肘部的弯曲状态在纸样设计中体现出来。把手臂肘以下

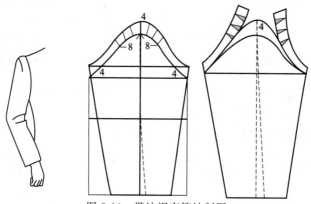

图 5-26　带袖帽直筒袖制图

的多余布料作为省道缝合就可以形成贴合手臂形态的合体袖,也可以将肘下的短省道(肘省)转移至后袖侧缝袖口处形成省道(袖口省)。合体袖的纸样构成如图 5-27 所示。

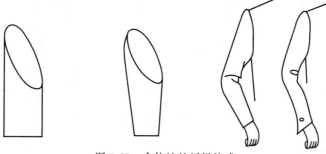

图 5-27　合体袖的纸样构成

2. 合体袖纸样制图实例

【实例 A】　带肘省的一片合体袖

新的袖中线偏移量为 1～3cm,由袖子的合体程度决定。袖子越合体,这个袖中线的偏移量就越大,反之,则越小。袖口宽度为掌围加 1～2cm。带肘省的一片合体袖制图如图 5-28 所示。

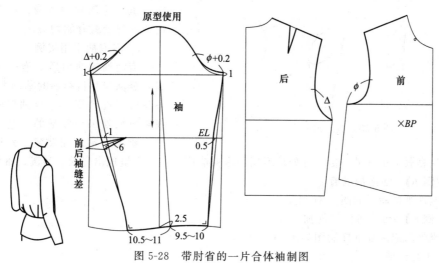

图 5-28　带肘省的一片合体袖制图

【实例 B】　带袖口省的一片合体袖

合体袖的肘省与袖口省可以互相转化，一般情况下，袖口省的使用比较常见，特别是在一些女装纸样设计中，经常利用袖口省做出袖口假开衩的款式，简便美观。

此款式为紧身一片袖，特点是利用袖口省的位置留开衩，来满足手臂活动的同时，袖口处形成另一种造型设计，并且在袖口处钉装饰扣以突出设计效果。带袖口省的一片合体袖制图如图5-29所示。

- 描下袖原型，确定袖口省的位置 *a*，然后与袖肘省的省尖相连。
- 剪开 *a* 至袖肘省省尖，折叠袖肘省，袖肘省全部转移至袖口省。
- 根据款式图画出袖口开衩的造型。

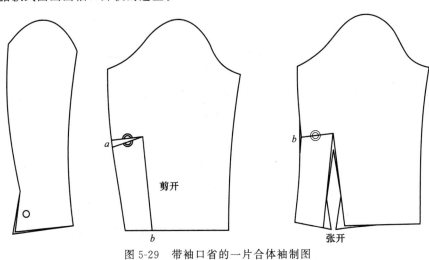

图 5-29 带袖口省的一片合体袖制图

（三）泡泡袖

1. 泡泡袖纸样构成原理

泡泡袖又称褶裥袖，是将袖肥加大，进行缩褶处理而形成的。泡泡袖的纸样构成如图5-30所示。泡泡袖是在袖山部位加入褶裥的设计。在袖山头加入褶裥，有时不增加上臂处的袖肥，有的上臂处的袖肥随之增加。前者可以直接把袖山头部分打开，使袖山高变高，然后重新绘制袖山弧线；后者可以从袖肘或袖口处就开始切展。

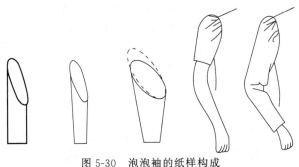

图 5-30 泡泡袖的纸样构成

2. 泡泡袖应用实例

泡泡袖的袖山像泡泡一样高高地隆起，是从单片衬衫袖的基础上演变而来。袖身可以逐渐变细直至袖口收紧，也可在袖肘线处采用收褶的工艺处理，泡泡袖主要用于童装和女装。另外在一些婚礼服和晚宴服中也常见。恰到好处地运用泡泡袖能使着装效果呈现出轻松、活泼、雅致的感觉。

【实例A】 泡泡袖裁剪

泡泡袖纸样制图如图5-31所示。

【实例B】 带飘带的泡泡袖

带飘带的泡泡袖纸样制图如图5-32所示。

（四）灯笼袖

1. 灯笼袖纸样构成原理

灯笼袖与泡泡袖的不同是在泡泡袖的基础上，将袖口的尺寸也加大，同时对袖山与袖口进行

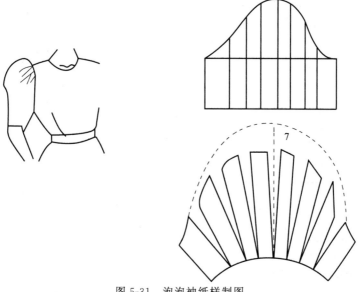

图 5-31 泡泡袖纸样制图

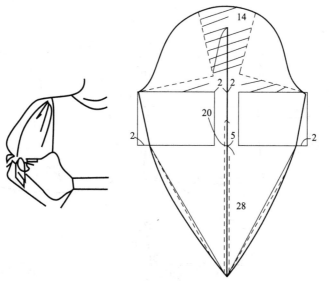

图 5-32 带飘带的泡泡袖纸样制图

缩褶处理而形成的，灯笼袖的纸样构成是上大下大（即上面袖山和下面袖口同时加大）原则，灯笼袖的纸样构成原理如图 5-33 所示。

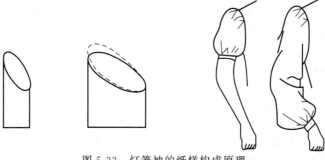

图 5-33 灯笼袖的纸样构成原理

两截灯笼袖可以利用缩褶形成，也可以利用断缝形成。纸样构成是中间大两头小原则，两截灯笼袖的纸样构成原理如图 5-34 所示。

图 5-34 两截灯笼袖的纸样构成原理

2. 灯笼袖纸样制图实例

【实例 A】 长袖灯笼袖

长袖灯笼袖的裁剪图如图 5-35 所示。

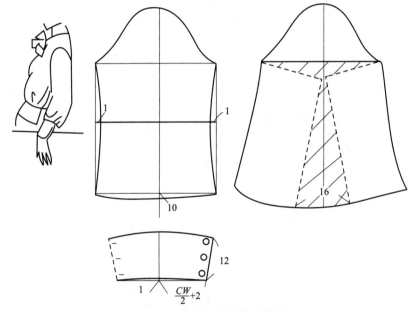

图 5-35 长袖灯笼袖的裁剪图

【实例 B】 短袖灯笼袖

如图 5-36 所示的袖型是典型的灯笼袖实例，是将袖原型纸样平行切展，加入褶量而形成的，多用于夏季薄型面料服装、女装和童装。有时也可以进行不平行的切展，比如展开的褶量可以是上小下大等，这要根据设计的款式要求来进行变化。

【实例 C】 变形灯笼袖

变形灯笼袖的裁剪图如图 5-37 所示。

（五）喇叭袖

1. 喇叭袖纸样构成原理

喇叭袖的纸样都具有肥大的袖口。普通喇叭袖在纸样剪开之处需要大量地加入褶量。由于喇叭袖口呈现展开状态，可以保持纸样的原有袖口状态。纸样结构变化是上边尺寸几乎不变，袖下尺寸加大，喇叭袖纸样构成原理如图 5-38 所示。

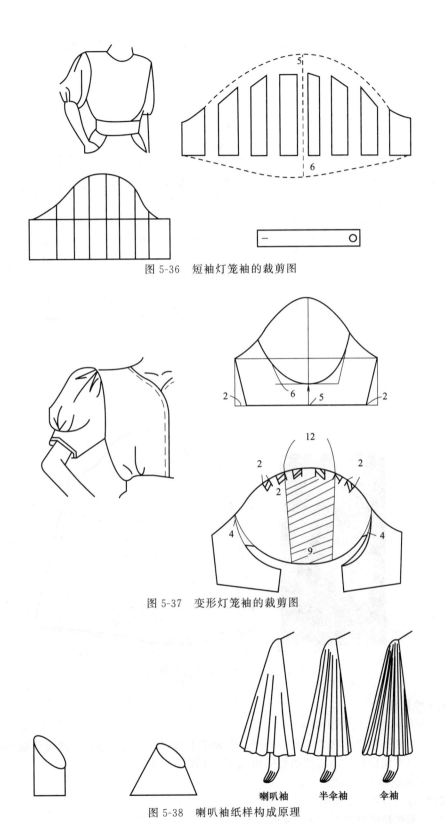

图 5-36　短袖灯笼袖的裁剪图

图 5-37　变形灯笼袖的裁剪图

喇叭袖　　　半伞袖　　　伞袖

图 5-38　喇叭袖纸样构成原理

　　在纸样袖口加入褶量的同时，还需要把袖山弧线吃缝量分别叠合掉。剪开线在袖山弧线下方1.5cm处停止，折叠纸样使吃缝量消失，就会使袖山弧线比较容易缝制。这是因为喇叭袖在肩头部位无须形成复杂曲面，因此吃缝量要相应减小，喇叭袖纸样切展原理如图5-39所示。

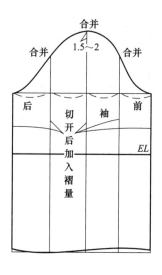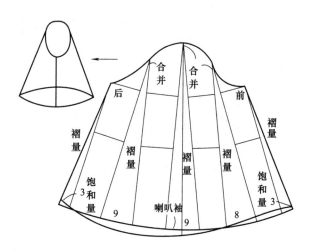

图 5-39　喇叭袖纸样切展原理

2. 喇叭袖纸样制图实例

普通喇叭袖纸样制图如图 5-40 所示。

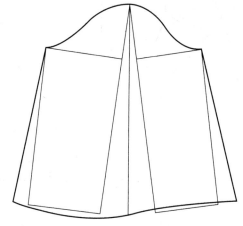

图 5-40　普通喇叭袖纸样制图

（六）羊腿袖

1. 羊腿袖的纸样构成原理

羊腿袖的纸样构成形状为上大下小型，将袖子上部切展形成褶皱，下部尺寸减小，形成紧袖口，外形好似羊腿形状。羊腿袖的纸样构成原理如图5-41所示。

2. 羊腿袖纸样制图实例

【实例 A】　简易式羊腿袖

简易式羊腿袖纸样制图如图 5-42 所示。

【实例 B】　两截羊腿袖

两截羊腿袖纸样制图如图 5-43 所示。

图 5-41　羊腿袖的纸样构成原理

图 5-42　简易式羊腿袖纸样制图

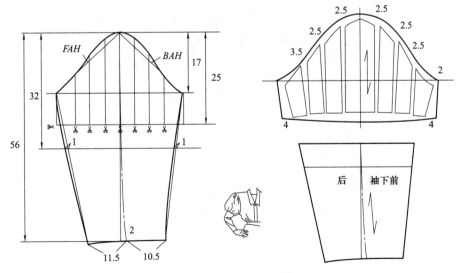

图 5-43　两截羊腿袖纸样制图

（七）悬垂褶裥袖

1. 悬垂褶裥袖的纸样构成原理

悬垂褶裥袖属于特殊的一类装袖，其袖型是在袖山部位加入褶裥的设计。一般在袖山头加入褶裥，但不增加上臂处的袖肥。其袖山部分水平加入褶裥量，从而形成方形的袖山形状，也可以直接把袖山头部分打开，使袖山高变高，然后重新绘制袖山弧线。悬垂褶裥袖的纸样构成原理如图 5-44 所示。

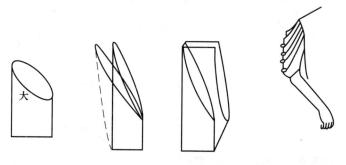

图 5-44　悬垂褶裥袖的纸样构成原理

2. 悬垂褶裥袖纸样制图实例

垂直悬垂褶裥袖制图如图 5-45 所示。

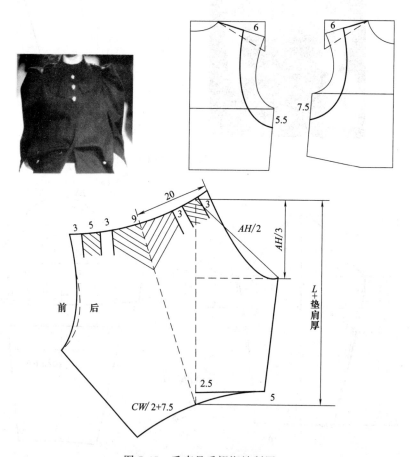

图 5-45　垂直悬垂褶裥袖制图

（八）花瓣袖

【实例 A】 两片式花瓣袖

两片式花瓣袖制图如图 5-46 所示。

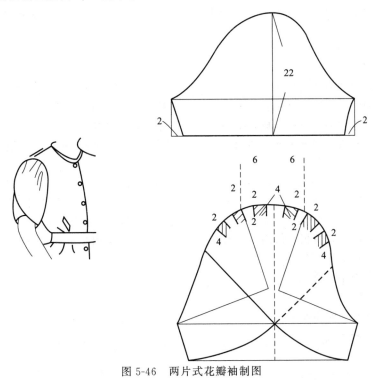

图 5-46　两片式花瓣袖制图

【实例 B】 一片式花瓣袖

一片式花瓣袖制图如图 5-47 所示。

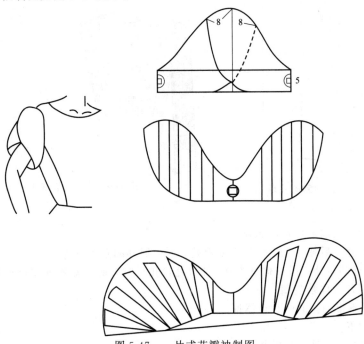

图 5-47　一片式花瓣袖制图

三、两片袖结构原理与应用

由两片面料构成的衣袖称为两片袖，有别于一片袖的最大特点是其合体，能够更加准确地控制袖身的肥度、弯曲度及袖山高。当选择厚重的面料时，采用两片式装袖为合体袖时则效果更好。

（一）两片合体袖

1. 两片合体袖制图原理

一般合体外衣的两片袖袖山取 $AH/3+0\sim5\text{cm}$。两片袖的袖山弧线长度一般比与相同袖窿匹配的一片袖的袖山弧线长度稍长，袖山比一片袖稍高，这是因为考虑到袖子袖山部分更合体的同时不影响手臂的活动，而相应放长袖山弧线。此外在具体缝制时，两片袖袖山的归缩量也要相应多一些。两片袖的制图分为四个步骤：（1）基础线；（2）互借制图；（3）轮廓线；（4）确定扣位。

如图 5-48 所示，两片袖基本型确定以后，既可以直接裁剪，成为一件式样简单的两片袖，也可以运用省道转移、分割变化。两片袖大袖与小袖的袖肥量可以相互借用。为了把袖缝遮盖在腋下达到美观效果，一般均采用大袖向小袖借用的办法，大袖的袖肥增加多少，小袖的袖肥就减少多少。大小袖片之间的相互借用，一般在内侧袖缝一边，借用量不超过袖肥尺寸的 1/3，外侧袖缝一边借用量不得超过 3.5cm。

2. 两片合体袖制图实例

【实例 A】 袖口钉袖扣的两片合体袖

带袖扣的两片合体袖如图 5-49 所示。

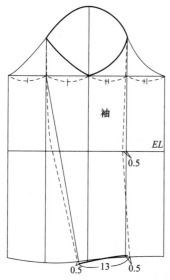

图 5-48 两片合体袖制图原理

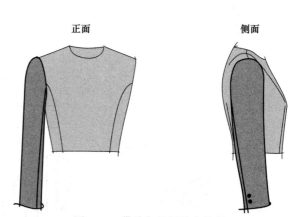

图 5-49 带袖扣的两片合体袖

制图要点如下。

（1）袖内侧缝（前袖）互借 3cm。

（2）袖外侧缝（后袖）互借量为：袖根处 3cm，肘部的互借量为 1.5cm（一般为袖根部互借量的一半），靠近袖口处一段互借量为 0（袖口处钉扣子时，避免袖扣太靠近小袖一边），参见图 5-50 带袖扣的两片合体袖制图。

【实例 B】 不带袖扣的两片合体袖

制图要点如下。

（1）袖内侧缝（前袖）互借 3cm。

（2）袖外侧缝（后袖）互借量为：袖根处 3cm，肘部的互借量为 2.5cm，袖口处互借量为 2cm（因为袖口处不钉袖扣时，小袖袖口可以窄一些），参见图 5-51 不带袖扣的两片合体袖制图。

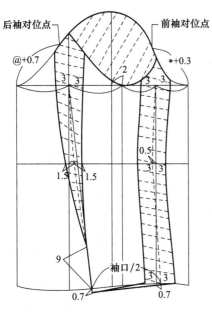

图 5-50　带袖扣的两片合体袖制图

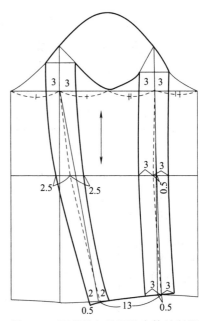

图 5-51　不带袖扣的两片合体袖制图

（二）两片时装袖

利用互借原理，将小袖直接做在大袖的旁边，这样省去了复制小袖纸样的一道程序。直接制图的两片时装袖制图如图 5-52 所示。

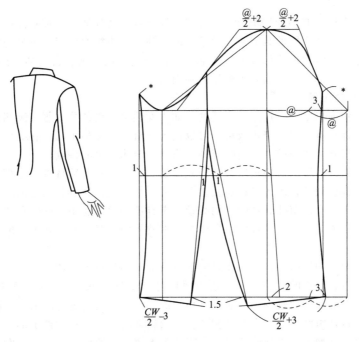

图 5-52　直接制图的两片时装袖制图

第四节 插肩袖的制图原理及应用

一、插肩袖的概念及构成

（一）插肩袖的概念

插肩袖是在衣身上增加肩部至袖窿，或者领圈至袖窿，或者前后中线至袖窿的分割线，是一种介于连袖和装袖之间的袖型。位于衣身的分割部分和有袖中缝的袖子相组合，使肩端部为圆弧造型，并且在衣身前、后正面看不到袖窿线形的袖型，插肩袖的概念如图5-53所示。

图 5-53 插肩袖的概念

插肩袖的分割线可以任意设计，在绘制纸样时，应根据具体的分割位置和形状来绘制。其特征是将袖窿的分割线由肩头转移到领窝附近或肩线上，使得肩部与袖子连接在一起，视觉上增加了手臂的修长感及肩部宽度。插肩袖外形的曲线流畅、穿着方便，较适合于大衣、风衣、夹克及各种休闲装、运动装。

插肩袖形式多样，有多种结构形式，有三片插肩袖、两片插肩袖和一片插肩袖，而且插肩形式不拘一格，可以构成不同的装袖造型效果。插肩袖的风格按宽松程度可分为较贴体型、较宽松型、宽松型；按分割线的形状可分为插肩袖、半插肩袖、覆肩袖、盖肩袖。插肩袖的形式虽多，但结构的原理是一致的，都依据基本袖型的制图规则。

（二）插肩袖的应用

插肩袖在梭织面料中的运用是最广泛的。如少女装中可爱的公主服，圆润的插肩袖线条加入圆领的设计，对体型有一定的修正效果，可以使身材看上去更加小巧。它的结构简单，但富有美感，贴合手臂的形状，线条顺滑，曲线流畅，非常符合休闲服的特点。

插肩袖不拘束、轻快的风格正适合精力充沛的年轻人。它的独特魅力也深受休闲装设计师的青睐。他们运用插肩袖的艺术效果，使服装看起来更加轻快，穿着起来更加舒适而便于活动。运动服中的插肩袖通常会保留插肩袖的结构线条，更有甚者通过运用不同色彩的面料来强调插肩袖的分割线形状，形成独特的设计效果。在增加艺术效果的同时，插肩袖也增加了手臂的活动自由性和伸展性。

相较于梭织面料的插肩袖，针织面料的插肩袖就更加含蓄与内敛。

针织面料有着其独特的纹路设计。运用面料自身特色，拼合之后将插肩袖的分割线表现出来，女装针织面料的插肩袖较少去凸显拼接缝迹的形状，而是通过色彩来丰富服装。在休闲服装中插肩袖常常是将针织面料和梭织面料相结合。较通常的拼合方式是袖子部分为针织面料而衣身部分为梭织面料。这种服装是强调插肩袖分割线艺术效果下的产物。但由于面料的相对厚重，这种插肩袖常出现在春秋服装中。

针织面料的袖子也使面料混合使用的插肩袖有了其独特的优势。由于针织面料本身就具备一定的拉伸力，所以在袖子与衣身的拼接时可以减少浮余量的考虑因素。

　　（三）插肩袖的构成

　　插肩名称来源于英国人 Raglan 的名字，在克里米亚战争期间（1853～1856 年），他制作的外套袖子被称为插肩袖。现在的插肩袖类型繁多，变化丰富。插肩袖包括：一片插肩袖，即袖山处没有缝线；两片插肩袖，即由前、后两片构成；三片插肩袖，即由外袖的前、后两片，加上一片内袖共三片构成，广泛用在男士外套中。插肩袖的构成如图 5-54 所示。衣片的一部分连接到袖子上，对于插肩袖纸样绘制来说，按照以下的思路思考问题，会比较容易理解。由于袖子纸样中

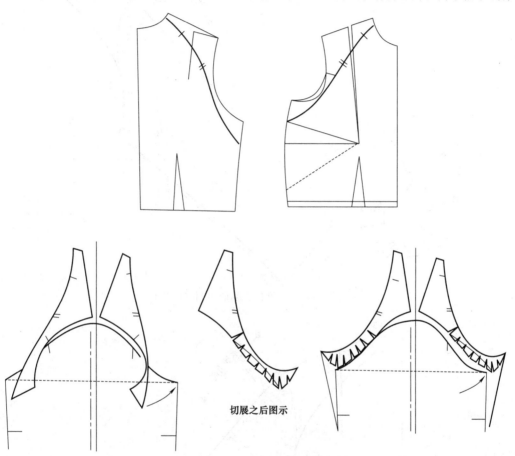

切展之后图示

图 5-54　插肩袖的构成

所含的吃缝量集中在肩头部位，从肩缝向袖片方向修剪纸样形成省道，以省道代替吃缝量构成肩头复杂曲面。由于省量较大，需要注意弧线上从肩部到上臂所构成的曲面的平滑度。把剪下的衣片对合到袖片上，衣片的袖窿底部与袖子相交，在绘图时，要尽量调整衣片袖窿底部的缩袖线长度与袖子的缩袖线长度等长。如图 5-55 所示为从装袖到插肩袖。

二、插肩袖的绘制方法

　　原型插肩袖的绘制（前片、后片）分别参

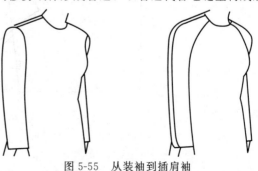

图 5-55　从装袖到插肩袖

见图 5-56、图 5-57。首先利用原型衣身，做好前后片的对位：对位在二分之一乳凸量。过肩点做等腰直角三角形，做斜边的中点与肩点连线为袖中线，取袖长。量取袖山高，前腋点以上为衣身和袖子的公用线，过前腋点做衣袖的腋下部分曲线，此曲线与对应的袖窿曲线曲向相反、曲度相近、长度相等。量取袖口尺寸为袖根宽度 −4cm，最后完成插肩袖的外轮廓线。后袖制图方法与前袖相同，只是需要将后肩省合并。

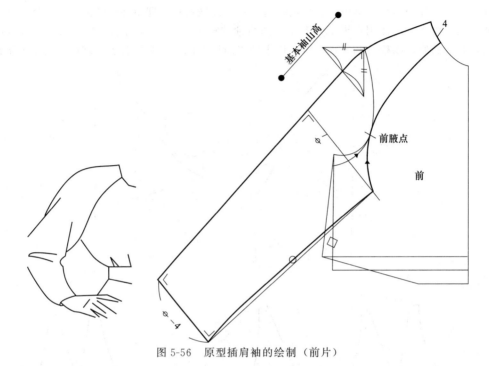

图 5-56　原型插肩袖的绘制（前片）

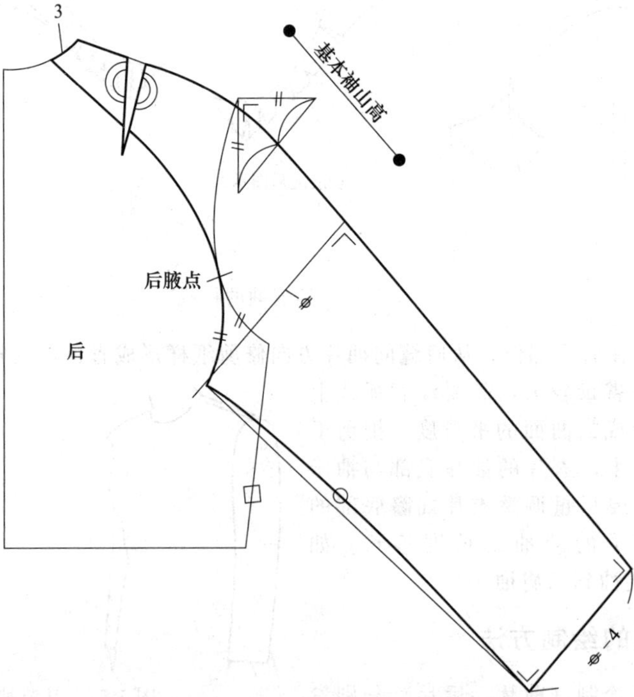

图 5-57　原型插肩袖的绘制（后片）

三、插肩袖变化原理

（一）袖山高的变化

袖山高度随着袖窿深度和衣身松量的变化而变化。在合体套装、大衣类服装的袖中线倾斜度比较大，穿着时接近下垂状态，当衣身的松量在一定程度上增加时，袖窿在插肩袖原型的基础上开深，袖片与衣片采用相同的下落尺寸，通过增加袖山高，使袖落山线下落，在不改变装袖角度的前提下绘制袖子纸样。但当衣身在原型袖窿的基础上下落量大于3cm时，袖山高如果也增加相同的量，手臂就会难以抬起，影响实用性。所以如图5-58所示，当袖窿下落超过3cm以上时，袖山高的增加量就会逐渐减少，以改善运动功能。

（二）装袖角度的变化

以插肩袖原型的构成方法为基础，改变构成因素的相关条件，可以绘制出需要的各种插肩袖纸样。在装袖角度发生变化时，衣身造型和袖子造型等构成因素是同时变化的。现总结如下。

（1）对于袖中线倾斜角度来说，日常穿着的上衣类款式如果希望设计得便于活动时，袖中线倾斜角度越大越好。但是这种情况下，手臂下垂时，袖中线倾斜角度越大，臂根处的褶皱就会越多。

（2）袖中线倾斜角度随袖山高的降低适度加大，与袖山高变化相符合，袖山高比插肩袖原型低，同时袖肥加大，袖下线尺寸变长，便于活动。

（3）人体静立时手腕前端至肩点下垂线的水平距离平均值约为5cm。在插肩袖中，袖中线常常作为分割线，袖口倾斜量约为手臂前倾量的1/2，袖中线在袖口处向前移动2~3cm。前、后袖中线倾斜角度差加大原因是，希望与手臂的前倾趋势相吻合，把袖中线在袖口侧向前调节。

根据不同的装袖角度，袖中线倾斜角度也随之发生变化。袖山高越高，装袖角度越小，不便于运动。袖山高虽可以随袖窿下落量同步增加，但如果从便于运动的角度来看，袖山高要适度降低。如图5-59所示，袖山底部与衣片的袖窿底部会产生交叉重叠量，当插肩袖设计成垂袖型时，就会产生类似图5-59中插肩袖原型所示的很大的交叉面积；交叉重叠面积越大，袖子立体度就越好，也就越接近于下垂袖状态；反之，交叉面积越小，就会形成袖中线倾斜角度宽松的休闲袖。若没有交叉重叠量，则形成平面造型的蝙蝠袖、平袖（如中式服装袖）。

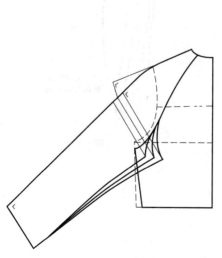

图 5-58　插肩袖的袖山高变化

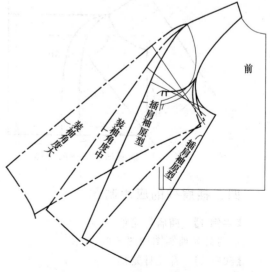

图 5-59　插肩袖装袖角度的变化

（三）装袖线的变化

在普通插肩袖结构的基础上，可以设计出多种装袖线形状，形成不同样式的插肩袖。插肩袖装袖线的款式变化如图 5-60 所示。

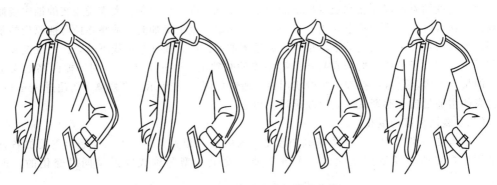

图 5-60 插肩袖装袖线的款式变化

装袖设计线要点：在 O 点上方可以设计各种不同的装袖线，袖子和衣片的构成在 O 点的下方分开，然后采用与插肩袖完全相同的制图理论绘制纸样，如绘制肩章袖、半插肩袖和育克袖等。插肩袖装袖线的变化如图 5-61 所示。

（四）袖中线的变化

为了使袖中线呈现出自然弯曲效果，可以采用如下两种方法：一种是通过调整纸样实现摆动；另一种是通过归拔面料使袖中缝配合手臂的前摆趋势，在缝合时把一边拔开，另一边缝合归缩，实现自然摆动效果。

利用面料的特性，通过归拢和拔开就可以实现袖中线向前摆动的效果。纸样的拔开位置在前袖肘线附近，拔开时前袖中线长度先剪去 1cm，从上臂部分至肘线附近拔开，然后与后袖中线缝合，即可以形成如图 5-62 所示的肘部以下部分向前摆动的状态。

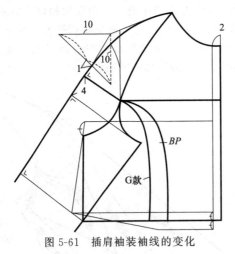

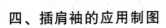

图 5-61 插肩袖装袖线的变化

与手臂前倾度一致的袖中缝线

图 5-62 袖中线的前摆

四、插肩袖的应用制图

【实例 1】 插肩灯笼袖

插肩灯笼袖制图如图 5-63 所示。

【实例 2】 育克灯笼袖

育克灯笼袖制图如图 5-64 所示。

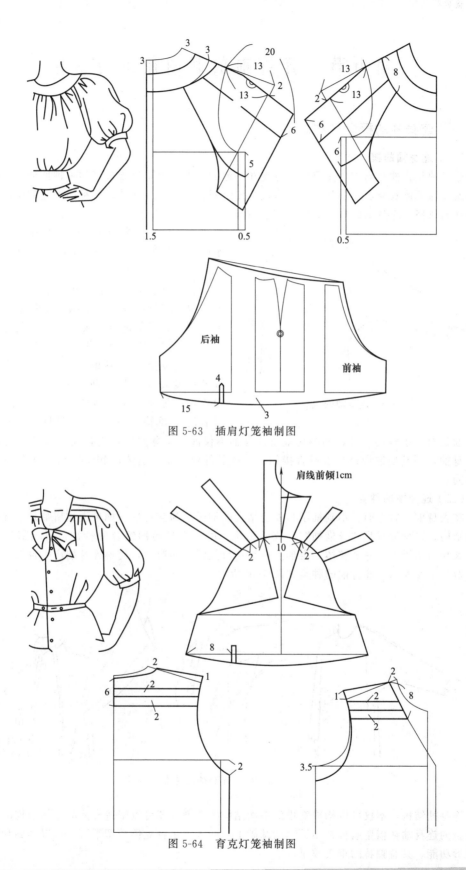

图 5-63　插肩灯笼袖制图

肩线前倾1cm

图 5-64　育克灯笼袖制图

第五节 连身袖的制图原理及应用

一、连身袖的概念及构成

（一）连身袖的概念

连身袖是指袖片与衣片完全或部分连在一起的袖型，也是出现最早的一种袖型。其特点是通过袖笼线与下体衣身连在一起，我国古代及传统服装中多采用连袖，此种袖型缝制简便，具有自然淳朴的风格。连身袖的概念如图5-65所示。

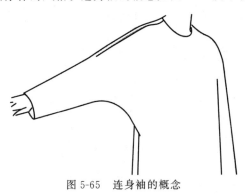

图5-65 连身袖的概念

连身袖又分为中式、西式两种。中式连袖服装的肩线与袖身成一条水平线，着装效果含蓄而别具东方情调，但不宜使用粗厚面料制作，因其穿着后腋下会堆积过多的褶纹及棱角。西式连袖服装的肩线与袖身成一定的倾斜角度，比较符合人体的自然线条走向，从一定程度上减少了腋下堆积的褶纹，因而穿着相对较舒适。

连袖复杂而精妙的外观要求，使得连袖设计的难度大大增加。现有的连袖有蝙蝠袖、插角连袖和服袖等多种类型。它们具有圆装袖所没有的外观特征和运动功能性。从构造上说，圆装袖是对于手臂的设计，而插肩袖及连身袖不仅涉及手臂问题，而且还涉及肩部问题。尤其是连身袖，因其构造设计与衣身直接相连，故其外观造型、适体性和运动功能性等与圆装袖完全不同。

（二）连身袖的种类

在衣身前、后正面看不到袖子与衣身结合的袖子称为连身袖。如果说插肩袖是"袖借身"形成的结构，连身袖就是"身借袖"形成的结构。由于衣身与袖组合的特性，肩端部为自然的弧线，衣身与袖子连为一个整体，再加上肩端点自然弧线的造型，使得连身袖产生自然、柔和的美感，增加了女人味。连身袖的种类如图5-66所示。

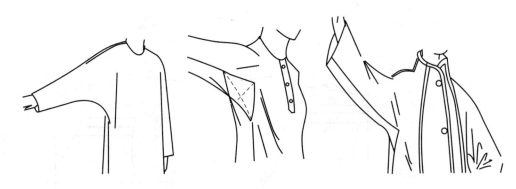

图5-66 连身袖的种类

连身袖结构，不仅可以构成宽松的平面结构的造型，还可以塑造合体的立体结构的造型。立体造型的连身袖在借鉴装袖造型原理的基础上，融入了多种立体造型手段，可以达到和装袖同样的塑形功能，具有独特的审美效果。

二、连身袖的纸样原理

（一）连身袖与立体袖的差异

平袖、中式袖与和服袖等都属于平面造型的袖子类型。在立体造型袖的纸样中，将袖原型与衣片袖窿对合，在袖山弧线与袖窿曲线中包含了肩凸省量与吃缝量，所以在袖子缝合后呈立体状态。插肩袖袖下部分和衣片相交叉，可以看出这些就是形成"立体形态"的结构部分。

但在平面连身袖的纸样中，则不存在这两种现象。平袖的衣片和袖子是由一块连续的布料形成的，再如落肩袖，即使有缩袖线也是接近于平袖的状态。

（二）连身袖的纸样原理

1. 平面连身袖

平面连身袖如图5-67所示。不加衩（袖裆）的平面连身袖采用直接延长肩线形成袖中线的结构，该纸样的衣身宽度、袖肥的松量在平袖设计中是最小的，因此用一块连续的面料包裹人体时，松量是远远不够的。由于袖下尺寸、衣身腋下长度不足会造成手臂上抬时整件衣服随之上提。对于这类平面连身袖型，在绘制纸样过程中需要注意以下几点。

（1）增大衣身宽度和袖肥　平面造型在构成上缺乏厚度量，需要加入更多的松量才能把袖下和腋下对合起来，以满足手臂活动的要求。

（2）减小袖山的倾斜角度　与插肩袖相同，在衣片前、后腋点位置加入装袖线时，袖肥可能增加；对于平袖或平面造型的落肩袖来说，袖中线的倾斜角度应该减小，衣身和袖片会逐渐远离身体，袖中线前、后的倾斜差也会随之减小，容易缝合。当袖中线呈水平时，前、后倾斜角度完全相同，如中式棉袄的袖子，袖中线的倾斜角度越小，手臂就越容易活动，但当手臂下垂时，袖子腋下部位的褶皱也相应增多（如图5-68所示）。

2. 加衩连身袖

加衩连身袖和加衩连身袖裁剪图分别如图5-68、图5-69所示。由于加入了插角，既补充了腋下以及袖下尺寸的不足，同时也产生了一定立体感。袖裆的结构设计步骤如下。

（1）复核连身袖的前后侧缝线的长度。

（2）确定袖裆插入的位置，一般在腋下点和前、后腋点的连接线上。

（3）袖裆活动量的设计，即前、后片腋下的重叠量设计，此量越大，连身袖穿着越方便且适于运动。合体袖裆加衩量较小，宽松袖裆加衩量设计较大。

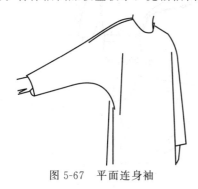

图5-67　平面连身袖

图5-68　加衩连身袖

三、连身袖的应用实例

【实例1】　蝙蝠袖的纸样

由于袖窿加深，腋下长加上袖下尺寸变得更短，造成手臂上抬时运动不自由。为了修正这一点，可以采用夹克的设计来提高运动功能。蝙蝠袖制图如图5-70所示。

【实例2】　落肩袖的纸样

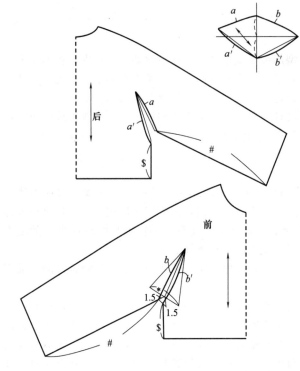

图 5-69 加衩连身袖裁剪图

落肩袖的结构与插肩袖恰好相反，其衣身的一部分延伸至袖子的结构中即身借袖结构。因此，袖子的上部应低于一般的袖山，这样才能很好地与衣身的延伸部分相接合。裁剪原理与插肩袖类似，即袖子去掉的部分要和衣身增加的量相当。另外，衣身延伸到袖子的位置决定袖窿的形状。

如图 5-71 所示为袖中线带有一定倾斜角度、袖根底部与衣身有交叉重叠量的落肩袖，手臂下垂时，袖底部的褶皱稍微小一些。

【实例3】 袖孔公主线连身袖

袖孔公主线连身袖制图如图 5-72 所示。

【实例4】 连身抽褶袖

连身抽褶袖制图如图 5-73 所示。

【实例5】 抹袖式连身裙

抹袖式连身裙制图如图 5-74 所示。

连身袖结构袖子与衣片连裁，既没有像装袖那样的袖山结构，也没有像装袖那样的袖窿结构，这就成为连身袖结构的独特之处，同时也成为影响连身袖合体问题的主要因素。

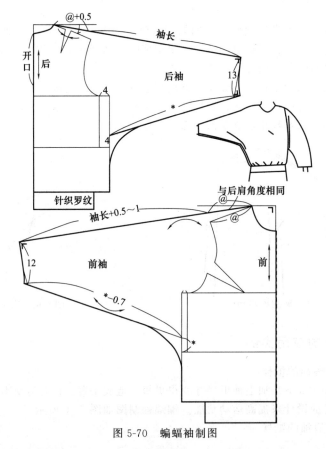

图 5-70 蝙蝠袖制图

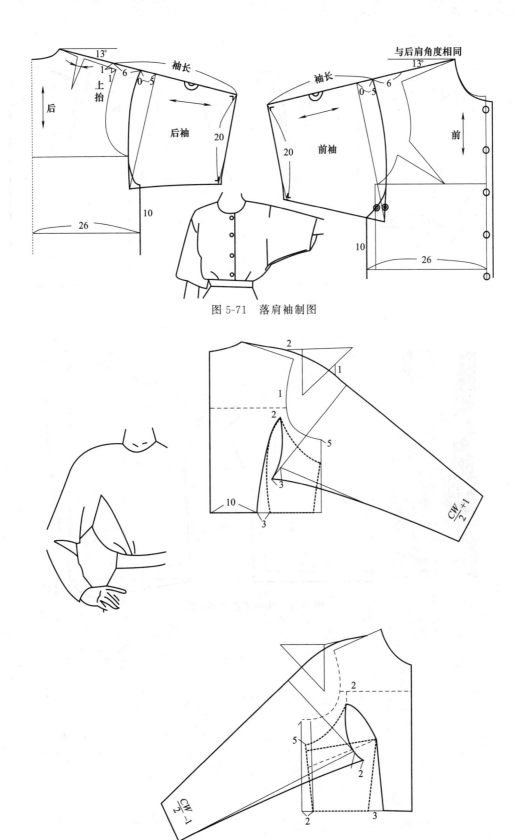

图 5-71　落肩袖制图

图 5-72　袖孔公主线连身袖制图

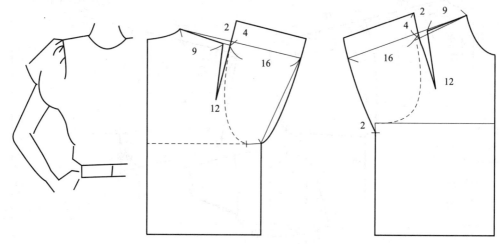

图 5-73 连身抽褶袖制图

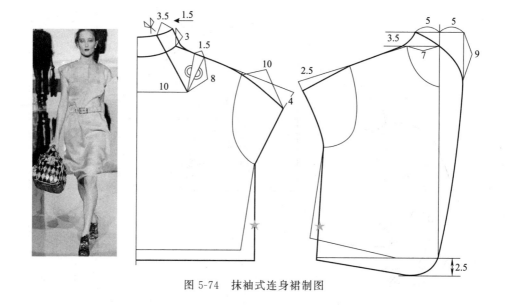

图 5-74 抹袖式连身裙制图

第六章 裙子裁剪技法

裙子是覆盖人体下半身的一种服装，裙子的造型变化多种多样，裙与裤的结合还可以产生多种形式的裙裤，深受女性的喜欢。在重视个性的时尚流行中，裙子作为女性基本的下装，与上装相结合，以及各种材料、结构造型等的变化，使得裙子在衣着中更加丰富多彩。

第一节 裙子的认识

裙子的英语名称为 skirt，法语称为 jupe，也有"腰衣"的称谓，裙是包覆女性下半身的服装。在女性的服装历史中是最早出现的，一般穿裙不受年龄的限制，不同年龄的女性都可以穿着。至今，在苏格兰还有男性穿裙的传统。本章中所指的裙子不包括连衣裙。

一、裙子的特点

（一）裙子的结构特点

裙起源于公元前 3000 年左右，在古埃及时代男女用布缠在腰间并打结，在腰部把布卷起，或者进行缠绕，这就是裙子的雏形。裙子结构的形成，是人类在长期的实践中，结合自身的生活体验，针对人体腰、臀，混入下肢的自然形态以及运动规律而创造的。学习裙子裁剪技法首先需要掌握人体腰围与臀围之间的差异，了解人体下肢的自然形状、运动特点以及人们的穿衣习惯，只有这样才能够保证裙子纸样设计的准确合理。

裙子在下装中是属于结构比较简单的一种，有裙长、腰围、臀围和下摆围四个主要的控制部位。其中腰围和臀围与人体的立体形态以及尺寸相吻合，裙长和下摆围则可以根据款式和流行进行较大的变化。裙子结构特点如图 6-1 所示。

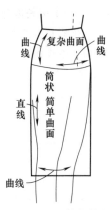

图 6-1 裙子结构特点

进入 13 世纪，随着收省、拼缝等缝制技术的发展，裙从以前的平面结构转变成立体结构，从这个时候开始，男性与女性的服装有了区别，裙成为女性的最基本服装。16～18 世纪开始服装整体装饰化，为了更好地体现裙子造型而采用了衬裙，人为地使裙膨胀。典型代表有 16 世纪的裙箍和 18 世纪的"洛可可"风格的裙笼。1789 年法国大革命后，取消了夸张的裙撑，而造型自然的帝国式高腰裙闪亮登场，到拿破仑三世时裙撑再度出现，又开始流行穿着加入硬衬布裙撑的大型裙。19 世纪末，用衬垫取代裙撑加在臀部，形成臀部隆起的造型，至此是裙子夸张造型的终结。进入 20 世纪，女性开始进入社会，受运动热潮的影响，逐渐演变成功能性的裙子。

（二）裙子功能性

1. 动作对尺寸影响

强调裙子的功能性，其原则是以在日常生活中不妨碍下肢运动为根本。日常生活中下肢动作主要可以分为以下两个方面：一是合起双腿的动作，蹲下、坐下、盘腿；二是打开双腿的动作，走、跑、上下台阶。这些动作产生的腰围和臀围尺寸的变化以及步行时所需的下摆尺寸，是裙子纸样设计时必须要考虑的。

由于动作幅度的变化，体格和体型的差别，蹲下和坐下时腰围加大 1.5～3cm，臀围加大

2.5～4cm。根据动作考虑尺寸的变化，裙子腰围需要 3cm 左右的松量，但是腰围处松量过多，静止时外形不好看。一般在生理上腰围处有 2cm 左右的压迫对身体没有太大的影响，所以腰围的松量以 1cm 左右为好。

2. 行走与裙摆围关系

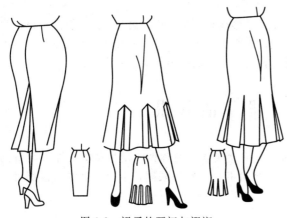

裙子的摆围尺寸与步行有着直接的关系，平均步幅裙长和裙围尺寸的变化，裙长变长，裙摆围尺寸就必须变大。比如正常行走，前后足距为 65～70cm；双膝围 80～110cm。上台阶，上 20cm 高的台阶时，双膝围 90～115cm；上 40cm 高的台阶时，双膝围 120～130cm。合体造型的裙子，裙长如果超过膝盖，步行所需的裙摆量就会变得不足，所以必须设计开衩或加入褶裥等调节量进行弥补，根据活动情况，开衩缝止点一般在膝关节以上 20cm 左右的位置比较适宜。裙子的开衩与褶裥如图 6-2 所示。

图 6-2　裙子的开衩与褶裥

3. 蹲坐与裙长的关系

紧身式造型的裙子由于整体的松量少，当坐下时，前面会向上吊起，造成后面裙子长度尺寸不足；与站立时相比，裙子缩短。臀围的松量多、裙摆变大的裙子，因裙子远离身体，当坐下时由于裙摆原因会使裙子变长，特别是迷你裙和长裙的裙长，在设计裙长时必须考虑这些因素。

二、裙子的分类

（一）按长度分类

按裙长分类包括超级迷你裙、迷你裙（大腿中部）、中裙（膝盖附近）、中长裙（小腿中部）、长裙（脚踝附近）和及地长裙等（图 6-3）。

图 6-3　裙子按长度分类

（二）按廓型分类

裙子的廓型是以改变下摆的宽度区分的，从 H 形直摆裙到整圆裙，大体可以分为五级，即 H 形直裙、A 形裙、斜裙、半圆裙、整圆裙（图 6-4）。

如果按裙子外观廓型再细致分类，又可分为 H 形、A 形、V 形和 X 形四种廓型（图 6-5）。

图 6-4　裙子按廓型分类（一）

图 6-5　裙子按廓型分类（二）

（三）按腰线位置分类

按腰线位置分类可分为低腰裙、无腰带裙、有腰带裙、高腰带裙、高腰裙等（图 6-6）。

图 6-6　裙子按腰线位置分类

（四）按裙褶类别分类

按裙褶类别分类可分为活褶裙、碎褶裙、手风琴裙、波褶裙、暗裥褶裙等（图 6-7）。

图 6-7　裙子按裙褶类别分类

图 6-8　纵向分割和横向分割

（五）按剪接线分类

按剪接线分类可分为纵向分割、横向分割、斜向分割及其他分割（图6-8、图6-9）。

图6-9 斜向分割和其他分割

第二节 裙子基本型及廓型变化

一、裙子基本型制图

（一）与裙子相关的人体凸点

与裙子相关的人体凸点只有腹凸和臀凸，腹凸和臀凸都是区域凸。因为臀凸低于腹凸，所以前腰省长小于后腰省。因为臀凸与腹凸都是区域凸，所以裙子上的腰省可在腰线上任何一个位置，可以在腰线上平行移动，但需要考虑省量的合理分配，参见以下内容。

（二）裙子基本型制图

裙子基本型制图的必要尺寸有腰围、臀围、腰长、裙长。以右半身为基础制图。

1. 画基础线

纵向画裙长，在腰节线的位置横向画臀围线，尺寸是 $H/2$ 再加上活动所必需的基本松量 $2\sim3cm$，绘制长方形。

2. 画侧缝线，区分前后

从侧面来看，作为比较均衡的侧缝位置，是在二等分位置向后移动1cm，加大前片 $H/4+1\sim1.5cm$（松量）+1cm（前后差），后片 $H/4+1\sim1.5cm$（松量）-1cm（前后差）。

3. 腰围必需的尺寸

在腰围总体加上1cm的松量，把侧缝线从臀围处延续保持均衡的线，绘制前后的腰围尺寸造型，在腰围线处加入1cm前后差，腰围的前后差要根据臀部的起翘长度而变化，臀部起翘小的人前后差小。

4. 绘制侧缝线和腰围线

在前腰围线量取必要的尺寸，把到侧缝线的1/3余量取为前后侧缝位置，以弧线绘制侧缝，为了适应腰部的伸张动作，把侧缝线过腰围线向上起翘1.2cm，侧缝的弧线为了防止布纹变形，到臀围线用适当的弧线画平滑为好。后片腰围线，为了适应体型的变化，沿后中心线向下下落 $0.5\sim1.5cm$。

5. 省位确定

为了让裙子看起来很有立体感、造型优美，其中省的位置起到重要的作用，无论从前面、后面、侧面各个方向来看，感觉到均衡感最好的省的位置是前后臀围尺寸三等分处，把该位置作为基准确定省，都可以使其保持好的均衡位置。省尖可以随着侧缝的斜度向侧边偏移0.5cm。

6. 省长确定

省的长度决定了臀部和腹部突出部位包覆得自然美丽，看起来造型优美，前片省长是在中臀围附近，后片是在臀围线上提高 5～6cm，侧缝省是与前片省有关联的，另外省长会因省量而不同，中臀围的松量大约是臀围松量的 1/2，在制图时要加以确认。裙子基本型制图如图 6-10 所示。

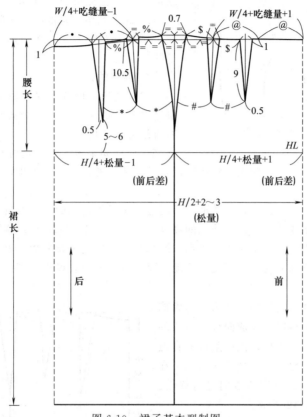

图 6-10　裙子基本型制图

二、裙子关键部位尺寸设定

1. 臀部松量设定

直筒裙的基本立体形态是呈筒形，前方与腹部前凸位相接触，后面与臀部后凸点相接触。直筒形裙子的基本立体构成是以人体下半身各个方向上的突出点为接触点，由此垂直向下形成柱面结构。直筒裙的围度并不等于人体的臀围，这一尺寸设置比净臀围大 3～4cm。

2. 腰线位置设定

（1）腰线位置　通常有两种情况：一种情况是作为裙子的腰线缝合腰头后要贴合人体腰部；另一种情况是根据款式的不同，位置也会有所改变，如低腰裙和高腰裙等。作为裙子，它的腰带位置和人体测量过程中腰线的基本设定不一定一致。从正面观察人体时，体侧最凹点的水平位置是着装时腰带的最合适位置，位于此位置为正常腰裙子；向下间隔可以达到 5cm 左右（腰带位置低），此时腰围尺寸较正常腰大。在测量确定腰围尺寸时，需要首先明确腰围位置的所在高度。

（2）腰线的修正　根据腰带的位置，腰长通常在后中线处比前中线处短 1～1.5cm，侧缝处长出 0.7～1cm。根据这些调整，按照省道缝合后的形态把腰线修正为圆顺光滑的曲线。最后必须符合腰部尺寸，需要再次确认腰围完成线上的腰围尺寸是否充足。

3. 腰长设定

腰线完成线并非水平，需要按照省道缝合之后的状态进行修正，必须根据腰高在前、侧、后

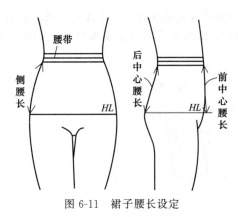

图 6-11　裙子腰长设定

几个方向上的长度差异决定腰线的完成线。腰长的测量是沿着纵向方向量取水平线到上方腰带着装腰线之间的体表长度。普通裙子的腰高，以前直线处腰高为基准，一般在侧缝处加上 0.7～1cm，后中线处减去 1～1.5cm。利用与基准腰长之间的差沿腰线的水平线向上增加或者向下减少来确定腰线的最终轮廓线。裙子腰长设定如图 6-11 所示。

4. 腰省的设定

（1）省道的位置　除了侧缝省（侧缝处去掉的省量）之外，当前、后各一个省道的省量超过 4cm 时，将省道分割成两个会更为合适。人体的腰侧省量分配最多，此外如果考虑到行走时在侧面需要大量加入松量的话，侧面、前侧面、后侧面的省量应该是基本相同的，为了便于步行时腿的动作，前侧面的省量应该略大一些。

（2）省道的长度　省长的设定基准是不超过下半身处包围的各个方位上人体的突出部位。也就是说，前面省道不要超过腹部前凸点的高度（腰线向下 10～12cm）；侧缝以及靠近后中线的省道长度不能超过臀围线。由于人体的腹部和腰部都是平缓的复杂曲面，直线省道的省尖点最好比各个突出点的位置要高一些。为了便于活动，要把省道的位置设定偏高一些，这样会使裙子的整体效果更好。

（3）省道的形状　前片的省道为了与腹部的隆起形态相配合，可以处理成曲线；后片的省道靠近后中线的为直线形，侧面附近的省道为了与体型相对应，也需要呈现曲线状态。在完成腰线形状修正后，对省道方向进行修正。裙子腰省设定如图 6-12 所示。

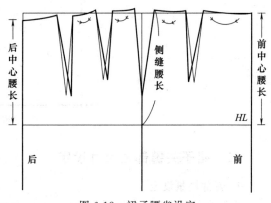

图 6-12　裙子腰省设定

从以上的讨论可以看出，与直筒裙相关的基本人体要素除了腰部、臀部和裙长之外，与自然腰部形态相对的裙子腰身位置以及腰部断面形状和外包围形状的尺寸差等因素，都会对腰省的分配产生很大影响，比如低腰裙的腰省长度和省量就与正常腰的不同，这需要在纸样设计时进行全面考虑。

5. 裙腰吃缝量设定

无论是设置一个还是两个腰省，通常都无法完全贴合人体形态中从腰围到臀围的复杂曲面结构。为弥合这一点，更多方法是采取减少省量，而在腰口处加入吃缝量的方法来增加裙子的复杂曲面形态。一般在前、后裙片腰口处分别加入 0.5cm 左右的吃缝量。连衣裙的裙腰尺寸是对应上半身分腰围加入相同的松量（W/4 中有 1～1.5cm 的松量），因此无须再加入吃缝量。

三、裙子廓型变化规律

因为裙子的造型范围最广，表现最为丰富。裙子的造型沿着三个基本结构规律变化，即廓型、分割和打褶，这三个基本结构变化规律适用于所有服装造型，具有普遍性，而且在裙子变化中显得更为突出。

对廓型的理解可以说是对服装造型的整体把握，具体到裙子的廓型，可以理解为服装总体的局部外形，通常用裙摆的阔度划分出裙子廓型的分类，即紧身裙（H形直裙）、半紧身裙（A形裙）、斜裙、半圆裙和整圆裙。裙子廓型变化如图 6-13 所示。

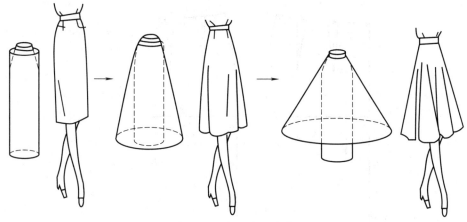

图 6-13　裙子廓型变化

（一）紧身裙（H形直裙）

1. 款式

紧身 H 形直筒裙，前身有四个腹省，后身有四个臀省。后开口装拉链，紧身裙的纸样特征和基本纸样相同，在裙子基本型的基础上，稍做修改，增加一些功能性设计，即可成为一条紧身 H 形直筒裙。紧身裙在众多的裙子造型当中，是一种特殊状态，因为它正好处在贴身的极限，如西装套裙、一步裙、窄摆裙等。

2. 用料

面料 150cm 幅时，用量 1 个裙长＋5cm；面料 90cm 幅时，用量 2 个裙长＋5cm。

3. 原理

紧身裙结构可以用基本纸样代替，还需要增加一些功能性的设计。紧身裙的上半部分是合体的，类似于圆台的一部分，下半部分呈筒形。在结构上显示为在矩形中臀围线以上的部分作腰臀的差，使其平均分配在腰线上。后开衩几乎成为紧身裙的专利，这就要求裙后中线设为断缝，而这种断缝结构并非施省结构，而是一种实用的断缝结构。由于裙子的后开口和后开衩都集中在后中线上，这是后中线出断缝的必然，由此形成贴身的三片裙结构。裙腰头纸样设计，一般裙腰线的长度是根据腰头的尺寸而修正的，腰头长度取决于腰围的实际尺寸加上后搭门量。

4. 制图

由裙子基本型制作紧身裙的步骤如下。

（1）在后中线的上端设计足够量的开口并装拉链，拉链长度一般为 15～18cm，以达到穿脱方便。

（2）在裙子后中设计便于行走的开衩，后开衩长度可自行设计，一般在臀围线以下 20cm 左右，裙长越长，后开衩越长。

（3）裙腰部的全部省处理之后所保留的部分应该等于人体净腰围或净腰围加 1～2cm 松量（上衣穿在裙子里边时，才需要增加腰部松量），腰头宽度一般为 3～4cm。H 形直筒裙如图 6-14 所示。

（二）半紧身裙

半紧身裙就是把直筒裙的裙摆稍微加宽所形成的裙型，对裙摆宽度一般理解为便于日常行走的裙摆宽度。在此将半紧身裙定义为比直筒裙的裙摆宽度大些，大步幅步行时看似直筒状态的裙子，静止时裙摆不出现波浪状起伏。

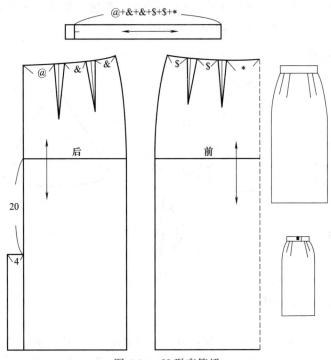

图 6-14　H 形直筒裙

1. 款式

前边一片，后面两片，后开口装拉链；无须设开衩。半紧身裙的裙摆宽度较小，其廓型像 A 形。半紧身裙应该是在静立时接近于直筒状的简单形态，同时又能满足行走方便等功能需求。

2. 原理

在 H 形直裙的基础上合并掉一个省，以增加摆量，侧缝的增摆量也照此方法处理。半紧身裙就是在紧身裙的基础上增加其裙摆宽度而完成的。利用裙子的基本纸样，把一个省通过省移去掉。因为省尖在腹围和臀围之间，这样移省后增加裙摆的同时也增加了臀围量，半紧身裙不需要增加臀围量，因为此造型必须要保持臀部的合体与平整。

3. 用料

150cm 幅，1 个裙长＋10cm；90cm 幅，2 个裙长＋10cm。

4. 制图

由紧身裙制作半紧身裙的步骤如下。

（1）将所要移省的省尖下降到臀围线上，再用转省方法将省量转移为下摆的摆量。

（2）根据款式图来确定新省的位置。

（3）为了使增摆去省的分配平均，适当增加侧摆量，以降低侧缝线的凸度。裙摆增幅量等于转省增加的裙摆量。半紧身裙如图 6-15 所示。

总结：裙子的紧身与宽松程度取决于裙摆宽度。从裙子侧缝的凸度变化看，裙摆增加的幅度越大，裙子侧缝线凸度越小而趋向直线。由此可见，裙摆受裙省的制约关系很大，腰线的曲度是制约裙摆大小的关键。

5. 半紧身裙的直接作图法

应用直筒裙纸样的展开结果直接绘制半紧身裙纸样的简便制图方法如下。直接利用直筒裙纸样在斜侧方向和侧缝的裙摆展开进行制图，在前、后各片中把省量的 1/3 留在侧缝，2/3 作为省道。在这种简便的方法中，腰线的最初设定是在水平腰线上，以便于测定腰围尺寸和省量等。根据腰围长度修订腰部曲线之前不一定要确定腰围的准确尺寸，但在腰部曲线绘制完成之后，必须

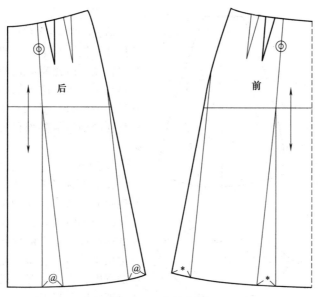

图 6-15　半紧身裙

确认除去省量之后的纸样完成尺寸，并且检查前、后片是否分别含有预定的吃缝量。当腰围尺寸不足时，通过减少省量进行修正。如果腰部侧缝上方的追加量较多，会超出与其他腰长之间的差值要求，必须把超出的这部分量从侧缝的裙摆处减掉。半紧身裙的直接作图法如图 6-16 所示。

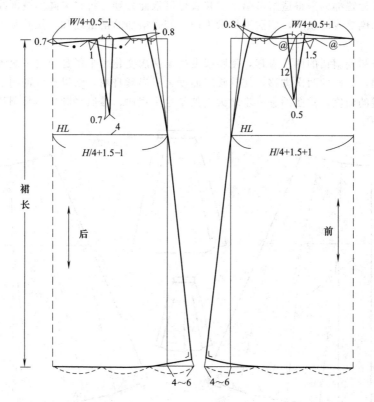

图 6-16　半紧身裙的直接作图法

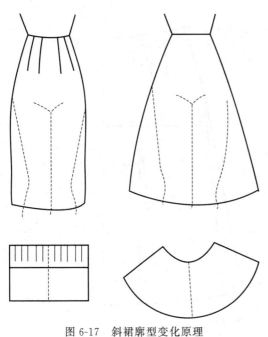

图 6-17　斜裙廓型变化原理

（三）斜裙

1. 款式

前面一片，后面两片，无省与开衩，后面开口装拉链；与半紧身裙相比，斜裙的裙摆摆幅比较宽，但比喇叭裙的裙摆要窄，通常的定义不是很严密。这里把斜裙定义为裙摆比半紧身裙大，步行（最大步幅）时裙摆相对展开，同时在腰侧缝需要保留省道（即腰部曲线）的裙子。

2. 原理

在 A 形裙的基础上，继续增加裙摆量，将原型裙的全部省量移为裙摆量。此时臀腰差的处理已失去意义，省已失去存在的意义。斜裙的纸样设计，是将前后基本纸样的全部省量移成裙摆量。裙子廓型变化规律：腰线曲度制约裙摆宽度；腰线越弯，裙摆越大。斜裙廓型变化原理如图 6-17 所示。

3. 用料

150cm 幅，1 个裙长＋10cm；90cm 幅，2 个裙长＋10cm。

4. 制图

（1）第一次移省时要将省尖降到臀围线上再移。

（2）为保持臀部的平整造型，第二次移省也可依此处理，将省尖降到臀围线上再移。

（3）增加侧缝线的翘度，侧摆追加量为两次转省增加的摆量之和，使其几乎接近直线结构。

5. 总结

从半紧身裙到斜裙的两次省移，使腰线发生了两次变化。半紧身裙的一次省移，使其腰线曲度大于紧身裙，斜裙的两次省移，使其腰线曲度大于半紧身裙，结果充分证明了裙摆宽度的变化制约于裙腰线的曲度。裙摆的进一步增大仍然是这个规律，参照半圆裙与整圆裙制图。斜裙制图如图 6-18 所示。

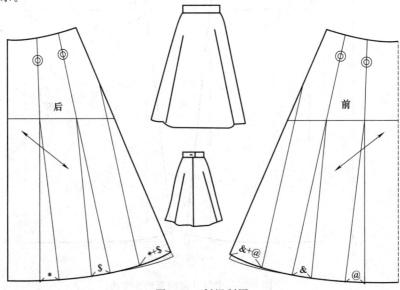

图 6-18　斜裙制图

（四）半圆裙

1. 款式说明

半圆裙是指裙摆宽度正好是整圆的一半，即裙子两条侧缝线延长线相交为直角的裙子称为半圆裙。半圆裙有侧开口和后开口两种形式，前者一般可以做成两片裙，后者可以设计成三片裙或四片裙。

2. 绘图原理

半圆裙的结构处理，就完全抛开了省的作用，在保持腰围长度不变的情况下，可以直接改变腰线的曲度来增加裙摆宽度。重要的是，腰围曲线要画得越圆顺越好，这样可以使裙摆波形褶的分配均匀，造型更佳。半圆裙绘图原理可以用切展法来演示（图 6-19），把宽为腰围 1/2 和长为裙长的矩形竖直分割成若干等份，分割的份数越多，在变化中所形成的腰围线就越圆顺、越精确，裙摆造型就越好。腰线在各个分割点处，均匀地弯曲到四分之一圆时就形成了半圆裙结构。但在半圆裙的实际绘图中，一般都是直接用公式计算法来绘制。

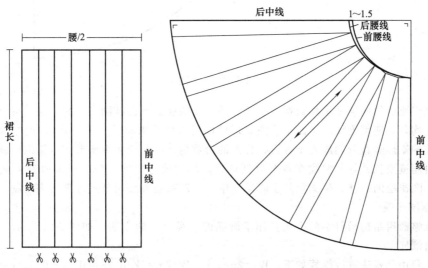

图 6-19　半圆裙绘图原理

3. 制图步骤

设计半圆裙结构最科学的方法是用求圆弧的半径公式的方法，即确定腰围半径求裙腰线的弧长。

（1）利用公式法进行推算如下，半圆：$2W=2\pi r$，$r=W/\pi=W/3.14=W/3-1$，$r=W/3-1$，这是求得作图半径的最实用便捷的公式。

精确计算时 $r=W/\pi$，简便计算时 $r=W/3-1$，前者适合计算机精密制图，后者用于单件手工制图时的简便快捷制图计算。

（2）以 $r=W/\pi$ 为半径画圆，求得半圆裙的腰围线。

（3）以 $R=r+L$（裙长）为半径画圆，求得半圆裙的裙摆线。

如图 6-20 所示，可以直接完成半圆裙纸样，关键是要保证扇形内四角均为直角。

（五）整圆裙

1. 款式说明

整圆裙是整体裙摆结构的极限，两条侧缝线夹角为 $180°$。整圆裙有侧开口和后开口两种形式，前者一般可以做成两片裙，后者可以设计成三片裙或四片裙。

2. 绘图原理

整圆裙的结构处理，与半圆裙一样完全抛开了省的作用，在保持腰围长度不变的情况下，可

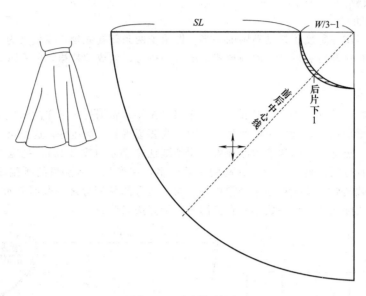

图 6-20　半圆裙绘图

以直接改变腰线的曲度来增加裙摆。重要的是，腰围线要画得越圆顺越好，这样可以使裙摆波形褶的分配均匀，造型更佳。半圆裙绘图原理可以用切展法来演示（图 6-19），把宽为腰围 1/2 和长为裙长的矩形竖直分割成若干等份，分割的份数越多，在变化中所形成的腰围线就越圆顺、越精确，裙摆造型就越好。腰线在各个分割点处，均匀地弯曲到二分之一圆时就形成了整圆裙结构。与半圆裙绘图一样，整圆裙的实际绘图中，一般都是直接用公式计算法来绘制。

3. 制图步骤

设计整圆裙结构最科学的方法是用求圆弧的半径公式的方法。如图 6-21 所示，可以直接完成整圆裙纸样。

（1）利用公式法进行推算如下，$W = 2\pi r$，$r = W/2\pi = W/6.28 = W/6 - 0.5$，$r = W/6 - 0.5$，这是求得作图半径的最实用便捷的公式。

精确计算时 $r = W/2\pi$，简便计算时 $r = W/6 - 0.5$，前者适合计算机精密制图，后者用于单件手工制图时的简便快捷制图计算。

（2）以 $r = W/2\pi$ 为半径画圆，求得整圆裙的腰围线。

（3）以 $R = r + L$（裙长）为半径画圆，求得整圆裙的裙摆线。

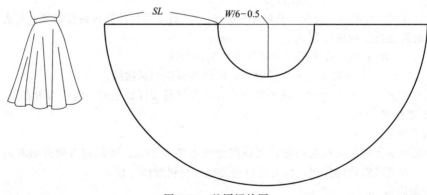

图 6-21　整圆裙绘图

（4）整圆裙还要做特殊的结构处理。在整圆裙的下摆排料中无论如何都要接触到正丝、横丝和斜丝，由于斜丝的伸缩性很强，因此在成形时，处于斜丝的布料可能要比实际伸长一些，这样会造成裙摆参差不齐，为了避免出现这种后果，在正置斜丝的裙摆处减掉一些。这个减少的量要根据面料的特性来决定，一般约为2～5cm，设计者还要根据布料的弹性、织物的疏密程度灵活掌握，一般的做法是将缝好的样衣，先不缝制下摆，将裙子悬挂起来，三四天后，将下摆取平齐，来确定调整量（图6-22）。

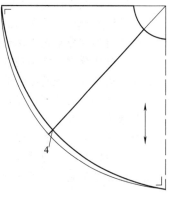

图6-22　整圆裙下摆调整量

从表面上看，影响裙子外形的是裙摆，实质上制约裙摆的关键在于裙腰围线的曲度与形状，这一规律可以从紧身裙到整圆裙结构的演化中得以证明。

第三节　裙子的分割变款

利用分割线进行款式设计的裙子种类很多，可沿纵向加入数条分割线，利用分割线处理腰省形成多片裙，也可沿横向加入分割线形成塔式裙，或沿斜向加入数条螺旋状的分割线进行设计。无论在哪种情况下都应该按照前面的腰省分配原则为基准进行处理。无论是哪一种形态的裙子，利用增加分割线、抽褶、缝褶、叠褶等方法都可以变化出无数的款式。裙子的分割变款如图6-23所示。

图6-23　裙子的分割变款

一、分割线设计原则

服装的分割线的设计是非随意性的，与人体的形体特征有着密切的关系。分割线设计有以下三大原则需要遵守。

（1）分割线设计要以结构造型功能为前提，结构的基本功能是使服装穿着舒适、造型美观。

（2）纵向分割，是在分割线与人体凹凸点不发生明显偏差基础上，尽量保持平衡，从而使余缺处理和造型在分割线中达到完美的统一。

（3）横线分割，特别是在臀部、腹部的分割线，要以凸点为基础，在其他部位可以依据合体、便于运动和美观的综合造型原则来设计。

把握分割裙的造型特点，分割裙设计要尽可能使造型表面平整，这样才能充分表现出分割线的视觉效果。一般分割裙大多保持 A 形裙（半紧身裙）的廓型特征。在结构设计方面，以 A 形裙的合身程度来处理省，以半紧身裙裙摆幅度为根据，均匀地设计各个分片中的摆量。

设计分割裙除了遵循以上三个原则外，还要考虑裙子自身的特殊规律。作为裙子的分割造型原则，前面谈到制约裙子廓型的因素是腰线曲度，分割裙子设计也不能离开这一原则。

二、纵向分割裙

纵向分割裙就是通常所说的多片裙。如六片裙、八片裙、十片裙等，也可采用单数分割，如三片裙、五片裙、七片裙等。多片裙整体造型大多是半紧身裙和斜裙。纵向分割和原型中省的方向一致，纵向分割线要以相对均衡分配为原则，要有利于腰部省与分割线结合时在量的分配达到平衡统一，使臀部和裙摆造型更加完美。

分割裙制图步骤：首先在基本纸样上，依生产图所显示的表面结构线做分割；然后做分割线中的余缺、打褶等结构处理；最后根据纸样原理图完成结构图分离，制作出分离纸样。这就是纸样设计的三步法，即基本分割图、结构处理图和结构分离图。

（一）四片裙

通过纵向分割方法，将直筒裙的两个原省进行变化，其中一个省量转为裙摆的松量，另一个融入到纵向分割线中，将原型直筒裙分割成为四片裙。

（1）基本分割 按照分割的原则，分割线应该设在前后中线和两个侧缝上，因此直接利用原型直筒裙纸样的前后中线和侧缝线作分割线。这种分割处理显然很合理，使裙摆更平衡，腰臀差量分配均匀。

（2）结构处理 把前后片中各一省的省尖下降到臀围线上，然后转移成裙摆量，将移省后的前后腰线修顺成为 A 形裙结构。前后另一个省的一半分配到前后中线的分割线中，剩余的省量分别分配到两个侧缝里，使全部省量并入到分割线中。侧缝线外展 3cm 与收半省的侧缝顺接。

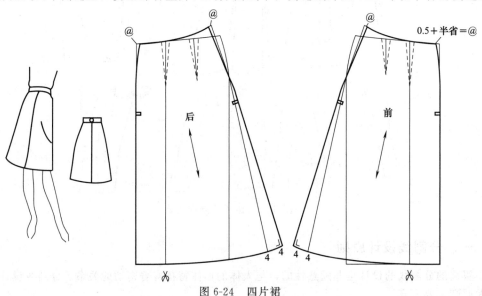

图 6-24 四片裙

后中线分割线中只并入省量，不增加裙摆，这是因为 A 形裙的前后摆不宜翘起，裙摆的增加量的总和要掌握在 A 形裙和斜裙之间，A 形裙以上的摆量不需要设计开衩。四片裙如图 6-24 所示。

（二）六片裙

六片裙是以两侧缝为界前后各分三片，六片裙是裙子结构中使用频率最高的一种，一般其廓型在 A 形裙和斜裙之间。

（1）基本分割　通过纵向分割方法，将原型直筒裙分割成为六片裙。六片裙的臀围线处的松量构成与直筒裙基本相同。从款式图上可以看到六片裙前、后分别由三片裙片组成，中心裁片和前侧后侧裁片的宽度不一定相同，宽度设定需要适合成年人的体型，这一点是非常重要的。童装六片裙的纸样构成六片的大小是相同的，因为儿童的下身体型更接近圆形。而成年人的体型更接近椭圆体，所以在确定纵向分割线时，前、后中心片的宽度较大，分割线以及中间的直丝经过方向指向臀围线上裙子横断面的曲率中心。使得各个裁片的腰围的尺寸是在前、后中心片较大，侧面的裁片较小。

（2）结构处理　因为人体臀、腰的凸点排列在一线区域，因此分割线只要通过这个区域凸就可以做余缺结构处理。两省的分配是：一个半省并入分割线，在分割线上增加裙摆；另一个半省并入侧缝，增加侧摆量，修顺侧缝线。

分割裙中侧缝和前后缝所设分割线中追加的裙摆量之间的关系为：首先增加了裙摆量之后，裙子应该呈现 A 形裙和斜裙之间的廓型。根据人体髋部特征，正面宽、侧面窄，截面呈椭圆形，半紧身裙的造型并不应该是正圆台，而应该是椭圆台。椭圆台体较平缓的部位是人体前后身，越靠近体侧隆起越明显。所以越靠近前后中线的分割线，所增加的裙摆量越小，相反越靠近侧缝的分割线裙摆量增加就越大。同时它对应的腰线特征也是如此，即靠近前后中线的腰线曲度小，两侧腰线曲度大。这种结构处理更适合较合身的裙子造型的结构处理。利用直筒裙纸样绘制六片裙的简便方法如图 6-25 所示。

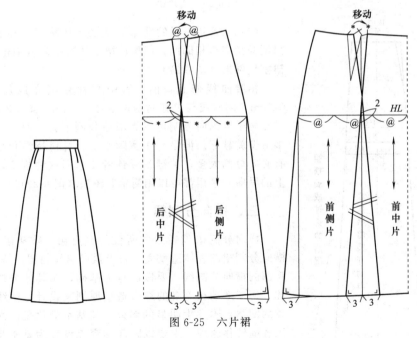

图 6-25　六片裙

（三）八片裙

八片裙的分割以侧缝线为界，前后各分四片，八片裙在裙子变款中应用也较为广泛，如八片鱼尾裙、八片加衩裙等。

（1）基本分割　对于含有八片以上裙片的裙子来说，一般将每一片裁片在臀围线处的宽度设计为等宽。

（2）结构处理　在做省缝处理时，与六片裙相同，侧缝线处需要放置的省量较多，而前、后片处省量则较少。将一个省并入 1/4 分割线中，另一个省的一半并入前后中分割线上，另一半省作为修正侧缝线的省量。各个分割线中的裙摆翘度的分配，应该以侧缝增幅最大，1/4 分割线次之，前后中线为零。不论是六片裙还是八片裙，虽然纸样构成并不完全相同，但都需要从腰线到臀部与人体形态相适合。八片裙如图 6-26 所示。

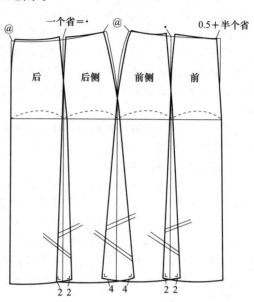

图 6-26　八片裙

（3）八片裙纸样的简单制图法。从臀围线开始向下，八片裙纸样是完全相同的，以保证裙子从腰围到臀围位置更加合体，裙摆呈钟形（图 6-27）。

裙腰曲线修正：前、后中心片腰围完成尺寸则追加了 0.5cm，侧缝线与之相对应减少了 0.5cm（图 6-28）。从理论上讲，裙子的纵向分割可以无限地分割下去，而且分割的单位越多造型就越好。但是对于实际生产、材料特性和结构本身都没有必要分割太多，关键是设计者要掌握这种规律，一般八片以上的纵向分割裙都可以用简单制图法（图 6-29）。

三、横向分割裙

横向分割裙包括通常所说的育克裙、阶梯裙和叠褶裙等。横向分割裙的整体造型大多是半紧身裙和斜裙。特别是在臀部、腹部的横向分割线，要以凸点为基础，在其他部位可以依据合体、便于运动和美观的综合造型原则来设计。横线分割要与人体的凹凸点不发生明显的偏差。其基本规律是：横线分割要利用省缝转移原理，主要以腰部的育克设计为基本特征，结合其他分割形式、做褶形式进行设计。

横向分割裙制图步骤是：首先在基本纸样上，依生产图所显示的表面分割线做分割；然后做分割线中的余缺、打褶等结构处理；最后根据纸样原理图完成结构图分离，制作出分离纸

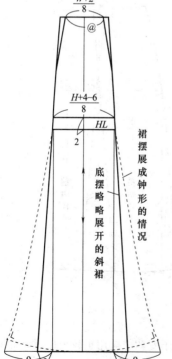

图 6-27　八片裙纸样的简单制图

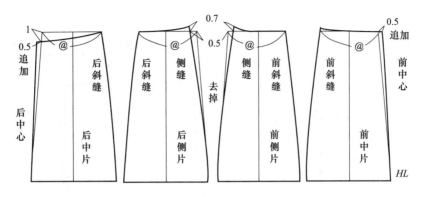

图 6-28 八片裙腰线修正

样。这便是横向分割裙纸样制作的三步法，即基本分割图、结构处理图和结构分离图。

（一）育克裙

裙子的育克是指在腰臀部腰腹部区域作断缝结构所形成的中间部分。育克的设计往往以保持造型与人体的吻合为目的，表现出特有的风格。在腹部区域加入横向分割线形成腰部育克，可以得到下肢修长的效果，特别是在腰臀部位，更显示出其魅力，因为臀腰的曲线最能展示女性的活力。同时在结构设计中，与竖线分割的结合，极大地丰富了其表现力。所以此结构经常在裙子中被使用。同时也可以利用该位置的分割线来处理腰省，将裙腰省全部融入到横向分割的断缝中。横向分割育克裙如图 6-30 所示。

（二）阶梯裙

这种有节奏的横向分割结合多褶设计，集华丽、飘逸、自然于一身，多用于婚纱裙和晚礼服设计中。

（1）基本分割　如果各层的高度平均分配，裙摆会显得较短，因此需要将裙摆逐层增高。图 6-31 中表现出的三条横向分割线，纯粹是为自然褶的加工而设计的。

（2）结构处理　考虑到腰省的分配原则，第一层褶量在前、后中心线附近会放置得少

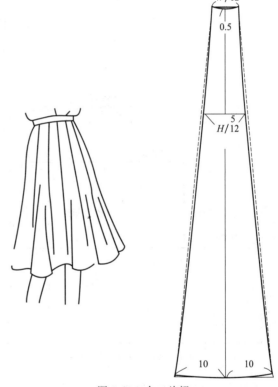

图 6-29　十二片裙

一些，前、后侧面以及侧缝处则需要增多。从第二层开始褶量是等量分配的。根据面料的不同需要可以决定褶量的大小，薄型纱质面料褶量可以大些。由于该结构阶梯裙的宽松程度较大，可以利用直接采寸的方法制作纸样。带横向分割的阶梯裙如图 6-31 所示。

（三）带横向分割的褶边裙

带横向分割的褶边裙，其横向分割线纯粹是为自然褶的加工而设计的，不影响裙子立体结构造型。褶边裙纸样可以直接采用斜裙纸样绘制，仅在裙摆处追加适当的褶量即可，可以根据款式设计以及使用面料的柔软程度确定褶量的增减。带横向分割的褶边裙如图 6-32 所示。

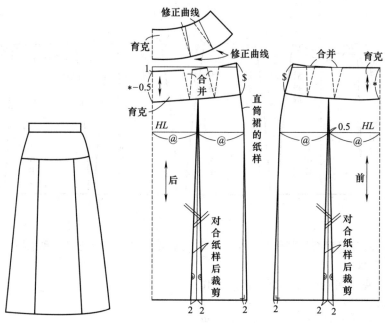

图 6-30　横向分割育克裙

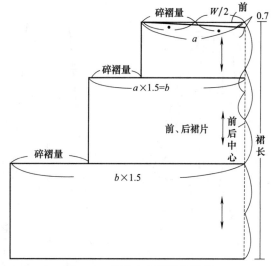

图 6-31　带横向分割的阶梯裙

四、斜向分割裙

裙子的分割设计，首先要以基本功能为前提，即舒适、方便、美观，因此分割线设计是非随意性的；斜向分割也应该结合原型中省的方位，分割线要以相对均衡分配为原则，要有利于腰部省与分割线结合时在量的分配达到平衡统一，使臀部和裙摆造型更加完美。

（一）双斜线分割裙

（1）基本分割　分析款式图，裙子廓型为直筒裙，在裙子上有两条斜向分割线，第一条分割线与腰围很近，说明一边腰省全部转移到分割线中，另一边的腰省转移到侧缝。

（2）结构处理　非对称结构，所以制图时需要将左右裙片同时绘出。以前裙片为例，以原型上过右腰省的省尖画一条斜向分割线至左侧缝，过左腰省省尖画一条分割线至左侧缝，再画一条斜线从右侧缝至下摆缝，斜线的斜度与款式图相同。剪开与省尖相连的两条分割线，折叠左、右腰省，将腰省转移到这两条线中。在制作样板时，把从右侧缝至下摆缝的斜线剪开，这条线不需要省缝转移，只是剪开时注意放出缝份，起装饰作用。双斜线分割裙如图 6-33 所示。

（二）八字分割裙

（1）基本分割　观察款式图，裙子左右为八字分割线，说明腰省全部转移到分割线中。裙片原型上依照效果图过腰省的省尖向侧缝画四条直线。

（2）结构处理　剪开前裙这两条分割线，折叠腰省，将其转移到两条八字分割线中，将腰围线画顺，确定下面侧缝省的长度。同理完成后片的结构处理与纸样腰线修正画顺。八字分割裙如图 6-34 所示。

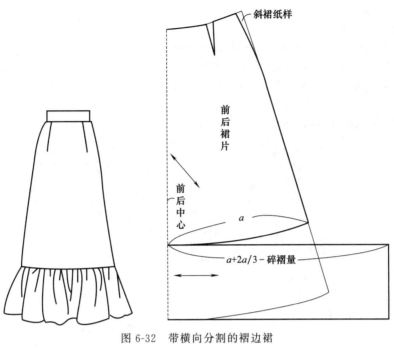

斜裙纸样

前后裙片

前后中心

a

$a+2a/3-碎褶量$

图 6-32　带横向分割的褶边裙

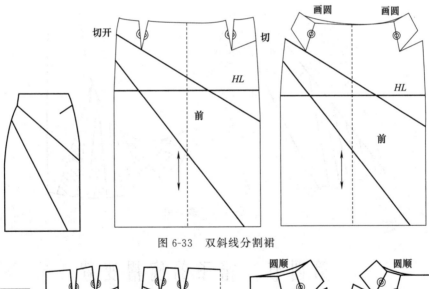

切开

切

画圆　画圆

HL

HL

前

前

图 6-33　双斜线分割裙

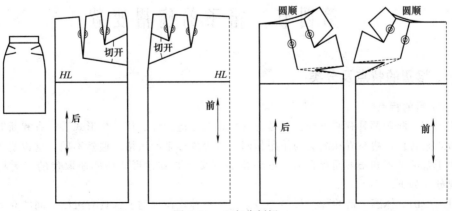

切开

切开

圆顺　圆顺

HL

HL

后

前

后

前

图 6-34　八字分割裙

（三）螺旋裙

制图要点（图6-35）如下。

（1）先绘制左前片，然后再对称描绘出右前片。

（2）在整个前衣片上根据款式图平分剪接线。

（3）取完整裁片④切展下摆波浪份，按设计褶量展开。

（4）依据以上方法依次切展完成各片纸样。

（5）螺旋裙裁剪布料时，每片的布料方向需要一致。

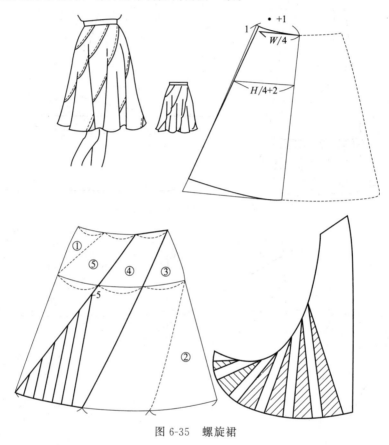

图6-35　螺旋裙

第四节　裙子的施褶变款

一、裙褶的特点及分类

（一）褶的特点

褶与省、断缝都具有两重性：一是合身性；二是造型性。从结构形式看，省和断缝可以用打褶的形式来替代，褶与省和断缝的作用相同，而表现出来的风格却迥然不同。这说明褶的作用同样是为了余缺处理和塑形而存在的，然而褶的意义具有其他形式所不能取代的三大特殊造型功能，现分述如下。

（1）褶的立体感　褶的种类很多，但无论哪一种，在视觉上都具有三维空间的立体感觉，这是省和断缝做不到的。

（2）褶的运动感　褶都遵循一个基本构成形式，即固定褶的一方，另一方自然运动。因此褶具有方向性和飘逸的动感。

（3）褶的装饰性　褶的造型会产生立体、肌理和动感，使人产生视觉效应和丰富的联想，从而来修饰人体，这就是褶的装饰性。

（二）裙褶的分类

裙褶分为两大类：一是规律褶；二是自然褶。

（1）规律褶　褶根有序固定，所以其褶形、褶量和褶距都是有规律的，规律褶表现出有秩序的动感特征。规律褶又分为塔克褶（tuck）和风琴褶（pleat）等。褶一般与分割线结合使用，褶在裙子的结构设计中运用得最广，最具特点和表现力。

（2）自然褶　褶根自然形成褶皱，褶形、褶量和褶距都没有规律，而是随机形成的褶，其具有随意性、多变性、丰富性和活泼性的特点。自然褶又分为波形褶（flared）和缩褶（gathered）两种。

二、规矩褶在裙子中的应用

（一）风琴褶裙

风琴褶所有的褶裥都需要熨烫定型，因此面料应该选择定型性能好的，比如化纤或具有一定化纤成分的混纺织物。另外要考虑省量在各褶中的均匀处理；各褶量从上至下，一般要平行追加，以保持布丝方向总是和褶的方向一致，有条格的布料更应如此。灵活运用活褶结构拼接可以节省布料。

【实例1】　不对称褶裥裙

裁剪要点如下：在半紧身裙的造型中加入不对称的褶裥，左前片的褶裥中加入了省量，在右前片的省道中则需要单独缝合省，省量比较大时可设计成两个省。采用半紧身裙的造型，所以在加入褶裥时，裙摆处稍微展开会使效果更自然。褶裥的宽度和长度从臀围线至裙摆保持不变，臀围以上褶裥中融入了左片的省量。不对称褶裥裙如图6-36所示。

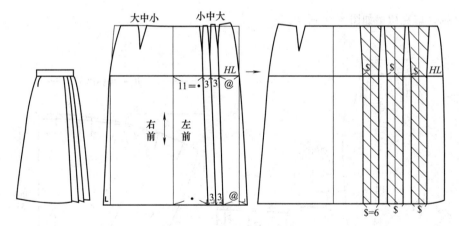

图6-36　不对称褶裥裙

【实例2】　局部裥褶裙

裥褶与分割相结合应用于裙子的局部设计，该活褶是起运动功能的。其造型基本采取紧身裙结构，只是在腰部采用高腰无腰头设计，裥褶不具备合身作用，因此只需要平行增褶便能达到其应用功能。局部裥褶裙如图6-37所示。

（二）塔克褶裙

塔克褶裙是缩褶裙和普利特褶裙的中间状态，即打褶明确而有规律，但成形后又随意自然。在制作工艺上，使前后褶从中间向两侧折叠，不需要熨烫。可见塔克褶裙和普利特褶裙只是工艺

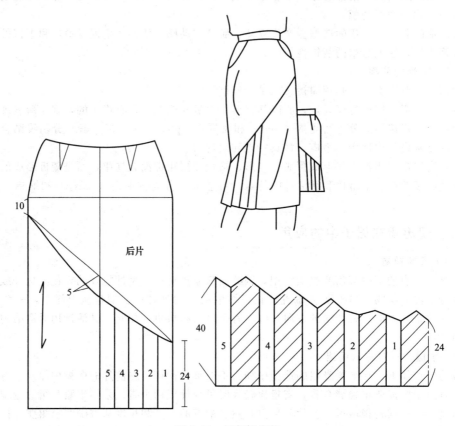

图 6-37　局部褶裥裙

上的区别。塔克褶裙如图 6-38 所示。

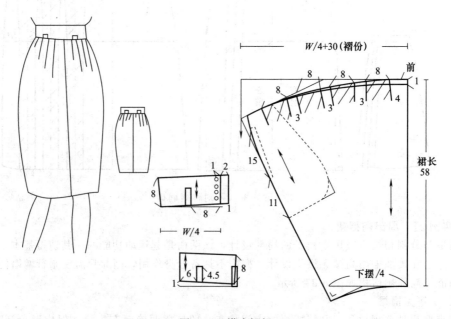

图 6-38　塔克褶裙

三、自然褶在裙子中的应用

（一）缩褶裙

缩褶裙比波形褶裙的变化更加丰富一些，因为缩褶在裙子上使用范围较广，例如它可以取代省的作用，也可以达到波形褶的表现效果。在设计原理上它与波形褶结构相反，褶量增加在需要缩褶的一边。

（1）制图实例　前中心缩褶裙如图 6-39 所示。

（2）款式分析　取代省的作用的缩褶裙，根据款式图所示，在前中心线上抽碎褶，说明腰省转移到中心线上，在褶量不多的情况下，只需将腰省转移到中心线上，褶量过多的情况下，除了采取以上的方法之外，还要将前中心线在原有展开的基础上，继续展开加入装饰褶量，以达到抽褶所需要的量。

（3）绘图步骤　在前裙片原型，过腰省的省尖画一条水平线至前中心，然后再画一条水平线。剪开直线 a，折叠腰省，将腰省转移到中心线。剪开直线 b，在前中心展开 5cm，展开多少，要根据褶量的大小来决定，款式图褶量多，展开的量也就大。修正前中心线，线条要画顺，将前中心展开的量作为抽褶量。

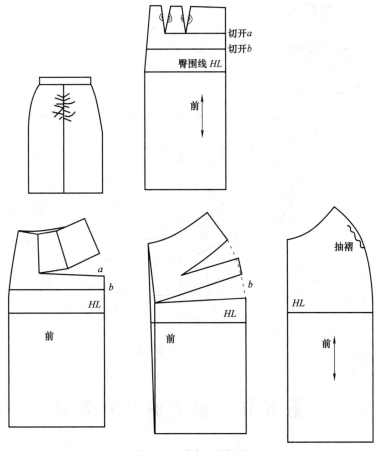

图 6-39　前中心缩褶裙

（二）波形褶裙

波形褶在裙子的设计中应用非常广泛，常见的半圆裙、整圆裙均为波形褶裙。波形褶裙无论是功能性的，还是装饰性的，其原理都出自增加裙摆的变化原理。影响裙子外形的是裙摆，制约裙摆的关键在于腰线曲度。斜向分割的波形褶裙，用弧形线分割，通过切展增褶处理，该线的变形更为复杂。波形褶裙如图 6-40 所示。

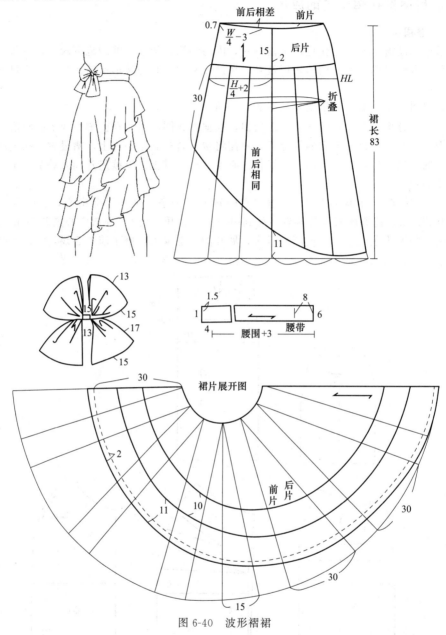

图 6-40 波形褶裙

第五节 裙子的综合变款

　　裙子的综合变款通常由分割线和褶的多种方式组合而成。包括分割线与规律褶的组合、自然褶和多种褶形的组合等。

一、分割线与规律褶的组合

　　分割线与规律褶的组合，由于各自的风格接近，因此其组合容易达到统一。分割线是规律褶的平面形式，规律褶则是分割线的立体表现。强调平整简洁和有秩序的立体造型是这种组合的选择，同时又可促进两种因素的对比，表现出更为鲜明的个性，经常应用在职业套装的设计中。

分割线与塔克褶组合裙，其造型基本采取紧身裙结构，塔克褶不具备合身作用，除处理褶根固定外，褶的其他部位既不固定也不需要熨烫，所以在裙子育克以下的塔克褶自然打开，达到其方便活动的功能，无须在设计后开衩。分割线与塔克褶组合裙如图 6-41 所示。

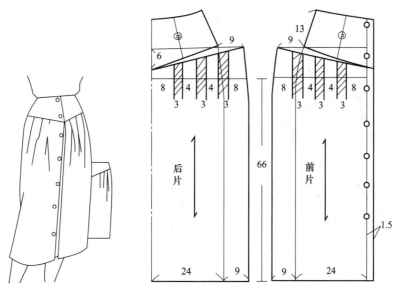

图 6-41　分割线与塔克褶组合裙

二、分割线与自然褶的组合

在分割线与自然褶的组合中，因为分割线与自然褶的造型效果个性分明，具体结合方式有三种基本形式：一是以表现分割线为主，在结构上须做余缺处理，要充分表现分割线的特征，褶则只是起烘托分割线的作用；二是以表现褶为主，分割线是为打褶所采取的必要手段，此时的分割线一般不是结构线，仅仅是装饰线而已，多数情况下也不在臀凸和腹凸附近；三是分割线和褶并重时，在结构处理上应造成浑然一体的效果，比如美人鱼裙设计就是这种结合的成功之作。分割线与自然褶组合裙如图 6-42 所示。

图 6-42　分割线与自然褶组合裙

（一）分割线与波形褶组合

在波形褶与分割线的组合裙设计中，主要表现的是波形褶，而分割线则成为表现自然褶的手段，使其上部分合体。在纸样设计中，分割线以上用贴身结构，使省量并入侧缝。分割线以下波形褶裙摆量大，用波形褶结构切展完成。左右波形褶结构相同，构成对称的鱼尾形状，也可以认为是鱼尾裙的变形设计。分割线与波形褶组合裙如图6-43所示。

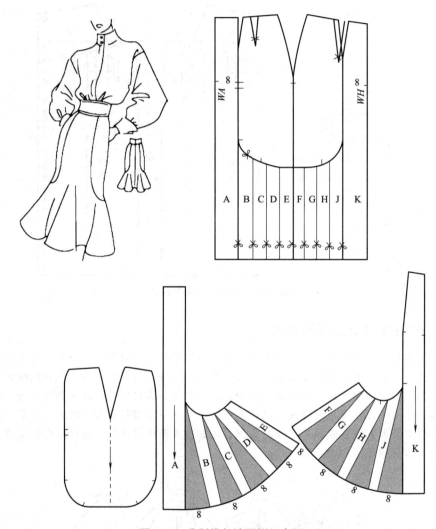

图6-43　分割线与波形褶组合裙

（二）分割线与碎褶组合裙

该设计以分割线为主，形式为不平衡分割，成为前身一片、后身两片结构。在裙子两侧进行斜向分割，加入碎褶装饰边。分割线与碎褶组合裙如图6-44所示。

三、腰省与多种褶形的转变

1. 腰省与活褶的转化

腰省与活褶的转化如图6-45所示。

2. 腰省转变为斜省

腰省转变为斜省如图6-46所示。

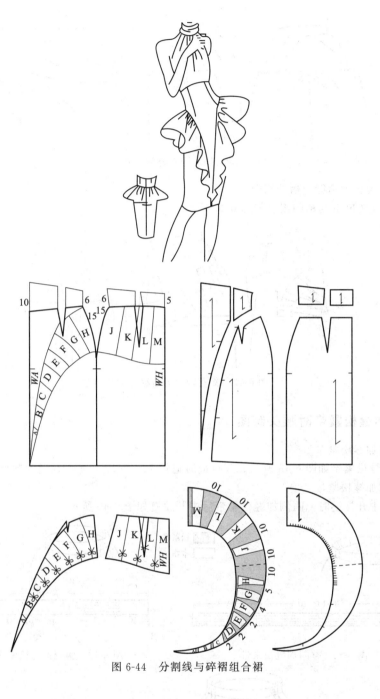

图 6-44　分割线与碎褶组合裙

图 6-45　腰省与活褶的转化

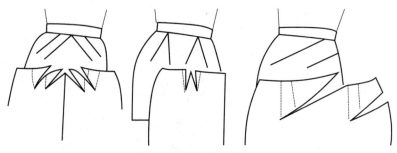

图 6-46　腰省转变为斜省

3. 腰省转化为断缝与褶的组合

腰省转化为断缝与褶的组合如图 6-47 所示。

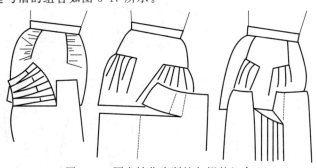

图 6-47　腰省转化为断缝与褶的组合

四、加缝松紧带时腰头制图

1. 整圈加缝松紧带

整圈加缝松紧带如图 6-48 所示。开拉链时追加 12～20cm；不开拉链时腰围增加 25cm 以上。

2. 两侧加缝松紧带

（1）后中开拉链时　两侧加缝松紧带后中开拉链如图 6-49 所示。

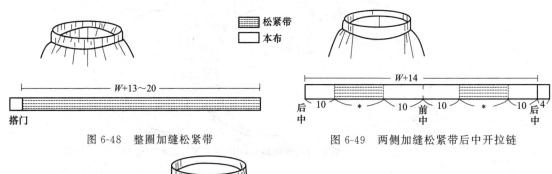

图 6-48　整圈加缝松紧带

图 6-49　两侧加缝松紧带后中开拉链

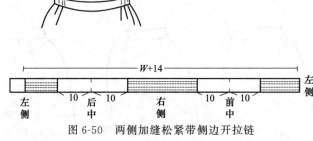

图 6-50　两侧加缝松紧带侧边开拉链

（2）侧边开拉链时　两侧加缝松紧带
侧边开拉链如图 6-50 所示。

3. 后半圈加缝松紧带

（1）后中开拉链时　后半圈加缝松紧
带后中开拉链如图 6-51 所示。

（2）侧边开拉链时　后半圈加缝松紧
带侧边开拉链如图 6-52 所示。

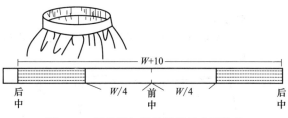

图 6-51　后半圈加缝松紧带后中开拉链

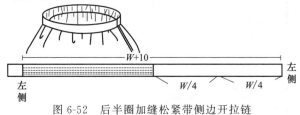

图 6-52　后半圈加缝松紧带侧边开拉链

第六节　裙子制图实例

一、鱼尾裙的种类及制图

1. 八片鱼尾裙

八片鱼尾裙制图如图 6-53 所示。

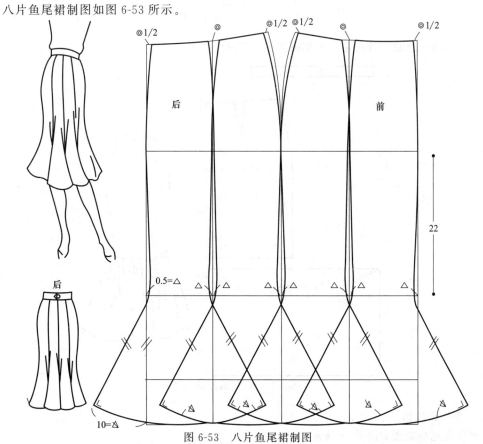

图 6-53　八片鱼尾裙制图

2. 剪接尾鱼尾裙

（1）波形褶鱼尾裙 波形褶鱼尾裙制图如图 6-54 所示。

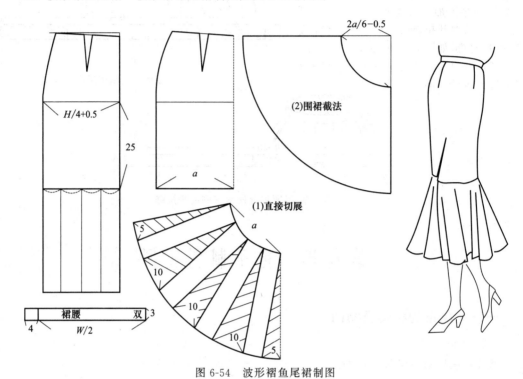

图 6-54 波形褶鱼尾裙制图

（2）碎褶鱼尾裙 碎褶鱼尾裙制图如图 6-55 所示。

图 6-55 碎褶鱼尾裙制图

3. 变形鱼尾裙

变形鱼尾裙制图如图 6-56 所示。

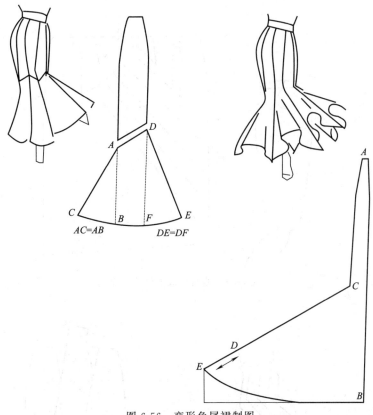

AC=AB DE=DF

图 6-56　变形鱼尾裙制图

4. 十二片斜向鱼尾裙

十二片斜向鱼尾裙制图如图 6-57 所示。

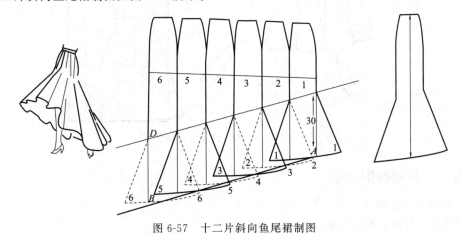

图 6-57　十二片斜向鱼尾裙制图

二、非对称放射性褶裙

非对称放射性褶裙制图如图 6-58 所示。

三、Z 字形分割裙

Z 字形分割裙制图如图 6-59 所示。

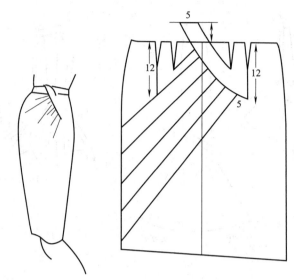

图 6-58 非对称放射性褶裙制图

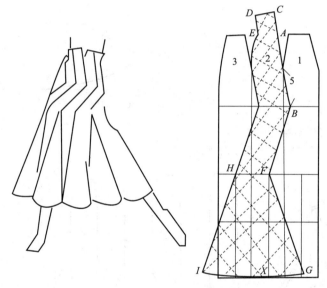

图 6-59 Z字形分割裙制图

四、一片裙制图

1. 围裙式一片裙

围裙式一片裙制图如图 6-60 所示。

2. 斜裙法绘制一片裙

斜裙法绘制一片裙如图 6-61 所示。

3. 直角法绘制一片裙

两种方法比较如下。

(1) 以斜裙法绘制一片裙，可以保留布边的完整性，下摆宽度较大。

(2) 以直角旋转法绘制一片裙，可以随需要来控制下摆宽度，如图 6-62 所示。

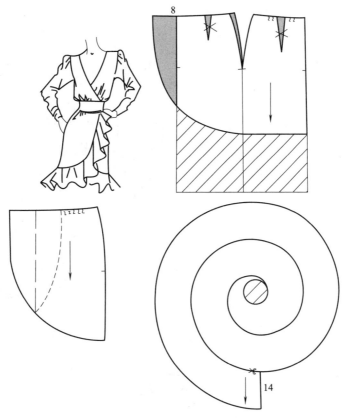

图 6-60　围裙式一片裙制图

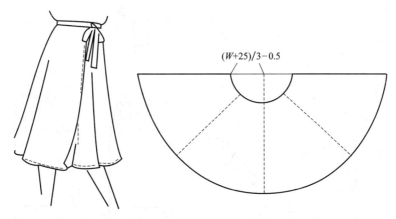

$(W+25)/3-0.5$

图 6-61　斜裙法绘制一片裙

五、灯笼裙制图

灯笼裙又称为南瓜裙或气球裙，如图 6-63 所示。

六、反折边裙制图

反折边裙制图如图 6-64 所示。

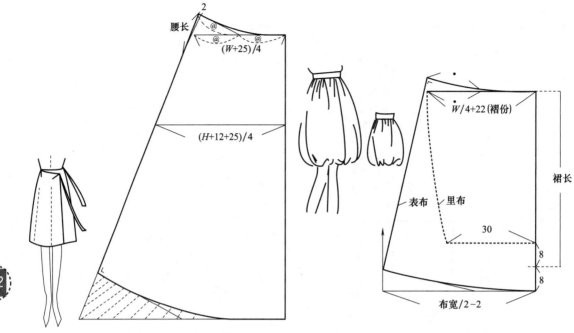

图 6-62 直角旋转法绘制一片裙

图 6-63 灯笼裙（南瓜裙或气球裙）制图

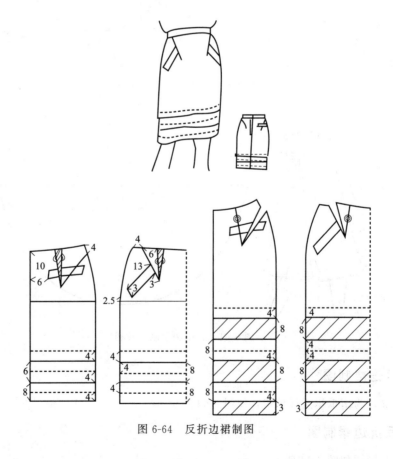

图 6-64 反折边裙制图

第七章 裤子裁剪技法

第一节 裤子的认识

　　裤子是人们下装的主要形式之一，在服装消费中占有相当大的比重。裤子的消费季节长，一年四季皆可穿着；消费人群广，男女老少皆可穿着。在西方国家，20世纪之前裤子是具有性别特征的，专属于男性。第二次世界大战之后，女性走入社会，在工作和运动中穿裙子很不方便，于是裤子开始出现在女性身上，并在当时形成一种风尚。中式裤子虽历史悠久，但在结构上一直处于比较原始的状态——"免裆裤"或"大裆裤"，裁剪方法简单却缺乏科学性。五四运动之后，西式裁剪被引进中国，西式裤子以其优美的造型和科学的裁剪受到了国人的喜爱并大肆流行，于是中式裤子逐渐淡出历史舞台，如今只有在偏远地区和少数民族地区才偶有可见。本章介绍的裤子裁剪技法均以西式裤子为例。

一、裤子的特点

　　作为下装的两大服装类别，裤子与裙子最基本的差别是"底裆"的存在。人体的腰围以下是下装的覆盖区域，这里是下肢和躯干的连接之处，结构上类似管道中的"三通"（图7-1），是人体中较为复杂的立体结构之一，给"从三维人体到二维平面制图"的裁剪带来了不小的麻烦。裙子忽略了底裆的存在，仅从下体的大概轮廓来进行"包裹"，这种思维非常符合古代人的惯用思维：从宏观上，从外部各个角度去观察事物，但比较模糊从而不知具体。如果说裙子是古代宏观思维的话，那裤子就是现代解剖式思维——深入事物内部去分析、去实验。所以裙子的出现远远早于裤子，但裤子却因为有了底裆，更接近于人体的结构。也正是因为有了底裆，裤子将人体的下肢分成左右两部分，大大方便了人体的活动和运动，提高了下装的功能性。

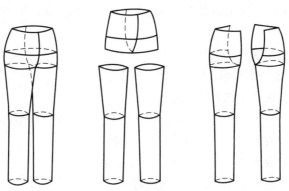

图7-1　裤子的结构特点

二、裤子各部位名称

　　裤子的各部位对应着相应的人体部位，其名称由人体各部分名称而来，因此出现了人体和服装共用一个名称的现象，如腰围、臀围等。由于历史的原因和地域的原因，在我国服装工业中，服装各部位的名称并不统一。如"股上"这个部位，又可以称为"立裆"、"直裆"、"上裆"等；

裤子前片的"上裆"部位称为"前裆"，裤子后片的"上裆"部位称为"后裆"，而中国广东、中国香港和中国澳门地区的人称"前裆曲线"为"前浪"，称"后裆曲线"为"后浪"；又如"股下"也称为"下裆"等。裤子各部位的典型名称如图7-2所示，其中括号内为人体各部位名称。

三、裤子的长度类别

根据不同的裤长，可将裤子分为游泳裤、运动裤、短裤及膝裤（五分裤）、七分裤、九分裤、长裤等类别（图7-3）。

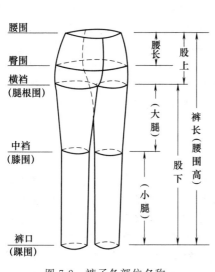

图 7-2 裤子各部位名称

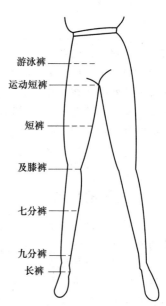

图 7-3 裤子的长度类别

裤长可以用号的几分之几来表示，也可以用人体腰围高的几分之几来表示。但应该强调的是，即使长度类别相同，不同品牌其裤长也略有差别，正因如此，才彰显出品牌的个性及服装设计的多样性。

（1）游泳裤　长度在大转子上端，约为1/10号。

（2）运动裤　长度在横裆线附近，约为1/5号。

（3）短裤　长度在大腿中部附近，约为1/4号。

（4）及膝裤　顾名思义，长度在膝盖附近，约为1/3号或6/10腰围高。

（5）七分裤　长度在小腿上部，约为7/10腰围高。

（6）九分裤　长度在踝骨上端，约为9/10腰围高。

（7）长裤　长度在踝骨下端，约等于腰围高。

四、裤子的廓型类别

裤子廓型的基本形式有四种：长方形（筒形裤）、倒梯形（锥形裤）、梯形（喇叭裤）和菱形（马裤）。这四种基本廓型都可进行不同程度的调整变化，得到各种造型的裤子，以丰富裤子造型的表现形式（表7-1）。其中长方形——直筒裤廓型基本和人体的下肢造型相符，属于裤子的基本型。

表 7-1　裤子的各种造型

名称	筒形裤	紧身裤	小锥形裤	大锥形裤	灯笼裤	大喇叭裤	小喇叭裤	马裤
造型								
特点	腰臀适体,中裆与裤口的尺寸接近,整体呈直筒形	整体贴身包腿	臀部宽松,中裆尺寸大于裤口,裤口窄小	上裆较深,裤片肥大,裤口窄小	整体呈灯笼形	腰臀贴体,中裆尺寸小于裤口,裤口肥大	腰臀适体,裤口尺寸稍大于中裆	大腿部位宽松肥大

第二节　裤子基本型

人们日常穿着的各类裤子,不论是何种长度,也不论是何种廓型,其裤片结构都可由裤子的基本型——筒形裤变化而来。因此紧身筒形裤可以说是裤子的原型,是裤子的"内限模板",对其加以变化可以得到各种造型的裤子;反之,裤子的原型可以直接用于紧身筒形裤的裁剪,这一点和衣身原型有本质区别,其裁剪原理可以直接用于其他各种裤子造型的裁剪,从而大大简化了各种裤型的裁剪。

一、裤子基本型绘制

裤子基本型的绘制,所需要的尺寸有裤长、股上、腰围、臀围、裤口。本书根据国家标准《服装号型　女子》,选取的号型为 160/68A,其控制部位的取值如下:腰围高(对应裤长)98cm,腰围 68cm,臀围 90cm。由于国家标准中没有股上这个控制部位,所以可以借鉴日本文化式原型的妇女服装参考尺寸(表 7-2),160cm 的身高其股上取值 27cm。裤口的取值依据是脚跟围(图 7-4),该值最小不能小于脚跟围,此例裤口宽 21cm。

表 7-2　日本文化式原型的妇女服装参考尺寸　　　　　单位:cm

部位		尺寸				
		S	M	ML	L	LL
围度尺寸	胸围(bust)	76	82	88	94	100
	腰围(waist)	58	62	66	72	80
	臀围(hip)	84	88	94	98	102
	手臂根部周围	36	37	38	40	41
	上臂围	24	26	28	28	30
	肘围	26	28	29	30	31
	手腕围	15	16	16	17	17
	手掌围	19	20	20	21	21
	头围	55	56	57	57	57
	颈根围	36	37	39	39	41

续表

部位		尺 寸				
		S	M	ML	L	LL
长度尺寸	身高	150	155	158	160	162
	总长	130	133	136	138	140
	背长	36	37	38	39	40
	腰长	17	18	18	20	20
	股上	25	26	27	28	29
	股下	63	67	68	70	70
	袖长	50	52	53	54	55
	肘长	28	29	29	30	30
	膝高(自腰围线测至膝盖线)	55	56	56	57	58
	衣长	93	99	102	105	107
宽度尺寸	肩宽	38	39	40	40	40
	背宽	34	35	36	37	38
	胸宽	32	34	35	37	38

（一）裤子各部位线条名称

裤子各部位线条名称如图7-5所示。其中烫迹线又称为"挺缝线"，内缝线又称为"下裆缝线"，后裆弯线又称为"大裆弯线"，前裆弯线又称为"小裆弯线"，前中线又称为"前裆缝线"，后中线又称为"后裆缝线"等。

（二）裤子基本型的绘制步骤

1. 作基础线

裤子基本型的基础线如图7-6所示。

图7-4 脚跟围的量取

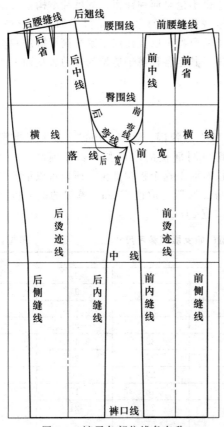

图7-5 裤子各部位线条名称

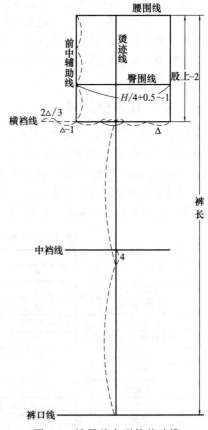

图7-6 裤子基本型的基础线

(1) 作腰围线、裤口线、横裆线　作一个矩形，宽为 $H/4+0.5\sim1cm$，高为股上$-2cm$。矩形的上边线为腰围线，下边线为横裆线，左边线为前中辅助线。由腰围线向下量裤长作水平线，为裤口线。

(2) 作臀围线和中裆线　由横裆线向上量股上的 $1/3$ 作水平线，为臀围线。在横裆线与裤口的 $1/2$ 处向上 $4cm$ 作水平线，为中裆线。

(3) 作烫迹线　在横裆线上，将矩形的宽四等分，每份用"△"表示。再将从左数第二份作三等分，经过右 $1/3$ 点作垂线，上至腰围线，下至裤口线，该线为烫迹线。

(4) 确定前后裆弯的宽度　在横裆线上，由前中辅助线向左取矩形宽（$H/4+0.5cm$）的 $1/4-1$ 为前裆宽，标记为"△-1"，其比例公式约为 $H/16-0.9cm$。后裆宽在前裆宽的基础上延长 $2△/3$。

2. 前裤片完成线

前裤片完成线如图 7-7 所示。

(1) 作前腰缝线和前省　由前中辅助线和腰围线的交点向右 $1cm$，为前腰缝线的起点，量取 $W/4+$省（$3cm$），上翘 $0.7cm$ 为前腰缝线的终点，作下凹曲线为前腰缝线。前省位于烫迹线上，省宽 $3cm$，省长 $10cm$，省的形状是符合人体腹部的外凸形。

(2) 作前裆弯线和前中线　连接前裆宽点与前中辅助线和臀围线的交点，垂直于该线到裆弯夹角线作三等分，经过上 $1/3$ 等分点画前裆弯线。沿此线向上画出微凸的前中线。

(3) 作前裤口宽、前内缝线和前侧缝线　由裤口线和烫迹线的交点左右各量取裤口宽/$2-0.5cm$ 为前裤口宽。前中裆比前裤口左右各加 $1cm$。连接相应各点作前内缝线和前侧缝线。注意：前内缝线的中裆以上部分为微凹线，中裆以下部分为直线。前侧缝线的腰围至中裆部分为微"S"线，中裆以下部分为直线。

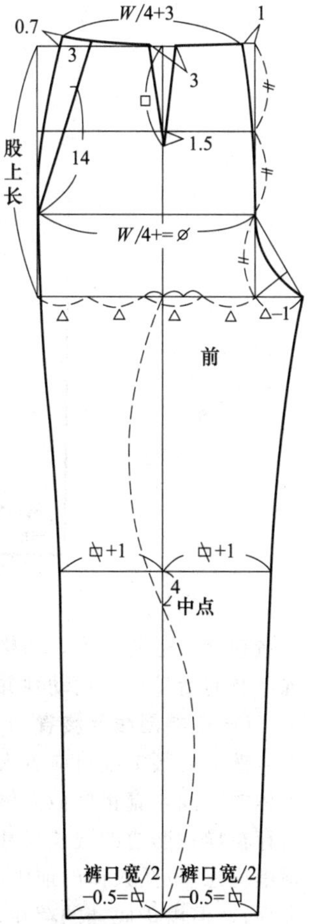

3. 后裤片完成线

后裤片完成线如图 7-8 所示。

后裤片是在前裤片基础之上完成的。

(1) 作后中线和后裆弯线　由横裆线与前中辅助线的交点向右 $1cm$ 作点，连接此点与烫迹线至前中辅助线的 $1/2$ 点并起翘，起翘量为△$/3$ 或取定值 $2\sim3cm$，此线为后中线。横裆线平行向下 $1cm$，为落裆线。后中线向下延长至落裆线为后裆弯线。

(2) 作后腰缝线和后省　以起翘点为后腰缝线的起点，向腰围线量取 $W/4+$省（$4cm$）并上翘 $0.7cm$，为后腰缝线的终点，作微凹曲线为后腰缝线。将后腰缝线三等分，等分点为后省中心位置，省宽各 $2cm$，省长 $12cm$（靠近后中线）、$11cm$。

(3) 作后裤口宽、后内缝线和后侧缝线　后裤口比前裤口宽 $2cm$，分配在左右两侧。后中裆比前中裆宽 $2cm$，分配在左右两侧。量取臀围线上前后裆弯线起点的间距标记为"○"，在后裤片的臀围线上补上"○"，以保证前后裤片臀围数值相等。连接相应各点作后内缝线和后侧缝线。注意：后内缝线的中裆以上部分为微凹线，中裆以下部分为直线。后侧缝线的腰围至中裆部分为微"S"线，中裆以下部分为直线。

二、各结构线的作用及设定

由于裤子基本型属于紧身造型，是"内限模板"，所以其结构线的作用及设定和人体的基本

图 7-7　前裤片完成线

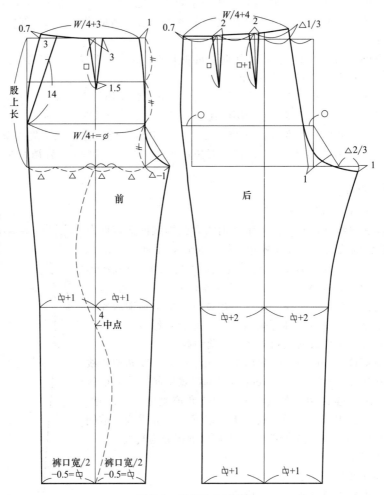

图 7-8　后裤片完成线

构造吻合。也就是说，结构线是依据人体基本构造所形成的外部形状来设定的，其作用是充分体现下肢的活动性、运动性并美化人体。

（一）腰围线及腰省

　　裤子的腰围线对应着人体的腰围。在基本型中，由于腰围没有松量，所以腰缝线应高度贴合人体的腰围，真正好似人体的皮肤。鉴于此，前腰缝线在侧缝处起翘 0.7cm，符合人体由于髋骨的存在导致肋边的腰长尺寸 B 大于前中的腰长尺寸 A 这一事实（图 7-9，虚线是立体的腰围线和臀围线）。虽然人体的前中心腰长尺寸 A 大于后中心腰长尺寸 C（裙子腰缝线忠实地对此进行了表现），但由于底裆的存在，使裤子后片横裆以上部分受到底裆的牵制而向下移动，在下蹲动作时达到下移的极致，因此必须对后中线 C 进行尺寸补充，这就是后腰缝线起翘 2～3cm 的原因。裤子基本型的前后腰围是等大的，去除省量后都是 W/4。

　　腰省的存在是为了解决腰腹之差和腰臀之差。由于腰臀之差大于腰腹之差，因此后腰省的省量（4cm）大于前腰省的省量（3cm）。省过宽将导致凸点的锐化，因此后腰省设定为两处，将凸点平均分配，从而使裤子臀部造型更加符合人体特征（图 7-9）。又因为臀凸低于腹凸，所以前省长 10cm，后省长 11cm 和 12cm。臀凸的位置较靠近中线，偏离肋线，因此靠近后中线的后省长一点，为 12cm。前省的形状是符合人体腹部的内弧省。

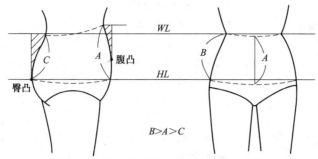

图 7-9 前后中心腰长及侧缝腰长的比较

（二）横裆线和臀围线

裤子腰围线到横裆线的间距是股上，对应着人体的腰围至大腿根的间距。人体腰围线的确切位置对应着裤子腰头宽的 1/2 处。因此基本型中前后裤片的股上尺寸减掉了一般腰头宽的 1/2，即股上－2cm。

裤子臀围线对应着人体臀围的最丰满处，东方人的臀凸普遍靠下，因此不能像某些欧美国家一样，将臀围线设定于距离横裆线 $H/8$ 左右，而应该适当降低，所以此基本型中臀围线位于腰围线至横裆线的三分之一处。裤子基本型的前后臀围是等大的，尺寸为 $H/4+0.5cm$，因此才有后裤片的臀围线上的补量"〇"。这样的臀围是极其贴体的，整体松量只有 2cm。

臀围是人体臀部最丰满的位置，横裆围对应着人体的腿根围。在结构设计中必须充分考虑臀围与横裆围的密切关系，前裆宽与后裆宽之和就是人体的臀部厚度，以臀围数值加上前、后裆宽就构成了人体的横裆围。前后裆宽在裤子结构中很重要，它决定了裤子的适体性。

（三）前后中线

侧面观察人体下肢，腹微凸，后腰点凹陷并略低。裤子的前后中线对应着人体的前腹中心和后臀沟。微凸的前中线很忠实地反映了人体的腹部形态。倾斜的后中线也是人体的臀部高高凸起形态的反映（图 7-10）。腹凸点与腰围线垂线夹角为 $6°\sim8°$（中老年人体腹部略高，倾斜角度略大）。臀凸点与腰围线垂线夹角为 $20°\sim22°$，臀沟与腰围线垂线夹角为 $8°\sim12°$。

图 7-10　裤子的前后中线与人体的关系

（四）前后裆弯

前后裆弯分别指由臀围线到横裆线之间的短凹线和长凹线，二者形成抱势，包绕底裆，即前后裆弯之和所对应人体部位是前腹至后臀沟曲线距离。

前裆弯比后裆弯短，这是以人体臀部特征为依据的。观察人体的侧面，臀部和腹部形成前倾的椭圆形。过耻骨联合处的垂线是人的重心线，一般可作为人体前后的界线，即裤片的侧缝线。重心线把椭圆分为前后两部分，分别属于裤子前片范围和后片范围。从图 7-11 中可以看出，从臀围线到中线的前裆弯小于从臀围线到中线的后裆弯，二者的宽度比例约为 1∶2。

后裆弯比前裆弯低，使后片的股上长度大于前片的股上长度，前后股上长度之差为落裆量。基本裤型的落裆量为 1cm。原因是前裆宽小于后裆宽，因此前内缝线在中裆以上短于后内缝线，为了缝合到一起，后裆弯必须要下落。不同的裤型采用不同的落裆量，锥形裤在臀围相同的情况下，锥度越大则落裆量越大；在裤型相同情况下，裤长越短，落裆量越大。正常裤子的落裆量一般为 $0.8\sim1cm$，短裤的落裆量在 $2\sim3cm$ 之间。

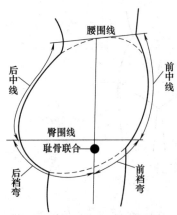

图 7-11 前后裆弯的人体依据

（五）侧缝线

人体自然站立时，腿部向后倾斜，与人重心线角度约为 6°～8°（图 7-10），即下肢的中心线和人体的重心线并不重合。反映到裤装造型中，侧缝线在中档线附近就已经偏离了下肢的中心线，因此后片中档宽应该大于前片中档宽，后片裤口宽也应该大于前片裤口宽。一般的前后片中档的差值不应小于 2.5cm，最好为 4cm。否则，后裤筒紧贴小腿肚，静态站立时，裤筒产生从前向后、从上向下的斜向皱纹，影响裤子外观效果。

（六）中档线与裤口线

中档线对应着人体的膝围。由于裤子的设计很少采用裤筒极为贴身的造型，因此中档线基本不起结构作用，其位置可以根据造型的需要上下移动（图 7-12）。

裤口线一般对应着人体的踝围，按国家标准《服装号型》规定，腰围高对应着腰围至赤足的地面。在成衣设计中，真正的裤口位置要根据款式进行上下调整，即款式决定裤长。裤子中档以下的部位与人体腿部运动关节无关，它的形状变化不影响中档以上裤子的结构，所以裤口的变化只是款式的变化。裤口宽一般不超过脚的长度，不应该盖住鞋，这样既能体现人体重心稳定，又能体现鞋与裤装配合产生的协调。由于人体臀部比腹部容量大，一般后裤口比前裤口宽一些以取得与臀部比例的平衡。

中档和裤口的尺寸对比，对款式影响较大。一般先确定裤口宽，然后根据款式在裤口宽的基础上进行变化来确定中档宽。

（七）烫迹线

烫迹线与人体结构无关，因此它不是必须存在的。有烫迹线的类型多为正装，如西裤、筒裤等；无烫迹线的类型多为休闲装、运动装，如牛仔裤、运动裤等。烫迹线是判断裤子造型及产品质量的重要依据：中档线以下的裤片，烫迹线两侧完全对称；横档线至中档线部分，烫迹线两侧基本对称。

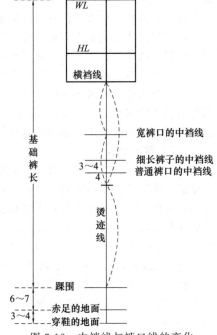

图 7-12 中档线与裤口线的变化

第三节 裤子关键尺寸的设定

一、股上长度及直档的设定

人体股上长度是指坐姿时人体腰围线至凳面的垂距，即人体腰围线至会阴点的间距。这是一个非常固定的数值，对于同一款型的裤子（号型已确定），股上几乎没有任何设计变动。如果变动，必然会导致款式的变化。比如，设计低腰休闲裤和低腰牛仔裤时，由于腰围线的降低，导致股上尺寸相应减小。

一般来讲，总裤长＝人体股上＋股下＋腰头宽/2。

正常腰位的裤子，其股上长度从腰头起量，因此比人体股上长出腰头宽/2（2cm左右），一般称为直裆，其尺寸设定有以下三种方法。

（一）量体法

人体采用坐姿，量取人体腰围线向上腰头宽的1/2处至凳面的垂距，直接得到数据。

（二）公式法

（1）直裆＝成品臀围/4＋腰头宽，此公式适用于正常体型而且臀围松量为4～12cm的裤子，即贴体裤和合体裤。当臀围松量大于12cm时，股上尺寸要适当增大，与臀部相协调，增大值一般为2cm。

（2）直裆＝裤长/10＋成品臀围/10＋9cm，此公式既适用于正常体，又适用于矮胖体或瘦高体等特体。

二、省的分配与形态

前片腰省的存在是为了解决腰腹之差。当裤子臀部的松量较大，成品腰围与成品臀围之差大于30cm时，前片如果还采用一个省，会出现由于省过宽而引起凸点的锐化，此时宜采用两个省或两个活褶。一般情况下，腰臀之差通过七个部位进行分配（图7-13）。省大一般为2～2.5cm，褶大一般为2.5～3.5cm。前片的凸起部位是腹凸，位于腰围线向下约10cm处，因此前腰省的长度一般不超过10cm。后片腰省的存在是为了解决腰臀之差。因为臀凸位于由腰围线向下约18cm处臀围线上，所以后腰省的长度不能超过18cm，一般为11～13cm，臀部扁平的一般为15cm。臀凸的位置较靠近中线，偏离肋线，因此靠近后中线的后腰省长一点。

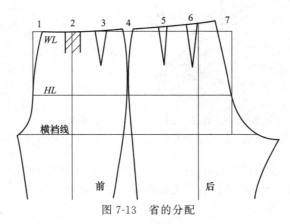

图7-13　省的分配

裤子的前省可根据款式转变为褶，以提高下肢的活动性及舒适性。如果想突出裤子的优美形态，则应采用省的形态，避免有多余的松量出现在腰腹之间。当臀围松量很小，裤子属于紧身款式时，腰省的形状要参考人体的腰、腹、臀的形态而采用内弧省；随着松量的增大，裤子越来越宽松，腰省的形状采用直线形即可。

三、松量的确定

为了满足人体的活动，裤子腰围和臀围必须在人体净尺寸基础上加松量。裤子基本型作为裤子的"内限模板"，腰围松量0，臀围松量2cm，适合静止状态。

（一）腰围的松量

人体在坐姿时腰围尺寸会增大1～2cm，因此夏季裤子腰围松量在1cm左右，春秋季裤子腰围松量在2cm左右，冬季裤子如果内套毛裤，一般腰围松量为3～4cm。腰围的松量与着装者年龄也有关系，一般年轻人松量小，重点在于裤子的美感；中老年人松量大，重点在于裤子的舒适性。

（二）臀围的松量

人体在坐姿时臀围尺寸会增大 4cm 左右，因此在裤子面料没有弹性的情况下，臀围的松量最小为 4cm。有弹性的面料，臀围的松量为 4cm 减去一定的弹出量，结果一般为 0～2cm，如弹力牛仔裤、体型裤等。臀围的松量选择范围较大，不同的松量形成了不同的裤型。紧身裤臀围松量 0～3cm；贴体裤臀围松量 4～6cm；合体裤臀围松量 7～12cm；半宽松裤臀围松量 13～18cm；宽松裤臀围松量 18cm 以上。

四、后翘、后中线斜度与后裆弯的关系

为了弥补底裆对后中线的牵制，补充人体前屈时的臀部伸展量，后中线向上延伸超过腰围线，超量为后翘。后中线斜度取决于臀部的挺度，臀凸点与腰围线垂线夹角为 20°～22°，臀沟与腰围线垂线夹角为 8°～12°。对于高臀体，臀部的挺度越大，后中线越倾斜，为了取得后中线和后腰缝线的垂直，后腰缝线的起翘尺寸就越大。同时，后中线越倾斜，后裆弯越宽（图 7-14）。反之，对于低臀体，臀部的挺度越小，则后中线斜度越小，后翘越小，后裆弯越窄（图 7-15）。

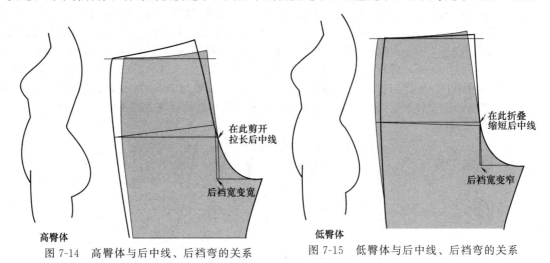

图 7-14　高臀体与后中线、后裆弯的关系　　　图 7-15　低臀体与后中线、后裆弯的关系

不同款式的裤子，其后中线倾斜角度不同：裙裤后中线倾斜角度为 0°～5°；宽松裤后中线倾斜角度为 5°～10°；贴体裤、合体裤、半宽松裤等后中线倾斜角度为 11°～14°；紧身裤后中线倾斜角度为 15°～18°。

五、前后裆宽的设定

裤子前后裆宽之和为总裆宽，对应人体前腹至后臀沟的直线距离。前裆宽是以前中辅助线为测量起点，后裆宽是从后中斜线为测量起点。

由于人体净裆宽测量较难，最好采用计算方法：人体净裆宽＝腿根围－臀围/2＋2cm，腿根围≈净臀围×59%，如 160/68A 号型的人体臀围 90cm，腿根围＝90cm×59%＝53.1cm，人体净裆宽＝10.1cm，即净裆宽占净臀围的 11.2% 左右。

裤子总裆宽应大于人体净裆宽。在裤子基本型中，前裆宽（△－1）的比例公式约为 $H/16-0.9$cm。后裆宽（△－1＋2△/3＋1）比例公式约为 $H×5/48＋0.2$cm，总裆宽的比例公式约为 $H/6-0.7$cm。分别将国家标准《服装号型　女子》中各种号型的臀围代入公式，发现裤子基本型的总裆宽约占人体臀围的 15.9% 左右，约占成品臀围的 15.5% 左右。如将 160/68A 号型的人体臀围 90cm 代入公式 $H/6-0.7$cm 中，总裆宽为 14.3cm，14.3/90（人体臀围）＝15.9%，14.3/92（成品臀围）＝15.5%。

一般在设计裤子样板时，总裆宽占成品臀围的 13%～16%，前后裆宽分配比例为 1：2 或

2：5或3：5。前裆宽的基本比例公式为H'（成品臀围）/20$-$1或$H/16-1$cm，后裆宽的基本比例公式为H'（成品臀围）/10或$H/8-2.5$cm。以上公式为基本公式，适用于臀围松量为4～12cm的裤子，应用时要根据裤子的款型以及穿着者的体型做微小调整。

圆身体型由于其腹凸、臀凸明显而导致前后中心线倾斜角度大，因此其前后裆宽应适当加大；而扁身体型刚好相反，所以其前后裆宽应适当减小。

(1) 一般体型　前裆宽$H/16-1$cm，后裆宽$H/8-2.5$cm。

(2) 圆身体型　前裆宽$H/16$，后裆宽$H/8$。

(3) 扁身体型　前裆宽$H/16-2$cm，后裆宽$H/8-4$cm。

六、中裆位置的设定

中裆线的设定依据是膝围线。中裆线基本不起结构作用，其位置可以根据造型的需要上下移动。中裆线位置的变化一般在横裆线之下27～33cm之间，或下裆的1/2处向上4～8cm。裁制宽裤口的裤子时，中裆线可适当提高，最高可取在下裆的上1/4处，裁制窄裤口的裤子时，其中裆线比较靠下，在下裆的1/2处向上4cm处。

七、臀围松量对其他部位的影响

臀围松量的变化不但影响裤子的宽松程度与造型风格，还会影响其他主要部位的采寸，从而引起裤子结构的变化。

（一）臀围松量对股上的影响

当臀围松量在4～12cm时，裤子臀部松量适度，能满足人体基本的生理运动，这时裤子股上长度应等于人体股上尺寸，既不影响裤装的功能，又符合这类裤子端正、适体的风格，西裤、直筒裤就属于这种类型。

当臀围松量在12cm以上时，裤子臀部除满足基本运动功能的松量以外，还包含设计松量，如果裤子股上长度仍以人体股上尺寸为依据，会出现围度与长度的松量不协调的结果，因此宽松的裤子其股上应增加2～4cm。应该注意的是，股上的尺寸不能随臀围松量的增大而成比例增大，因为股上值过大时，裤子的底裆降低，距离人体会阴点太远，会影响腿部的运动。

当臀围松量为0～3cm时，一般采用弹性面料，裤子臀部紧贴身体，如果腰头位于腰围线处，运动时会使腰部有压迫感，增大了运动阻力。为了减小阻力，同时获得围度与长度协调的效果，紧身裤子股上尺寸通常应减小4～8cm，即将腰围线降低4～8cm。

（二）臀围松量对裆弯的影响

当臀围松量为0～3cm时，如裤子基本型，臀部紧贴身体，前后裆弯几乎没有松量，静态造型优美。如果面料无弹性，那裤子的运动性能较差。

当臀围松量为4～12cm时，臀部适体，前后裆松量适度，既满足了静态优美造型，又满足了基本的运动性能。以成品臀围按比例推算出前后裆宽，可以得到适合的尺寸。

当臀围松量大于12cm时，如果以成品臀围按比例推算总裆宽，便会得到较大的尺寸，即意味着有太多的布夹在两腿之间，这既破坏了静态造型，又不符合人体运动功能的要求。所以裤子当臀围松量大于12cm时，应以净臀围加12cm的尺寸代替成品臀围按比例推算总裆宽。

第四节　裤子制板方法

服装结构设计的两种主要方法是比例分配法和原型法。裤子制板时，既可使用比例分配法，又可使用原型法。

193

一、比例分配法的特点

比例分配法绘制裤子的基本步骤：首先将测体后得到的人体主要部位的尺寸，根据裤子款式和穿着者的要求，加放一定的松量，得到裤子的成品规格（即裤子主要部位的尺寸），然后按照一定的比例关系，计算推导出其他各个部位的尺寸，进而绘出裤子的结构图。

比例分配法是在服装领域占有重要地位的一种结构设计方法，利用比例分配法绘制裤子有其明显的优点。其一，在绘制服装结构图前加松量是我国比例分配法的一大特色，这有助于想象人衣之间的立体空间关系，有助于设计者对成衣的把握。绘制裤片前，首先设计腰围、臀围、腰围高等主要部位的加放量，把裤子主要部位的成衣尺寸设计出来，绘制成品规格。成品规格涉及的主要部位有腰围、臀围、裤长、直裆、裤口宽。其二，很多裤型是高度程式化的服装款式，比例分配法有关裤子的经验公式成熟、准确，设计者可以放心进行参照，直接套用公式，简单正确，方便快捷。

二、比例分配法绘制裤子的注意问题

1. 用成品主要部位的尺寸进行比例分配

利用原型法绘制纸样时，也大量应用了比例运算。但应当注意的是，原型法注重的是人体的比例，比例分配法却直接应用成品的比例，即用成品主要部位的尺寸进行比例分配，求取其他部位的尺寸。

$$前片腰围 = W'(成品腰围)/4 - 1(借量) + 褶$$
$$后片腰围 = W'(成品腰围)/4 + 1(借量) + 省(2.5cm)$$
$$前片臀围 = H'(成品臀围)/4 - 1(借量)$$
$$后片臀围 = H'(成品臀围)/4 + 1(借量)$$
$$前裆宽 = 4\% \times H'(成品臀围)$$
$$后裆宽 = 9.5\% \times H'(成品臀围)$$

2. 前后裤片有借量

为了表现人体下肢后面大于前面的生理构成，前后裤片在腰围、臀围、中裆、裤口处进行了互借。腰围、臀围的借量为1cm，中裆、裤口的借量为2cm。

三、原型法在裤子制板时的合理应用

裤子的原型可以像衣身原型一样，作为各种裤子造型的内限模板；由于裤子的程式化程度高于上衣，因此在很多情况下，完全可以借助裤子原型的绘制原理直接绘制各种造型的裤子。

（一）借助裤子原型间接绘制喇叭裤

借助原型绘制前片、后片如图7-16、图7-17所示。

（1）摆放女裤原型。

（2）裤口线向下2cm，腰围线向下6.5cm，即延长裤子的股下部分，缩短裤子的股上部分。裤口宽左右各放宽2.5cm，将裤口弧线画顺。

（3）中裆线上移5cm。中裆宽左右各缩小0.5cm。

（4）在成品腰围线上方绘制3.5cm宽的腰头。

由于喇叭裤腰臀适体，因此基本型的腰臀部位没有进行加放，此喇叭裤的腰臀松量等同于基本型。如果喇叭裤的松量大于基本型，就需要将基本型的腰臀部位进行处理。

（二）利用裤子原型的原理直接绘制喇叭裤

利用原型的原理直接绘制前片、后片如图7-18、图7-19所示。

根据国家标准《服装号型 女子》，选取的号型为160/68A，其控制部位的取值如下：腰围高（对应裤长）98cm，腰围68cm，臀围90cm。股上尺寸设定为27cm，裤口宽设定为27cm。

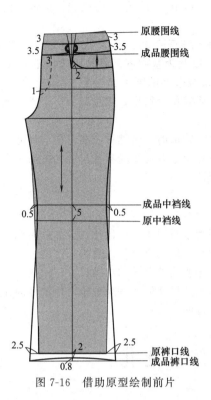

原腰围线
成品腰围线

成品中档线
原中档线

原裤口线
成品裤口线

图 7-16 借助原型绘制前片

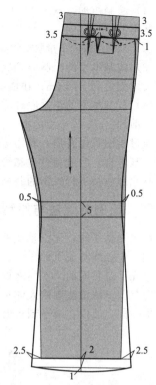

图 7-17 借助原型绘制后片

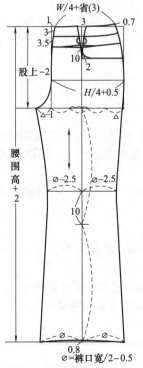

$W/4+省(3)$

股上 -2

$H/4+0.5$

腰围高 $+2$

$\varnothing-2.5$ $\varnothing-2.5$

$\varnothing$ $\varnothing$

$\varnothing=裤口宽/2-0.5$

图 7-18 利用原型的原理直接绘制前片

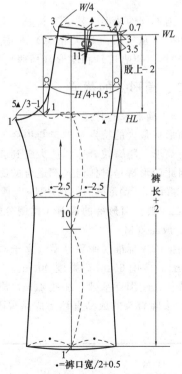

$W/4$

WL

股上 -2

$H/4+0.5$

HL

裤长 $+2$

$\cdot-2.5$ $\cdot 2.5$

$\cdot=裤口宽/2+0.5$

图 7-19 利用原型的原理直接绘制后片

195

第四节 裤子制板方法

（1）绘制矩形，宽为 $H/4+1cm$，高为人体股上 $-2cm$。横裆线、臀围线、烫迹线的做法同裤子基本型。

（2）从腰围线向下量取腰围高 $+2cm$ 作裤口线，由横裆线至裤口线的 $1/2$ 处向上 $10cm$ 作中裆线。

（3）按基本型的绘制原理完成正常腰位的前片。以此为基础图，将腰围线向下 $6.5cm$，即直裆尺寸变更为 $19.5cm$，在成品腰围线上直接绘制 $3.5cm$ 宽的腰头。

（4）按基本型的绘制原理完成正常腰位的后片，后省位置取中，数量减为一个省。腰围线的处理同前片。

通过绘图可以看出，利用原型的绘制原理直接进行裁剪时，虽然裤子各部位的尺寸设定可能不同于基本型，但绘制过程和绘制方法是相同的。正是由于各种裤型存在尺寸的差异，利用原型的绘制原理直接进行裤子的裁剪才变得更为合理和便捷。

四、比例分配法与原型法的异同

在绘制裤子时，无论是比例分配法还是原型法都大量应用了人体的比例。如前后裆宽与臀围的比例，中裆线与股下的比例，臀围线与股上的比例等。仔细研究可以看出，这两种方法在绘制裤子时几乎是相同的。不同之处在于：比例分配法首先明确了裤子的成品尺寸，用成品尺寸的比例进行裁剪；原型法则用人体尺寸的比例进行裁剪。成品尺寸的比例来源于人体尺寸的比例，二者几乎相同。所以在裤子制板时，这两种方法都是可行的。

第五节 裤子廓型变化

一、裤子的廓型分类

根据不同的造型、款式、裤长、材料和用途，裤子可以分为很多种类，拥有各种各样的名称。如果仅从廓型（即大轮廓）考虑，裤子可分为四种：即长方形（筒形裤）、倒梯形（锥形裤）、梯形（喇叭裤）和菱形（马裤）。

二、筒形裤的裁剪

（一）筒形裤的特点

筒形裤最大的特点是裤口与中裆的尺寸相等或裤口略小于中裆。筒形裤从臀围线到裤口线整体呈直筒形，腰臀较合体，从大腿到膝部宽松，所以从侧面观察造型优美，能够弥补体型的不足，因此筒形裤是对任何人都适合的廓型。

西裤是属于筒形裤的一种类型。与西裤相比较，典型的筒形裤臀围更合体，裤口比西裤更宽。

（二）典型筒形裤的裁剪（比例分配法）

1. 成品规格

根据国家标准《服装号型 女子》，选取的号型为 160/68A，其控制部位的取值如下：腰围高 98cm，腰围 68cm，臀围 90cm。

裤长在腰围高基础上加放 4cm，成品裤长为 102cm；腰围松量 0；臀围放量 6cm，成品臀围 96cm；去除腰头的成品直裆＝成品臀围/4＋1；裤口宽取 25cm。成品规格见表 7-3。

表 7-3　成品规格　　　　　　　　　　　　　　　　　　　　　单位：cm

号/型	尺寸				
	裤长	腰围	臀围	直裆	裤口宽
160/68 A	102	68	96	27	25

2. 绘图

典型筒形裤如图 7-20 所示。

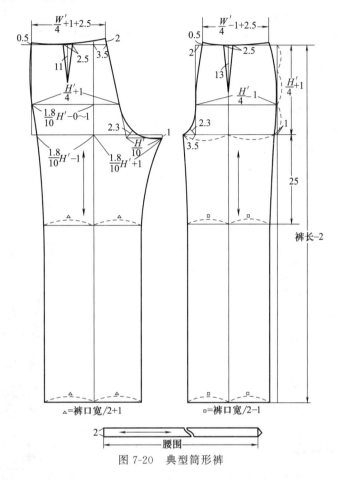

△=裤口宽/2+1   □=裤口宽/2-1

图 7-20　典型筒形裤

3. 要点

（1）典型筒形裤由于裤口较宽，一般与高跟鞋进行搭配，所以裤长在腰围高基础上加放 4cm，成品裤长为 102cm。为了美化人体，产生视错觉以使腿部显长，将中档线提高至横档线与裤口线的 1/3 处。

（2）腰围没有松量，臀围松量较小，为 6cm，腰臀高度合体，适宜年轻女性穿着。因为腰臀合体，所以前后腰缝线都是曲线，类似于裙子的起翘。前中线微弧，前省为符合人体腹部的内弧省，为了使腰臀高度合体，不能采用前褶。

（3）由于臀围松量小，腰臀差距小于 30cm，因此前后片都采用单省，将前片中心线和侧缝线处的斜度加大，即加大了这两处暗含的省的宽度。

（4）裤口较宽，因此中档没有必要大于裤口，等于裤口即可。

（5）直档公式中加 1cm 是因为人体股上尺寸比较固定，此款筒形裤臀围松量小，用原公式计算时会出现直档偏小的现象，因此要加上 1cm 进行调节。

三、锥形裤的裁剪

（一）锥形裤的特点

锥形裤最大的特点是裤口窄小，臀围宽松，整体呈现锥形。

锥形裤因为裤口窄小，所以裤口线偏上，在踝骨附近，为了取得视觉平衡，锥形裤经常采用高腰位。根据其臀围的松量大小，锥形裤可分为小锥形裤和大锥形裤。大锥形裤由于臀围松量很大，为了取得臀围与直裆的配比平衡，直裆要加深 2～4cm。

（二）典型锥形裤的裁剪（原型法）

根据国家标准《服装号型 女子》，选取的号型为 160/68A，其控制部位的取值如下：腰围高 98cm，腰围 68cm，臀围 90cm。

原型法绘制锥形裤前片、后片如图 7-21、图 7-22 所示。

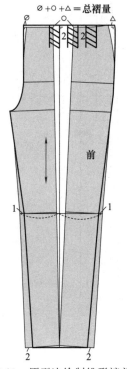

图 7-21 原型法绘制锥形裤前片

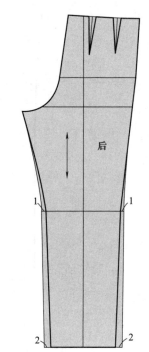

图 7-22 原型法绘制锥形裤后片

（1）摆放女裤原型。

（2）前片沿烫迹线由上至下切展，展开量为 4～6cm。裤口宽左右各变窄 2cm，中档宽左右各变窄 1cm。重画中档线，过二等分点重画烫迹线。重画腰缝线为垂直于烫迹线的直线，将臀围线以上的前中线和侧缝线重画为垂直于腰缝线的直线。将腰缝线上的总褶量三等分，作三个直褶。

（3）后片裤口宽左右各变窄 2cm，中档宽左右各变窄 1cm。

四、喇叭裤的裁剪

（一）喇叭裤的特点

喇叭裤最大的特点是裤口肥大，臀围合体，整体呈现喇叭形。

为了取得视觉的平衡，喇叭裤通常采用低腰、无褶的结构，使臀部平整丰满。裤口加大的同时要降低裤口线，提高中档线。中档围的尺寸设定要围量大腿中部并加放 3～4cm，裤口围尺寸可在中档围的尺寸之上加 6～8cm。

（二）典型喇叭裤的裁剪

喇叭裤的裁剪如图 7-16～图 7-19 所示。

五、马裤的裁剪

（一）马裤的特点

马裤最大的特点是大腿部位隆起，膝关节收紧，整体呈现菱形。

马裤是专门用于骑马的裤子，其功能性强，风格独特，裁剪方法比较固定。

（二）典型马裤的裁剪

1. 绘图尺寸

股上 27cm，腰围 65cm，臀围 90cm，裤长 68cm，裤口宽 20cm。

2. 绘图

马裤作图如图 7-23 所示。

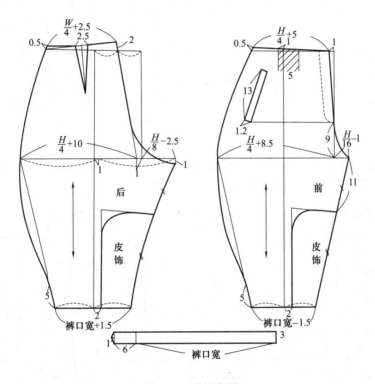

图 7-23　马裤作图

第六节　裤子的分割变化

裤子大的轮廓确定以后，在局部进行的分割变化可以形成不同的风格，开发出各种款式的裤子。从原理上讲，裤子的分割变化基本等同于裙子的分割变化，二者可互为参照。

一、裤子分割的场合

分割线一般不出现在正装上，而是大量出现在休闲裤和牛仔裤中。裤子的分割有两种目的，即装饰性和功能性，当然也有装饰性和功能性合二为一的情况。通过分割，可形成新的形态和更加优美的比例；还可以将不同颜色、不同质地的面料通过分割线进行组合，形成活泼的效果。

装饰性的分割线其位置和形状比较随意，同设计者的审美及创意有关。功能性的分割线一般出现在腰部、臀部，目的是将省和分割线结合起来，隐藏腰省，使腰臀部位更加平整、服帖。

二、裤子分割的种类

（一）根据目的分类

根据分割的目的，可分为以下两种。

（1）装饰性分割　其分割位置主要位于横裆线以下（见图7-24所示）。

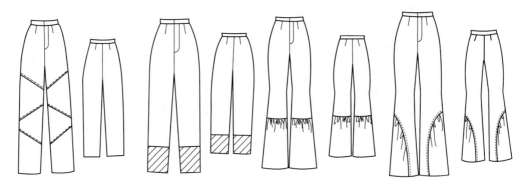

图 7-24　装饰性分割

（2）功能性分割　其分割位置主要位于横裆线以上，靠近臀凸和腹凸。一般而言，功能性分割同时也要考虑其装饰性，形成美好的形态（图7-25）。

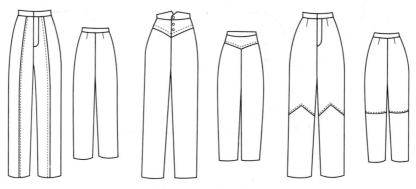

图 7-25　功能性分割

（二）根据分割线的方向分类

根据分割的目的，可分为以下两种。

（1）纵向分割　分割线将裤片分成左右两部分或几部分，易形成修长的视错觉，是拉长比例的惯用手法。

（2）横向分割　分割线将裤片分成上下两部分或几部分，易形成活泼的风格。

三、裤子分割的实例

（一）低腰分割喇叭裤

款式如图7-26所示。低腰分割喇叭裤如图7-27所示。

（二）高腰育克裤

款式如图7-28所示。高腰育克裤如图7-29所示。

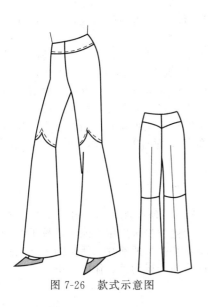

图 7-26　款式示意图

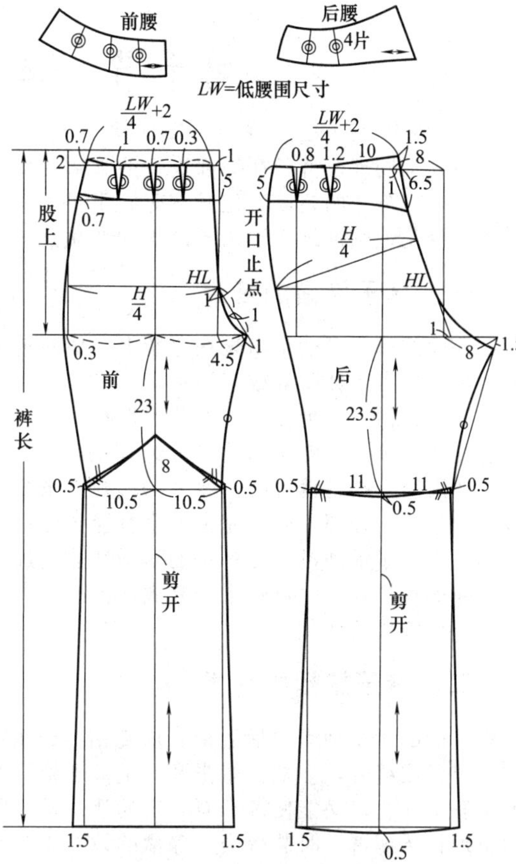

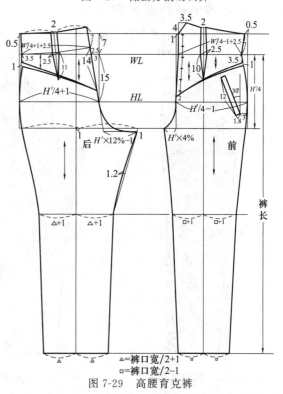

图 7-27　低腰分割喇叭裤

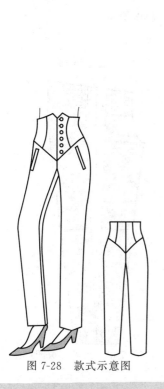

图 7-28　款式示意图

图 7-29　高腰育克裤

第七节　裤子的施褶变化

与分割同理，裤子在局部进行的施褶变化可以形成不同的风格，开发出各种款式的裤子。从原理上讲，裤子的施褶变化基本等同于裙子的施褶变化，二者可互为参照。在实际应用中，裤子的施褶变化范围远远小于裙子的施褶变化。

一、裤子施褶的场合

一般的裤褶可少量出现在正装上，如西裤前裤片中的活褶。大量裤褶的出现，会形成戏剧般的效果，适合于休闲裤或表演裤。

裤子施褶有两种目的，即装饰性和功能性，当然也有装饰性和功能性合二为一的情况。省的功能性非常单一，就是为了符合人体的起伏而进行的余量缝合处理，而褶的功能性则是多方位的。裤褶的一端是缝合的，而另一端则是张开的。因此当裤褶代替裤省时，一方面，裤褶可部分进行余量缝合处理，而非完全的余量缝合处理；另一方面，正是因为其不能进行完全的余量缝合处理而产生了活动量，使裤子的活动性能增加了。裤褶的装饰功能体现在两方面：首先，裤褶的折叠使裤片出现了立体效果；其次，裤褶的折叠随着人体的活动而打开，使裤子的造型、肌理、明暗产生美妙的变化。

二、裤子施褶的种类

裤褶的主要种类包括活褶、塔克褶（tuck）、碎褶。活褶是一种有规律的折叠，上端折叠后进行熨压或缝合，下端自然张开，是裤子施褶的主要内容。活褶的少量应用既能满足裤子美好造型不发生变化，又能使裤子有一定的活动量，因此经常用于正装裤型的前片。活褶的大量应用通常出现在休闲裤、时装裤中。碎褶的效果柔和、随意，因此多用于运动裤、休闲裤中。

三、施褶裤裁剪实例

施褶裤前片、后片如图 7-30、图 7-31 所示。前片完成图如图 7-32 所示。

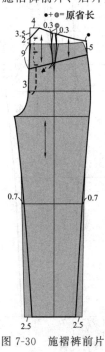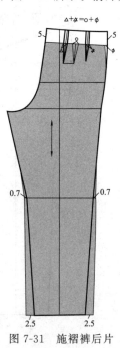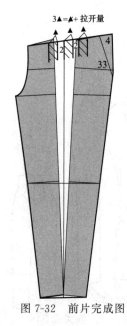

图 7-30　施褶裤前片　　　　　图 7-31　施褶裤后片　　　　　图 7-32　前片完成图

第八节 各式裤子的应用制图

一、西装裤的裁剪

西装裤是属于筒形裤的一种类型。与典型筒形裤相比较，西裤的臀围略微宽松，裤口稍窄，造型端庄典雅。此例采寸：裤长102cm（包括腰头宽），腰围68cm，臀围90cm，股上27cm，裤口宽21cm。款式如图7-33所示。西装裤裁剪图如图7-34所示。

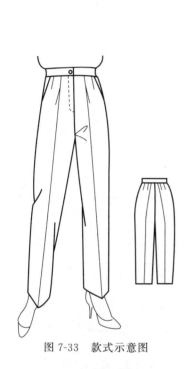

图7-33 款式示意图

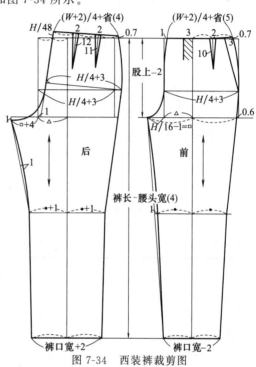

图7-34 西装裤裁剪图

二、翻边裤的裁剪

翻边裤的特点是整体宽松，为了取得视觉平衡，一般都是连腰款式，而且裤长也要加长。因为连腰的原因，腰围加了6cm的松量，臀围的松量也比较多，总共有14cm。此例采寸：基础裤长99cm，连腰裤长104cm，腰围68cm，臀围90cm，股上27cm。款式如图7-35所示。翻边裤裁剪图如图7-36所示。

三、牛仔裤的裁剪

牛仔裤属于服装的休闲品种，一般设计为喇叭形或紧身筒形。喇叭形一般搭配低腰，筒形既可搭配低腰，又可搭配正常腰位。此例属于紧身低腰筒形，款式如图7-37所示。牛仔裤裁剪图如图7-38所示。其成品规格见表7-4。

四、蹬脚裤的裁剪

蹬脚裤的面料一般具有弹性，所以整体造型为紧身型，臀围的松量比较少，前后裆弯取值较小。如果面料为高弹性面料，则臀围可以不加松量甚至松量为负值。此例采寸：裤长95cm，腰围66cm，臀围90cm，股上27cm。款式如图7-39所示。蹬脚裤裁剪图如图7-40所示。

图 7-35　款式示意图

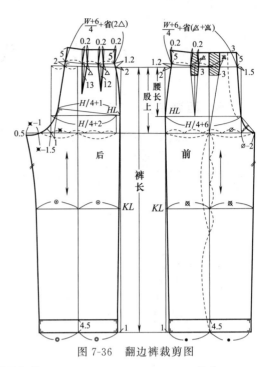

图 7-36　翻边裤裁剪图

表 7-4　成品规格　　　　　　　　　　　　单位：cm

号/型	尺寸				
	裤长	中腰围	臀围	直裆	裤口宽
160/68A	98	74	92	21.5	21

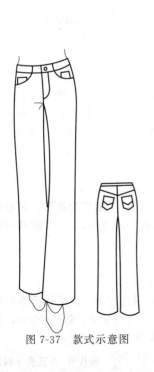

图 7-37　款式示意图

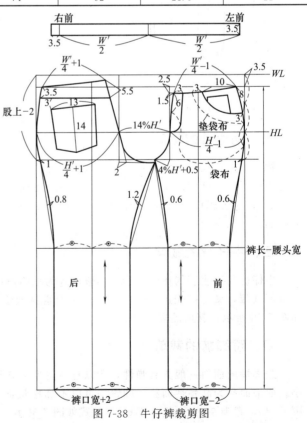

图 7-38　牛仔裤裁剪图

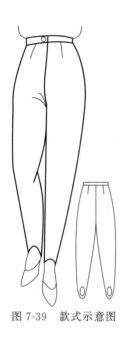

图 7-39　款式示意图

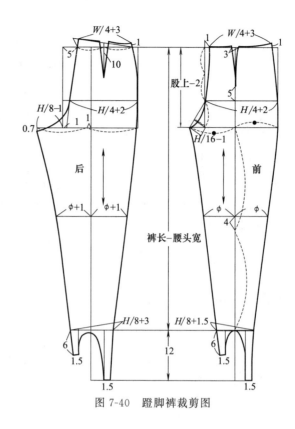

图 7-40　蹬脚裤裁剪图

五、七分裤的裁剪

七分裤一般的长度是腰围高的 7/10，位于小腿上部。此款七分裤的长度略长些，位于小腿中部，无腰头。此款属紧身七分裤，臀围的松量仅为 4cm。如有需要，可在下摆处开衩。款式如图 7-41 所示。七分裤裁剪图如图 7-42 所示。其成品规格见表 7-5。

表 7-5　成品规格　　　　　　　　　　　　　　　　　单位：cm

号/型	尺寸				
	裤长	腰围	臀围	直裆	裤口宽
160/68 A	80	68	94	25	20

六、五分灯笼裤的裁剪

五分裤一般的长度是腰围高的 5/10，位于膝盖附近。普通五分裤的裁剪可参照七分裤。此款属合身五分灯笼裤，臀围的松量为 6cm，裤口较宽，抽成碎褶，与克夫相配，在两侧有开衩。此例采寸：裤长 65cm，腰围 66cm，臀围 90cm，股上 27cm，裤口宽 30cm。款式如图 7-43 所示。五分灯笼裤裁剪图如图 7-44 所示。

七、短裤的裁剪

短裤的性别特征与年龄特征都比较模糊，几乎没有男女老幼的区别。短裤既可以作为运动装，又可以作为休闲装穿着。运动短裤的长度在横裆线附近。普通短裤的长度在大腿中部附近。此例采寸：裤长 48cm，腰围 66cm，臀围 90cm，股上 27cm，裤口宽 27cm。款式如图 7-45 所示。短裤裁剪图如图 7-46 所示。

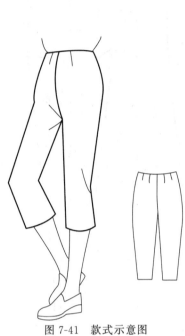

图 7-41　款式示意图

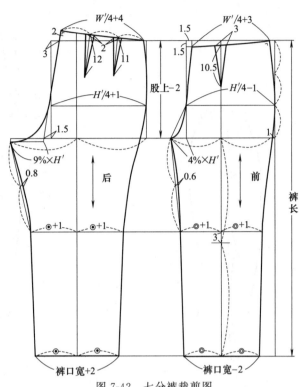

图 7-42　七分裤裁剪图

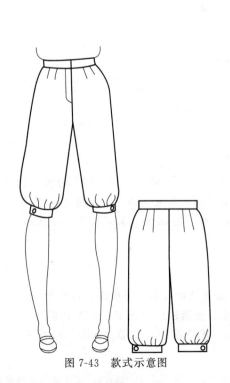

图 7-43　款式示意图

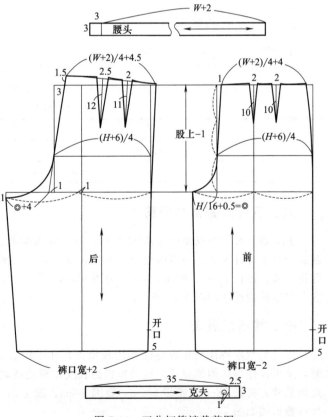

图 7-44　五分灯笼裤裁剪图

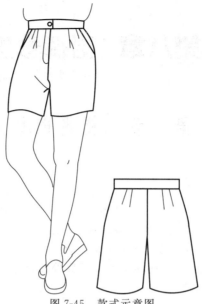

图 7-45　款式示意图

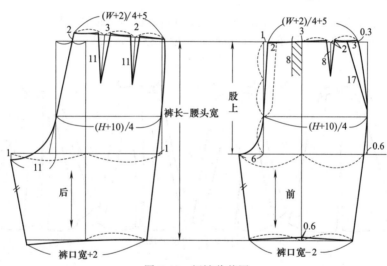

图 7-46　短裤裁剪图

第八章　裙裤裁剪技法

第一节　裙裤的认识

一、裙裤的命名及特点

"裙裤"，或称"裤裙"，顾名思义，是带有裙子特征的裤装或者说带有裤子特征的裙子。在造型上及视觉外观上，裙裤追求裙子的风格；然而在结构上，裙裤却保持了裤装的"三通"结构，及前后片具有横裆结构。裙裤在裙子的基础上加了底裆，便弥补了裙子不便活动的缺陷。类似裙子的外观使裙裤裆部有了更多的松量，增加了穿着者的舒适性。同时，增大的底摆削弱了裤子的男性特征，使裙裤更加女性化。

二、裙裤的廓型类别

因为在外观上类似裙子，所以裙裤的廓型类别可以用不同的裙型来表示，但裙裤的底摆比较大，因此其廓型范围要小于裙子的廓型范围，一般可分为 A 裙型、斜裙型、半圆裙型、圆裙型（图 8-1）。

图 8-1　裙裤的廓型

三、裙裤纸样的形成

裙裤虽然保持了横裆结构，却和裤装的横裆结构有了明显区别。裙裤的底摆比较大，臀围随之变大，为了取得平衡，横裆的尺寸也相应增大，横裆线的位置随之降低。在纸样构成上，可采用裙子的基本结构形式另加上横裆部分。纸样的绘制过程有两种方法：一是利用紧身裙（筒裙）或半紧身裙（A 形裙）进行展开；二是采用比例法直接绘制。

第二节　裙裤的基本型

一、裙裤基本型的采寸

裙裤基本型的绘制，所需要的尺寸有裤长、臀长、股上、腰围、臀围。本书根据国家标准

《服装号型　女子》，选取的号型为160/68A，其控制部位的采寸如下：腰围68cm，臀围90cm。借鉴中国女性（女子5.4系列A体型）人体参考尺寸，160cm的身高其腰长采寸18cm，股上取值27cm。裤长采寸65cm。

二、裙裤基本型的绘制

1. 作基础线（图8-2）

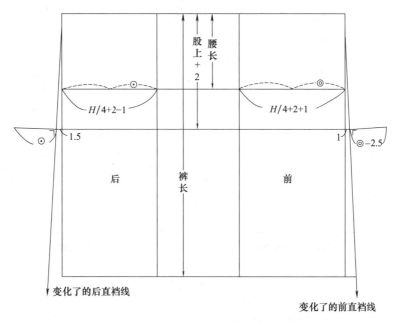

图 8-2　裙裤基础线作图

（1）作腰围线、横档线　前片作一个矩形，宽为 $H/4$＋松量（2cm）＋借量（1cm），高为股上＋2cm。矩形的上边线为腰围线，下边线为横档线，左边线为侧缝辅助线，右边线为前直档线。后片作一个矩形，宽为 $H/4$＋松量（2cm）－1借量（1cm），高为股上＋2cm。矩形的上边线为腰围线，下边线为横档线，左边线为后直档线，右边线为侧缝辅助线。

（2）作臀围线、裤口线　由腰围线向下量腰长18cm，为臀围线。由腰围线向下量裤长作水平线，为裤口线。

（3）作前后直档线　前直档线与横档线的交点向右偏移1cm，连接前直档线与腰围线的交点并向下延伸至裤口线，得到变化后的前直档线。后片的直档线更加倾斜，偏移量为1.5cm。变化后的前后档线相当于在裤摆处增加了松量。

（4）确定前后档弯的宽度　前片臀围的 $1/2$－2.5cm为前档宽，标记为"◎－2.5"，其比例公式为 $H/8$－1cm。后片臀围的 $1/2$ 为后档宽，标记为"⊙"，其比例公式为 $H/8$＋0.5cm。注意前后档宽都垂直于变化后的直档线。

2. 前裤片完成线（图8-3）

（1）作前腰缝线和前省　由直档线和腰围线的交点为前腰缝线的起点，向左量取 $(W+1)/4$＋借量（1cm）＋省（3cm），上翘2cm为前腰缝线的终点，作下凹曲线为前腰缝线。前省位于腰缝线的中点上，省宽3cm，省长10cm。

（2）作前档弯线、前中线　在臀围线上向外延长1.5cm处作斜线为后中线。后档弯宽度取臀围处尺寸的 $1/2$，将后档弯线画顺。

（3）作前内缝线、前侧缝线、裤摆线　由前档宽点作直档线的平行线至裤口线并垂直于裤口

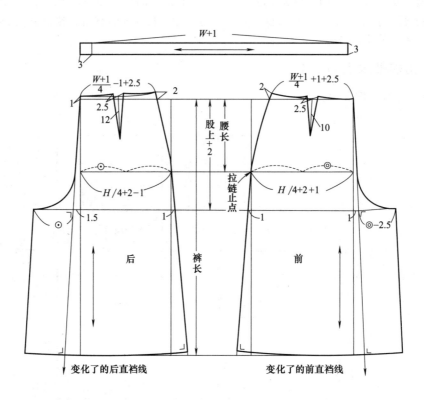

图 8-3　裙裤完成线

线，为前内缝线。横裆线与侧缝辅助线的交点向左 1cm，连接此点、臀围线与侧缝辅助线的交点，向下直线延伸至裤口线并垂直于裤口线，为侧缝线。作裤摆线。

3. 后裤片完成线（图 8-3）

（1）作后腰缝线和后省　由直裆线和腰围线的交点起翘 1cm 为后腰缝线的起点，向右量取 $(W+1)/4$ 一借量（1cm）+省（3cm），上翘 2cm 为前腰缝线的终点，作下凹曲线为后腰缝线。后省位于腰缝线的中点上，省宽 3cm，省长 12cm。

（2）作后裆弯线、后中线　在臀围线上向处延长 1cm 处作斜线为前中线。前裆弯宽度取值为◎-2.5cm，将前裆弯线画顺。

（3）作后内缝线、后侧缝线、裤摆线同前片。

三、裙裤的采寸变化

裙裤可分为窄型裙裤和宽型裙裤。

窄型裙裤的裤摆较窄，为求合身效果，股上尺寸增加较少，一般为裤子直裆尺寸加上 2cm，如果考虑到腰带的宽度，则窄型裙裤的直裆尺寸=股上一腰带宽/2+2cm。由于裤摆较窄，所以直裆线的偏移量可比基本型中的偏移量小，可采寸 0.5~1cm。侧缝起翘量可比基本型中的起翘量小，可采寸 0.5~2cm。窄型裙裤的前后裆宽的尺寸可比基本型适当减小。

宽型裙裤的裤摆较宽，股上尺寸增加较多，一般为裤子直裆尺寸加上 4cm，如果考虑到腰带的宽度，则宽型裙裤的直裆尺寸=股上一腰带宽/2+4cm。由于裤摆较宽，所以直裆线的偏移量可比基本型中的偏移量大，可采寸 1.5~2cm。侧缝起翘量可比基本型中的起翘量大，可采寸 2~5cm。宽型裙裤的前后裆宽的尺寸可以比基本型适当增大。

第三节　裙裤的廓型变化

一、裙裤的廓型变化原理

同裙子一样，裙裤的廓型可以由基本型变化而来。其变化原理为：以筒形裙或A形裙为基本型，将腰围处的省量逐渐缩小，则腰缝线逐渐上翘，裤摆逐渐变大。裙裤由筒形裤裙或A形裙裤转变为斜形裙裤。腰缝处的省量归零后，如果再想增大裤摆，只能切展裤摆，从而使腰缝线大幅度上翘。裙裤由斜形裙裤转变为半圆形裙裤、圆形裙裤。

二、A形裙裤的裁剪

A形裙裤以筒形裙为基础纸样进行变化。

（1）首先在基础纸样上确定裤长和直裆尺寸，由基础纸样的省尖向下画切展线，在前后侧缝的裙摆处各增加松量1cm（图8-4）。

（2）将直裆线进行变化，即在直裆线附近的裙摆处增加松量。前直裆线偏移1cm，后直裆线偏移1.5cm。按原来的直裆线摆放基础纸样，然后，沿着切展线展开裙摆，使腰围处的省量逐渐缩小到原来的一半。

（3）以前后臀围的一半为基准绘制前后裆宽。后中线起翘1～1.5cm作为运动量。前后片在腰缝线中心处各取一个省（图8-5）。

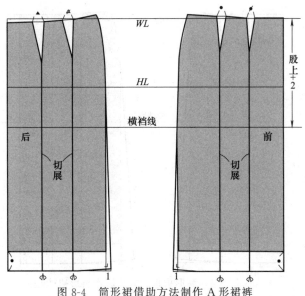

图8-4　筒形裙借助方法制作A形裙裤

三、斜形裙裤的裁剪

斜形裙裤以筒形裙或A形裙为基础纸样进行变化。此例以筒形裙为基础纸样。

（1）首先在基础纸样上确定裤长和直裆尺寸，由基础纸样的省尖向下画切展线，在前后侧缝的裙摆处各增加松量3cm（图8-6）。

（2）将直裆线进行变化，即在直裆线附近的裙摆处增加松量。前直裆线偏移1.5cm，后直裆线偏移2cm。按原来的直裆线摆放基础纸样，然后，沿着切展线展开裙摆，使腰围处的省量完全

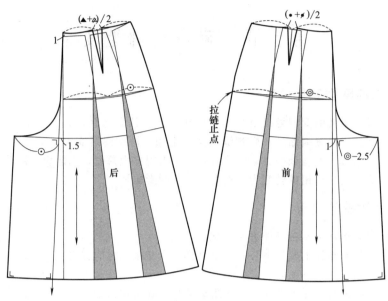

图 8-5　A形裙裤完成线

闭合，转变为裙摆松量。

　　（3）以前后臀围的一半为基准绘制前后裆宽。后中线起翘 1～1.5cm 作为活动松量（图 8-7）。

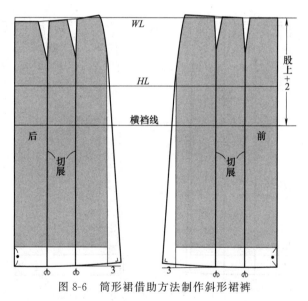

图 8-6　筒形裙借助方法制作斜形裙裤

四、半圆形裙裤的裁剪

　　半圆形裙裤在理论上是把斜形裙裤的下摆进行切展，进一步增大裙摆的松量，使腰缝线大幅度上翘。在实际裁剪中，可以直接应用 45°的角度进行绘制。需要指出的是，由于半圆形裙裤的波褶量很大，裙子特征过于明显，因此实际应用不多。裁剪图如图 8-8 所示。

五、圆形裙裤的裁剪

　　圆形裙裤可以直接应用 90°的角度进行绘制，同半圆形裙裤一样，其实际应用意义不大。裁

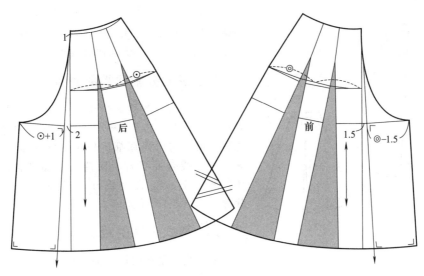

图 8-7　斜形裙裤完成线

剪图如图 8-9 所示。

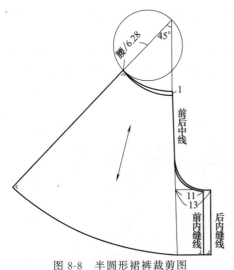

图 8-8　半圆形裙裤裁剪图

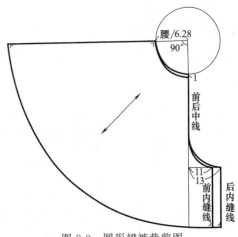

图 8-9　圆形裙裤裁剪图

第四节　各式裤裙的应用制图

一、活褶裙裤的裁剪

　　此款活褶裙裤属于宽型裙裤（见图 8-10）。前后直裆线分别偏移了 1.5cm 和 2cm，摆围较大，单片腰围处含有三个 6cm 的活褶。前后裆宽都比较大，分别为 $H/8$ 和 $H/8+1.5cm$。此例绘图尺寸：裤长 68cm，股上 27cm，腰围 66cm。活褶裙裤裁剪图如图 8-11 所示。

二、裥褶裙裤的裁剪

　　此款纵向分割裙裤属于窄型裙裤（图 8-12）。前后直裆线分别偏移了 1cm，前后裆宽都比较

图 8-10 款式示意图

小，分别为 $H/12$ 和 $H/8$。裥褶合并了省，使造型更加平整。此例绘图尺寸：裤长 65cm，股上 27cm，腰围 66cm，臀围 90cm。活褶裙裤裁剪图如图 8-13 所示。

三、纵向分割裙裤的裁剪

此款纵向分割裙裤属于窄型裙裤（见图 8-14）。前后直裆线分别偏移了 1cm，分割线在裙摆处增加了 4cm 的展开量。前后裆宽都比较小，分别为 $H/12$ 和 $H/8$。纵向分割线合并了省，使造型更加平整。此例绘图尺寸：裤长 65cm，股上 27cm，腰围 66cm，臀围 90cm。裁剪图如图 8-15 所示。

四、覆式裙裤的裁剪

覆式裙裤是在裙裤的前面外加一层，遮挡裙裤的前中线（或前后中线），增加了裙裤的裙子特征，由此增加了女性特征，使略显阳刚的裙裤变得柔美、飘逸。外加的一层可以完全覆盖前片，也可以覆盖到前片的 2/3，只是遮住了前中线（或前后中线）而已。一般来讲，外加的一层，其长度、造型要与里面的裙裤有所区别，形成优美的层叠之态。

此例是在斜形裙裤的基础之上外加一层形成的覆式裙裤，其裙裤造型与斜形裙裤相同（见图 8-16）。采寸如下：裤长 65cm，腰围 68cm，臀围 90cm，腰长 18cm，股上取值 27cm。覆式裙裤裁剪图如图 8-17 所示。

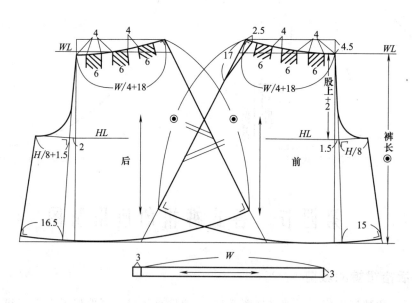

图 8-11　活褶裙裤裁剪图

五、连体裙裤的裁剪

连体裙裤是裙裤与上装的结合体，一般上装部分都比较简易。此例是在 A 形裙裤的基础之上绘制的（图 8-18）。采寸如下：裤长 103cm，腰围 68cm，臀围 90cm，腰长 18cm，股上取值

27cm。上装原型的号型是 160/84A，其背长是 38cm。连体裙裤裁剪图如图 8-19 所示。

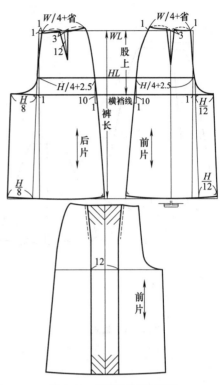

图 8-13　活褶裙裤裁剪图

图 8-12　款式示意图

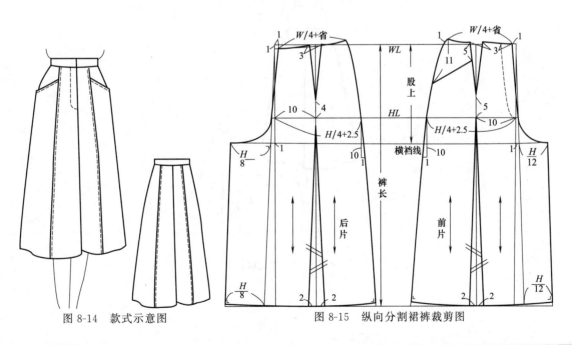

图 8-14　款式示意图　　　　图 8-15　纵向分割裙裤裁剪图

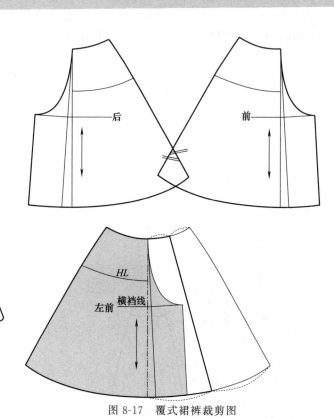

图 8-16 款式示意图

图 8-17 覆式裙裤裁剪图

图中标注：后、前、HL、左前、横裆线

图 8-18 款式示意图

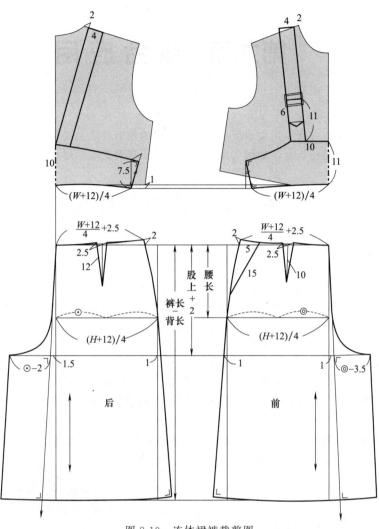

图 8-19　连体裙裤裁剪图

第九章 综合应用

前面各个章节重点分析了男女装下装及上装局部的裁剪技法及变化规律。在本章中，将重点分析如何将上装局部进行组合，如何实现由裁剪原理到裁剪成衣的过程。

第一节 撇胸与松量

一、撇胸

省是女装的"灵魂"，省的准确应用与否将决定女装成衣的成败。

在进行一个完整的成衣设计之前，首先要考虑的是成衣的合身程度，即全省的使用量，从而进行松量的设计。当施省越接近全省，越要作全省的分解转移，形成 2～3 个省位，达到一个和缓的曲面，符合人体乳房的真实隆起。

撇胸便是为胸部合体设计从全省中分解的部分，是为胸骨至前颈点的差量所设定的尺寸（图9-1）。因此撇胸的结构只是在胸部合体的平整造型中的一种选择。撇胸一般是在以下两种情况下进行：一是胸围太高，前衣片不够长时；二是里面穿的衣服过厚时。撇胸量一般在 0.5～1.5cm 之间。

撇胸有两种纸样处理方法：一是固定 BP，将基本纸样向后倒，使前颈点后移 0.5～1.5cm，修正胸乳点以上的前中线；二是固定 A 点进行操作（图9-2）。

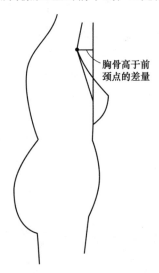

图 9-1　撇胸的设定依据

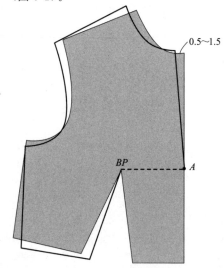

图 9-2　撇胸的纸样处理方法

二、松量

上面讲过，在进行一个完整的成衣设计之前，首先要考虑的是成衣的合身程度，即全省的使用量，从而进行松量的设计。成衣的合身程度将决定成品各个部位的采寸。

成品规格，即成品主要部位的采寸是由人体净尺寸加上松量而来。成衣长度的松量主要与款式和流行有关，因而变化较大。而同一款式围度的松量则比较固定，主要与合身程度有关。以下是一般服装围度加放松量的参考，不包括特别宽松或特别紧身的服装（表9-1、表9-2）。

表9-1　女装围度加放松量　　　　　　　　　　　　单位：cm

品　　种	主要围度部位加放松量			
	胸围	腰围	臀围	领围
衬衫	10～18			2～3
女西服	12～18			
马甲	6～15左右			
中式上衣	14～22		12左右	3～4
夹克	18～28			3～4
旗袍	10～13			2
大衣	18～30			7
风雨衣	20～30			7
连衣裙	10左右	6～10	7～10	2
西服裙		0～2	7～10	
长西裤		2～4	8～12	
短裤		0～2	6～15	

表9-2　男装围度加放松量　　　　　　　　　　　　单位：cm

品　　种	主要围度部位加放松量			
	胸围	腰围	臀围	领围
衬衫	18～22			2～3
男西服	14～18			
马甲	9～15左右			
中式上衣	18～22		14左右	3～4
夹克	22～32			3～4
大衣	24～30			7
风雨衣	22～30			7
长西裤		2～4	15左右	
短裤		0～2	12左右	

第二节　女装衣身原型的定位

衣身原型的摆放位置——定位对最终的结构图有决定性的影响。观察文化式女装衣身原型可以看出，前片腰围线并非直线，在前中心处有一下落量，大小等于前领宽的1/2，这是乳凸补充量（图9-3）。乳凸补充量随胸围大小而增减，160/84的原型中乳凸补充量在3.45cm左右。女性前身由于乳房的隆起，使垂直方向的曲线前面比后面长（图9-3），如果不在前片追加乳凸补充量，则原型立体化后穿在人体上前片会出现"上吊"现象。

乳凸补充量的存在使衣身前片原型的腰围线发生了变化，由此产生了一个实际问题：前后衣身原型的腰围线关系如何？即衣身原型的摆放位置如何？

女装原型通常有三种定位法。

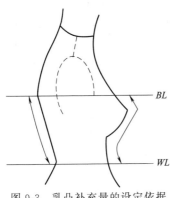

图9-3 乳凸补充量的设定依据

一、合体服装定位法

合体服装是指胸围松量与原型相似的服装，其胸围松量一般为 10～13cm。制图前在样板纸上画一条水平线，把前片原型的腰围线对准水平线，拓画到样板纸上（图9-4），这样定位，前肩颈点高于后肩颈点约 0.6cm（随胸围大小而增减），以保障不同大小的胸围有相应的前后腰节长度差；前后袖深点的高低差与乳凸补充量相等，按乳凸补充量设计、缝合侧胸省后，前后袖深点即等高，前后侧缝也应等长。这种定位法能使初学者直观地看到前后腰节长度差、侧胸省的存在，简捷、准确地塑造乳胸的立体造型，而且前片原型的侧缝斜线为侧胸省缝合时产生的内凹量提供了补偿。

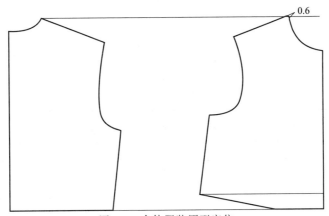

图9-4 合体服装原型定位

二、低胸体型或半宽松服装定位法

低胸体型指乳胸尚未发育成熟的少女以及乳胸趋于萎缩的高龄女性。低胸体型的合体服装制板时，先在样板纸上画一条水平线，将前片原型的腰围线适当降低，一般降低乳凸补充量的 1/3～1/2，再拓画到样板纸上，这样定位减少了前肩颈点至腰围线的高度（即前腰节长），也相应减少了乳凸补充量（图9-5）。因为这类体型胸围与胸下围（乳胸下沿的水平胸围）之间的差数较小，乳胸曲面较小，侧胸省宽度应相对减小，前腰节长也相应减小。另外，半宽松式合体袖正装（上衣、西服等）不论何种体型都按此法定位，因为此类服装不太贴体，胸围的松量一般在 15cm 以上，胸部造型趋于直线化，前腰节长宜适当减少。

三、宽松服装定位法

非常宽松的服装，胸围的松量一般在 25cm 以上，省量很小或者根本不捏省，为了提高制板效率，往往套用后片的板型进行前片制图。这类服装制图时，先画好后片原型，再将后片原型拓画在前片原型的位置上，添加前片原型的领围线后形成新的前片原型（图9-6）。

四、错误的原型定位法

在原型定位时，初学者有时用了错误的定位方法（图9-7），此举将乳凸补充量完全扣除，使前腰节长度太短，形成驼背的服装，这种错误一旦形成很难补救，一定要避免出现这个错误。

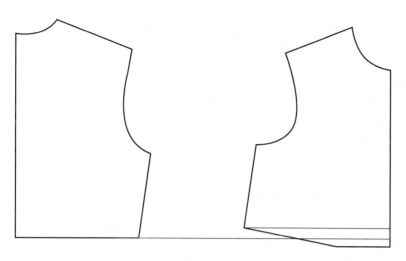

图 9-5　低胸体型和半宽松服装原型定位

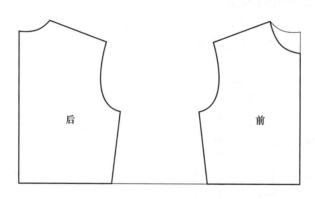

后　　　　　　前

图 9-6　宽松服装原型定位

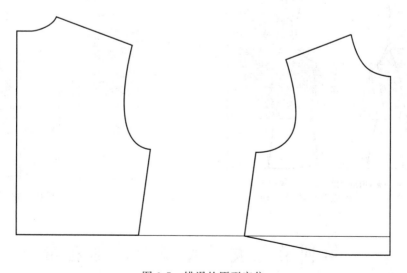

图 9-7　错误的原型定位

第三节 女装上衣侧缝的处理

人们经常看到有些服装书籍，包括日本文化服装学院的教材，无论服装属于合体、半宽松还是宽松，都按照合体服装定位法摆放女装衣身原型。这当然完全可以，可以用省的转移原理将一部分省放在腰围中成为腰围松量，满足半宽松或宽松的要求，同时降低前片腋下点，使前后侧缝等长。如果在绘制成衣时，不使用省移，就会出现一个问题：如果服装属于半宽松或宽松，即不用尽全省，前后侧缝会出现不等长的现象。为了使前后侧缝等长，有些初学者直接将前袖窿挖深至后袖窿深处，出现了前袖窿比后袖窿还要深的本质性错误。

一、半宽松服装侧缝的处理

半宽松的服装，后腋点要挖深，比如挖深 1.5cm，则前腋点比后腋点多挖深 1.5cm 左右，使前后侧缝之差由 3.45cm 左右变更为 2cm 左右，放在腋下省中（图 9-8）。

因此半宽松服装的前后侧缝之差＝前后腋点挖深量之差（1～2cm）＋腋下省。

二、宽松服装侧缝的处理

宽松的服装，一般没有腋下省，也没有了腰围线的界定，可将前腋点比后腋点多挖深 2cm 左右（160/84 原型中后袖窿比前袖窿高 2.3cm），使前后衣片的袖窿深基本相同。然后将前后侧缝等长来确定前后衣长（图 9-9）。

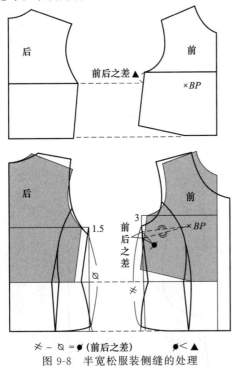

图 9-8　半宽松服装侧缝的处理

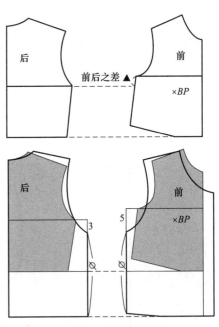

图 9-9　宽松服装侧缝的处理

第四节 女装原型的追加松量

女装衣身原型为了保障人体呼吸顺畅和基本活动量，胸围已经加了 10cm 的松量，所以原型是一种合体状态。

服装根据其与人体的空间关系可以大概分为四种：紧身、合体、半宽松、宽松。对于紧身服装来说，材质起着很大的决定作用，在设计方面，有时需对原型各部位的尺寸进行缩减，即使加放松量，一般也控制在7cm之内；合体服装改变原型的部位很有限，其胸围的加放松量约为10～13cm；但半宽松和宽松的服装，如衬衫、外套、大衣等，胸围的加放松量一般都超过15cm，要在原型的基础上，在适当的部位追加一定的松量。

原型追加松量的部位有胸围、肩斜线、袖窿、领窝。追加尺寸的多少，是原型法裁剪的重点和难点，当然，结构设计不是唯一的，其本身具有一个允许的模糊范围。模糊范围的存在给设计者提供了一个宽松的、弹性的设计空间，使设计者淋漓尽致地展现了个性和风格。然而，结构设计的模糊性并不否认结构设计的规律性，以下就来探索这种规律性。

一、胸围的追加松量

胸围的追加松量分配在后侧缝、前侧缝、后中线和前中线上。由于人体经常向前运动，所以追加松量时后身幅度比前身幅度要充分，为了保持服装前后中心部位的平整，大部分的追加松量分配在侧缝。推荐比例如下。

（1）合体服装　后侧缝∶前侧缝∶后中线∶前中线＝4∶2∶1∶1或5∶3∶1∶1或6∶3∶1∶0。

（2）半宽松服装　后侧缝∶前侧缝＝3∶1或2∶1。

（3）宽松服装　后侧缝∶前侧缝＝2∶1或1∶1。

当然，设计者可根据自己的设计需要，在允许的范围内自行设计追加配比。胸围总追加松量的确定至关重要，在这个问题上，原型法缺少理论说明，可以借鉴我国的比例分配法。比例分配法习惯把服装分类，确定某类服装的围度加放松量范围。分类时可以大概分为紧身、合体、半宽松、宽松四类，也可以细致分为衬衫、西服、马甲、春秋装、旗袍、夹克、大衣、长裤、短裤、连衣裙、短裙等具体款式。比如，男衬衫胸围总加放松量为18～22cm，女西服胸围总加放松量为15cm。可以把这部分理论引入原型裁剪法，具体方法如下：首先根据服装平面效果图确定胸围总加放松量，如某外套，胸围总加放松量确定为18cm，因为衣身原型中已有10cm的松量，所以胸围总追加松量为8cm。参照推荐比例，后侧缝追加3cm，前侧缝追加1cm，前中心因为需要折叠，0.5cm是布料的厚度（图9-10）。

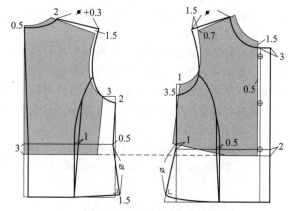

图9-10　原型的追加松量

二、肩斜线的追加松量

肩斜线的追加分两方面：一方面肩斜线要延长；另一方面肩斜线要抬高。自然肩位的服装肩斜线延长一般为0～3cm，以前片为准。后片小肩宽略长于前片小肩宽0～0.5cm。后片原型肩斜线中包含肩胛省1.5cm，极其宽松服装取消肩胛省，使1.5cm成为肩斜线的一部分。肩斜线抬高的主要原因是垫肩的存在，不需要垫肩的服装，如马甲、马甲裙、吊带裙、合体连衣裙等，肩斜线斜度保持不变；垫肩较薄（1cm左右）的服装，如衬衣，后片肩斜线抬高1～1.5cm；垫肩较厚（1.5～2cm）的服装，如外套、大衣等，后片肩斜线抬高1.5～2.5cm。前后片肩斜线抬高量略有不同，后片肩斜线抬高时，前片可以保持斜度不变或者略有抬高。后片肩斜线抬高量一般为1cm、1.5cm、2cm、2.5cm；前片肩斜线抬高量一般为0.5cm、0.7cm、1cm。设计者可自行进行配比。在图9-10中，前片肩斜线延长1.5cm，后片肩斜线比前片长0.3cm，前片肩斜线抬高0.7cm，后片肩斜线抬高1.5cm，完全符合前述的规律。

三、袖窿的追加深度

胸围的追加松量使袖窿变宽，为了取得袖窿宽和袖窿深的配比平衡，袖窿也要追加深度。袖窿的追加深度以后片为准，最大不能超过 12cm，否则将影响手臂的正常运动。袖窿的追加深度一般接近于后侧缝胸围的追加松量。后侧缝胸围的追加松量为 3cm，袖窿追加深度为 2cm。前片袖窿的追加深度涉及的因素较多，如胸省的大小、前后衣片的相定位置等。一般来说，前片袖窿的追加深度比后片大 0～2.5cm。绘图时也可以不考虑前片袖窿的追加深度，直接由前片侧缝处的底摆处向上量取后片侧缝线的长度来决定前片袖窿深的位置。

袖窿的追加深度也可以根据服装胸围的适体程度来确定。紧身的服装，腋下点可适当提高；合体的服装，袖窿深度不变；半宽松的服装，袖窿的追加深度 为 1～3cm；宽松的服装，袖窿的追加深度为 4～8cm，特殊情况可追加到 12cm 左右。

四、领窝的追加松量

领窝由领深和领宽构成。领深的追加量应根据服装平面效果图中领子的设计位置来决定。普通领型的追加量很有限，一般在 0～1cm 之间，但时装领型（如一字领）的领宽追加较灵活，也要根据领子的设计位置来决定。

第五节　衬衫的应用制图

一、衬衫概述

衬衫是指由肩到腰线或臀部附近的上衣的总称，既可作为外套的内衬服装，又可直接穿着。衬衫一般用薄型面料制作，有长袖和短袖之分，还可以根据合身程度进行分类。

1. 衬衫的变化

与男衬衫的程式化不同，女衬衫可进行较多变化，其变化主要体现在领子、袖子、口袋和省位上。领子可以采用无领、悬垂领、翻领、披领、立领、翻驳领、花结领……。袖子可以采用喇叭袖、灯笼袖、泡袖、插肩袖……。省位可以采用肩省、领省、腋下省、腰省……。口袋可有可无。把这些部位的变化合理地组合起来，就形成了各种不同风格的女衬衫。

2. 衬衫松量设计

人体的净尺寸需加放松量才能得到成品规格。普通女衬衫的长度和围度加放松量参考如下。

(1) 衣长＝坐姿颈椎点高＋3～5cm 或衣长＝号×40％＋2cm

(2) 长袖长＝全臂长＋5.5cm 或长袖长＝号×30％＋8cm

(3) 短袖长＝全臂长×30％＋3cm 或短袖长＝号×20％－12cm

(4) 袖口长＝掌围＋3cm

(5) 胸围＝型＋10～18cm

(6) 肩宽＝总肩宽＋0.5～2cm

(7) 领大＝颈围＋2～3cm

二、衬衫裁剪案例

1. 长袖经典女衬衫

经典女衬衫前开襟，小翻领，前门 5 粒扣，收腰，长袖，紧袖口。款式如图 9-11 所示。本例的合身程度同原型，因此肩线、领窝、袖窿基本和原型一致。如果比原型宽松些，就应该在肩线、领窝、袖窿深和胸围上追加松量，形成协调的整体。

本书根据国家标准《服装号型　女子》，选取的号型为160/84A，其控制部位的取值如下：胸围84cm，坐姿颈椎点高62.5cm，全臂长50.5cm，总肩宽39.4cm。由于国家标准中没有背长和掌围这两个控制部位，所以可以借鉴日本文化式原型的妇女服装参考尺寸表（见本书第七章表7-2）。绘制胸围84cm，背长38cm的原型，并把肩宽调整为39.4cm。本例成品规格参见表9-3（注：领大是裁剪后实量尺寸）。

表9-3　成品规格　　　　　　　　　　　　　　　　　　　　　　　　　单位：cm

号/型	尺　寸				
	衣长	胸围B	袖长	袖口	肩宽
160/84A	66	B+10=94	56	掌围+3=23	39.4

经典女衬衫的款式示意图如图9-11所示，衣身及领子裁剪如图9-12所示，袖子及袖口裁剪如图9-13所示。

图9-11　款式示意图

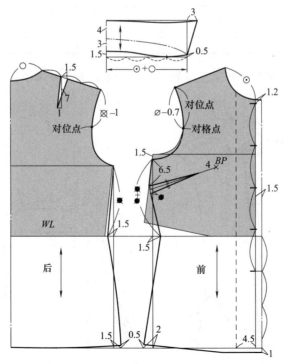

图9-12　衣身及领子裁剪

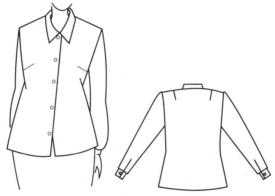

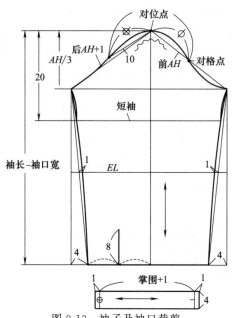

图 9-13　袖子及袖口裁剪

2. 落肩圆摆仿男式衬衫

落肩、过肩、圆摆、带领台的衬衫领等设计元素都带有明显的男性特征，用在女式衬衫中可增添女子的英气。本例衬衫属半宽松型，没有施省。原型的摆放不同于合体服装，将前片原型的乳突补充量三等分，去掉三分之二形成新的腰围线。肩线在原型的基础上延长了 3.5cm，形成了落肩，因此袖子在裁剪时应该去掉这 3.5cm。本例成品规格如表 9-4 所示。

表 9-4　成品规格　　　　　　　　　　　　　　　　单位：cm

号/型	尺　寸				
	衣长	胸围 B	袖长	袖口	肩宽 SW
160/84A	70	B+18=102	56−3.5=52.5	掌围+3=23	SW+3.5=43

落肩圆摆仿男式衬衫的款式示意图如图 9-14 所示。衣身及领子、袖子及袖口裁剪分别如图 9-15、图 9-16 所示。

图 9-14　款式示意图

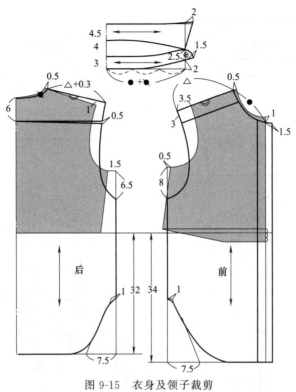

图 9-15　衣身及领子裁剪

3. 企领短袖衬衫

这是一款在前领座无搭门的分体企领短袖衬衫。衣身造型为收腰、曲摆，衣长在臀围线上下。前门襟止口及前领面做翻边，左右翻边由胸部向上至领口做成斜止口的 V 字形，相对应的企领领座为无搭门设计。肩部做覆肩，收侧缝省，左右胸两个圆底角贴袋。企领短袖衬衫款式如图 9-17 所示。

图 9-16　袖子及袖口裁剪

图 9-17　企领短袖衬衫款式

前衣长腰节线往下 20cm，后长方往下 21cm。胸围松量：加放 8cm。前后分别把原型胸围宽收进 0.5cm，再作垂线至衣长线。企领短袖衬衫的裁剪图参见图 9-18。

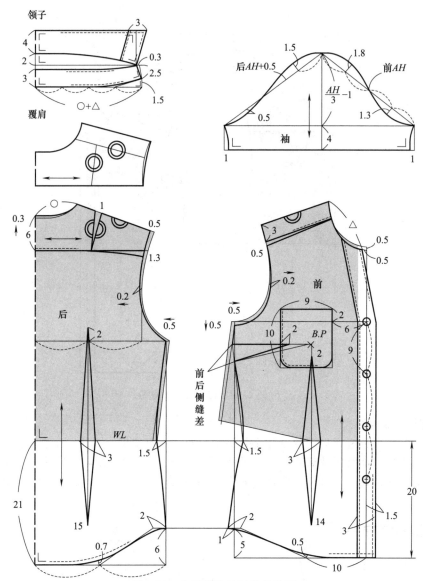

图 9-18 企领短袖衬衫的裁剪图

图 9-19 套头式水手领衬衫效果图

4. 套头式水手领衬衫

这是一款较合体的套头式上衣型短袖衬衫。衣长较短，水兵领，无门襟，采用套头的方式穿着。侧缝收腰，斜侧缝省，侧缝下摆稍开衩。直筒短袖，袖口和领外口分别做镶条。套头式水手领衬衫效果图如图9-19所示。

衣长：由腰节线往下加长 16cm。胸围松量：加放 10cm。前后领窝：分别挖宽 0.5cm。前领深开至胸围线。前领口加挡布，按原型前颈点至胸围线的中点定出。后肩：不作省按前肩线长＋0.3cm（吃势）定出。前斜侧缝省：先作出平 BP 点的侧缝省；然后再转移至斜侧缝省位并修正省尖。套头式水手领衬衫纸样如

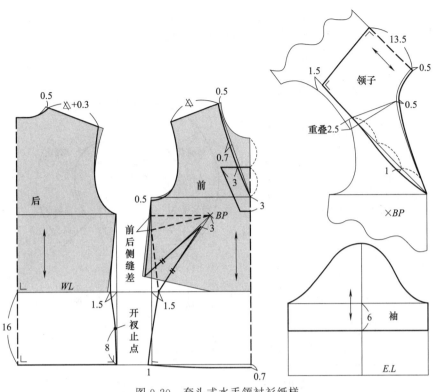

图 9-20 套头式水手领衬衫纸样

图 9-20 所示。

5. 披翻领衬衫

这是一款采用披翻领与前门襟止口荷叶边相连的上衣型衬衫。本款很巧妙地把前止口波浪形荷叶边与披翻领连在一起，袖口荷叶边也与之相呼应，从而形成了这类衬衫的独特风格。由于着装时下摆要系入裙腰头里，为了不使腰部形成过多褶量，可在侧缝适当收腰，收前侧缝省。袖子为收袖口省的窄袖，袖口接荷叶边。披翻领衬衫效果图如图 9-21 所示。

衣身：由腰节线往下 25cm。胸围松量：加放 10cm，前后分别按原型胸围宽向下作垂线至底边线。前肩斜和前肩宽：前肩宽同原型。由于要加装 1cm 厚的衬衫垫肩，前肩线要在肩端点向上提升 0.5cm（按 1/2 的垫肩厚），再与侧颈点重新画顺前肩线。后肩斜和后肩宽：后肩点同前肩向上提升 0.5cm 的垫肩量，后肩线长按前肩线长加 0.5cm（吃势）定出。做垫肩后不需再做后肩省。

衣领：先在前后肩部分别画出领子造型和前止口荷叶边宽。荷叶边的波浪褶需要利

图 9-21 披翻领衬衫效果图

用剪开后展开获得。另外，领子部分在前后肩线拼合时要在领外口重叠 1.5～2cm，最后把前止口荷叶边波浪褶如图剪开，并稍进行修正。披翻领衬衫纸样如图 9-22 所示。

6. 塔克褶礼服衬衫

这是参照男装晚礼服衬衫变化而来的塔克褶女衬衫。衣身造型为侧缝收腰、曲下摆的结构。

领子为花边立领，也可采用双翼立领晚礼服的领型，肩部为覆肩，前胸为 L 形塔克褶缝装饰的胸挡结构，左右分别缉五条塔克褶缝。前门襟止口做翻边。袖子袖头为双层复合式结构的礼服衬衫袖。塔克褶缝衬衫效果图如图 9-23 所示。

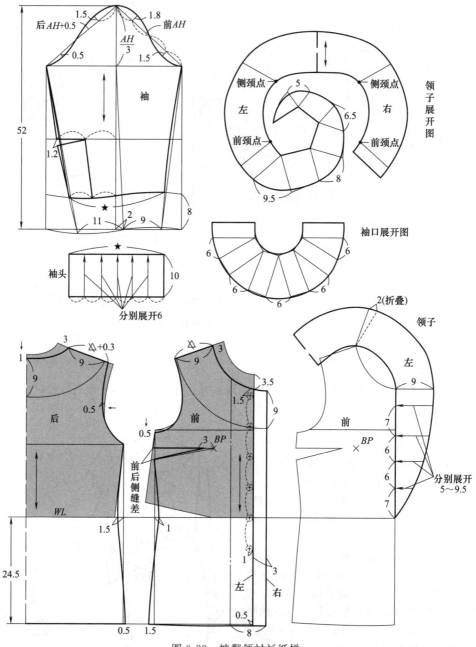

图 9-22　披翻领衬衫纸样

衣长前片由腰节线往下 24cm，后片为 26cm。胸围松量：加放 10cm。前胸挡位：底边由腰节线往上 5cm 作水平线，胸挡上端为 1/3 过肩线宽，并向下作垂线至胸挡底边作出。胸挡上缉五条等距的塔克褶明线，每条塔克褶缝另放出 0.3cm 松量。复合式袖头：袖口宽 25cm，内层宽 6cm，外层宽 6.5cm。袖头长按手腕围加 4cm 松量，并在两侧各加放 1cm 的搭门。另在袖头外层的止口两侧各加宽 0.7cm，并适当修正成小圆角。塔克褶缝衬的裁剪如图 9-24 所示。

图 9-23　塔克褶缝衬衫效果图

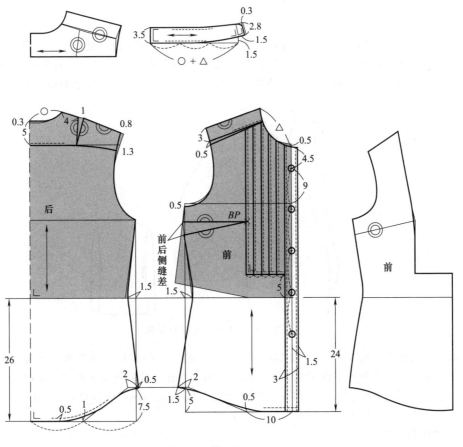

图 9-24

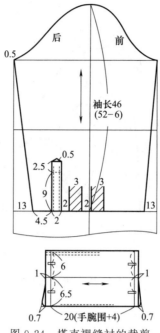

图 9-24　塔克褶缝衬的裁剪

7. 针织套头衬衫

采用针织类面料制作的上衣型衬衫，款式具有贴身内衣的风格，是夏秋季节穿着比较舒适随意的上衣。整体为贴身造型，衣长平臀围线，前后片为无省结构，收腰。套头式 V 字领，前衣片左右做成斜襟式重叠。袖子为一片结构的窄上衣袖。针织套头衬衫效果如图 9-25 所示。

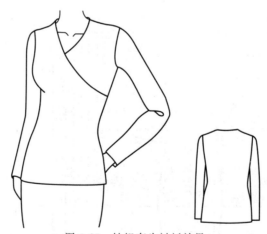

图 9-25　针织套头衬衫效果

衣长：由腰节线往下 18cm。胸围松量为 4cm，前后片分别较原型胸围宽去掉 1.5cm。前 V 字领口：前领口较前颈点下落了 7.5cm，侧颈点加宽 1cm。前斜襟式重叠线：先把衣片以前中心线为中心向外拓出整个前衣片，再在侧缝处由腰节线往上 9cm，然后再经过 BP 点画顺至前领口。针织套头衬衫纸样如图 9-26 所示。

8. 无袖系带衬衫

这是一款合体半肩式系腰结上衣型衬衫。衣身为直腰结构，衣长较短，平腰节线。前下摆外接系腰结带，半肩、无袖。企领，前领窝收褶，明搭门，四粒扣，前腰间系装饰结适合年轻女孩穿用的时尚款式。半肩式系腰节衬衫效果图如图 9-27 所示。

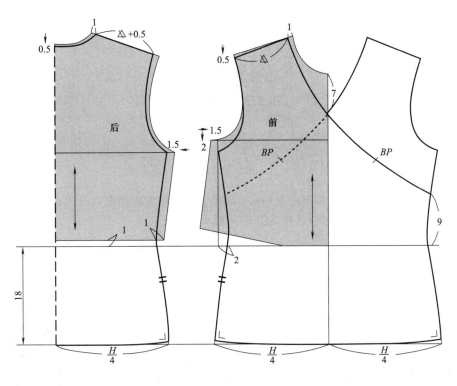

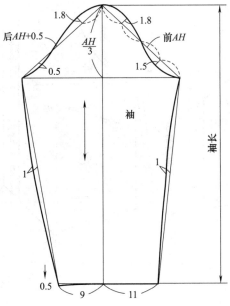

图 9-26　针织套头衬衫纸样

图 9-27 半肩式系腰节衬衫效果图

裁剪说明：衣长 38cm，胸围松量 6cm，前后分别把原型胸围宽收进 1cm，并作垂线至腰节线下 1.5cm。半肩式系腰节衬衫纸样如图 9-28 所示。

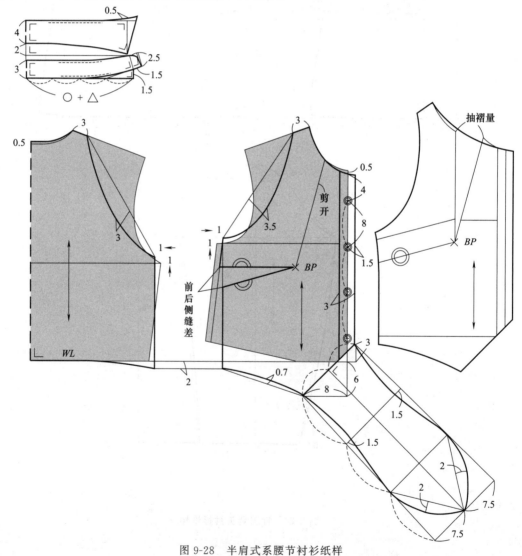

图 9-28 半肩式系腰节衬衫纸样

9. 马蹄袖高腰线衬衫

这是一款造型很合体的高腰线分割的上衣型衬衫。衣身为收腰、曲下摆造型。衣长在臀围线附近。明门禁五粒扣，乳下围作横向 T 形分割线，并在乳下围收褶，后片收通底腰省。袖子为马蹄形袖头的衬衫袖，袖口不开衩，收单褶。马蹄袖高腰线衬衫效果图如图 9-29 所示。

裁剪说明：衣长前片由腰线往下 20cm，后片往下 22cm。胸围松量为 6cm。乳下围横向结构线由 BP 点下落 8cm，然后在横向结构线上分别把腰省向两边加宽 0.5cm，这样做是因为乳下围与腰围的起伏不大，不仅会使这个部位更贴体，而且能相应加大胸褶量。马蹄袖高腰线衬衫纸样如图 9-30 所示。

图 9-29　马蹄袖高腰线衬衫效果图

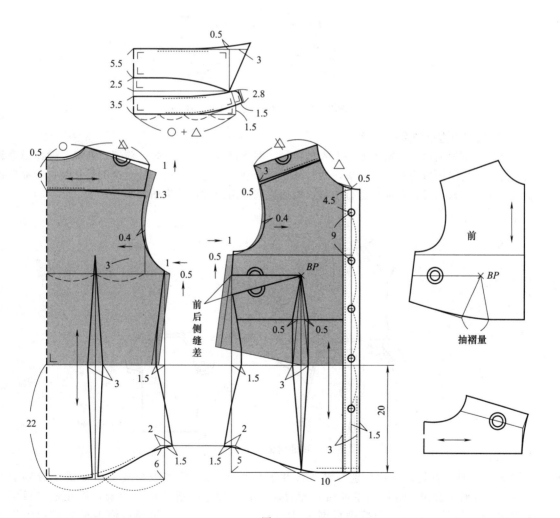

图 9-30

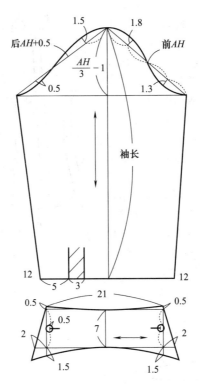

图 9-30 马蹄袖高腰线衬衫纸样

10. 插肩泡泡褶袖宽松衬衫

这是一款短插肩泡泡褶袖宽松上衣型衬衫。圆领口结构，套头式，前领口开衩，领口做立领式贴边。无肩缝插肩短袖，装袖头，袖口和领口分别做灯笼式碎褶。针对这类衬衫领口和袖口褶量的大小，可根据设计和面料进行调节。短插肩泡泡褶袖衬衫效果图如图 9-31 所示。

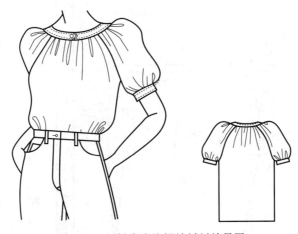

图 9-31 短插肩泡泡褶袖衬衫效果图

裁剪说明：衣长前后片分别按腰节线往下加长 24cm。胸宽处加放前后侧缝中分别加宽 1cm。前后袖拼合图：分别拓下前后片插肩袖，并在袖中心拼合成一片袖，再在袖口后侧向下放出 3cm 泡量。袖头：长按中臂围加 2cm 松量，宽 2.5cm。短插肩泡泡褶袖衬衫纸样如图 9-32 所示。

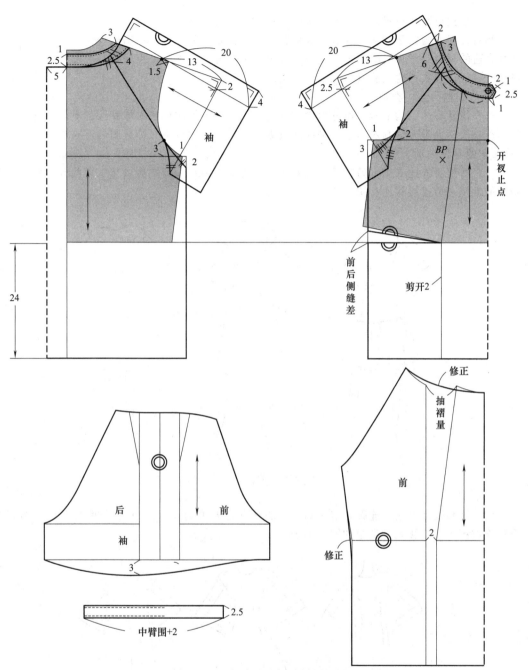

图 9-32 短插肩泡泡褶袖衬衫纸样图

第六节 连衣裙的应用制图

一、连衣裙概述

1. 连衣裙的特点

连衣裙是指上衣和裙子拼接在一起的女性服装。连衣裙可设置腰部分割线，也可不设置腰部分割线，变换分割线位置或腰部浮余量的处理方式，可得到各种各样美丽造型的连衣裙。

相对女衬衫与裙子的配套穿着方式而言，连衣裙则一般更注重突出表现整体外轮廓形状，故选择合适的材料是很重要的。连衣裙除了可单件穿着外，还可与夹克或背心等配套穿着。在正式场合，一般以连衣裙为正装（即礼服连衣裙）。

2. 连衣裙的结构类别

连衣裙从整体结构上看，可分为腰部设置分割线的剪接腰形连衣裙和腰部不设置分割线的连腰形连衣裙两大类。分割线基本上是横向或纵向，也有斜向或不对称分割的连衣裙。具体介绍见"连衣裙的部件类别"。

（1）剪接腰式连衣裙　剪接腰式连衣裙又分为低腰剪接、高腰剪接与中腰剪接三种，一般中腰式最常用。剪接腰式连衣裙如图 9-33 所示。

图 9-33　剪接腰式连衣裙

（2）连腰式连衣裙　连腰式连衣裙常见的有直筒 H 形连衣裙、作省收腰 X 形连衣裙和宽摆伞形连衣裙等。连腰式连衣裙如图 9-34 所示。

图 9-34　连腰式连衣裙

（3）公主线式连衣裙　公主线式连衣裙常见的有袖窿公主线连衣裙、颈部公主线连衣裙和肩部公主线连衣裙等。公主线式连衣裙如图9-35所示。

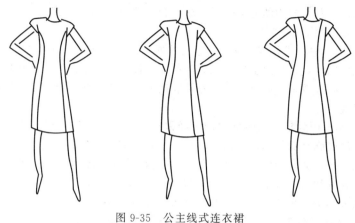

图9-35　公主线式连衣裙

3. 连衣裙的廓形类别

按外轮廓形状对连衣裙进行分类，可分为直筒形、X收腰形、正梯形、倒梯形等。以四种轮廓形状为基础改变分割线、造型或细节部位可得到各种不同的连衣裙设计。连衣裙的廓形类别如图9-36所示。

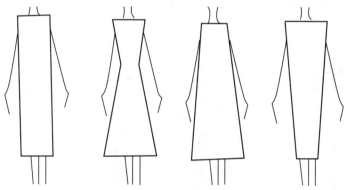

图9-36　连衣裙的廓形类别

（1）直筒形连衣裙　连衣裙呈直线外轮廓，也称箱形连衣裙。其裙身比较宽松，不强调人体曲线，有时下摆稍收进。常见于运动型衬衫及有军装风格的连衣裙。没有特定适用的材料，但避免采用太轻薄且透明的面料。

（2）X收腰形连衣裙　连衣裙外轮廓呈X形收腰状，上身贴合人体，腰线以下呈喇叭状，是连衣裙最常用的廓形。改变面料材质与下摆喇叭量，可设计出各式各样的休闲轻便或显成熟女性气质的连衣裙。面料可以采用悬垂感强的各种材料。

（3）正梯形连衣裙　连衣裙肩宽较窄，从胸部到底摆自然加入喇叭量，裙下摆较大，整体廓形呈梯形，其造型细节最好处于上面衣身部分，才能使结构比较平衡美观。梯形连衣裙可掩盖住人体曲线，比较适合肥胖体型或用于孕妇服。面料适合选择略带弹性，织物组织比较紧密，纱向不易改变的材料更能体现体型轮廓美。

（4）倒梯形连衣裙　连衣裙上半身的肩部较宽，下摆方向衣身渐渐变窄，整体呈倒梯形，具有军装风格。可选择育克分割并在分割线上抽褶，或是在衣身上装袖与肩章，尽量显得肩部端平结实。此轮廓比较适合于肩部较宽，而臀部较窄的人。选择略带弹性或结实、有硬度的材料较好。

4. 造型分割线类型

（1）纵向分割

连衣裙的纵向分割与短裙的分割一样，纵向分割将连衣裙分为多片裙，有三片式、四片式、六片式、八片式连衣裙等。

① 中心线分割　中心线分割裙常见的有三片式和四片式两种，三片式连衣裙多为前边一片，后中心线处分割为两片，在功能上后中线分割利于装拉链和作后开衩。四片式连衣裙在前后中心与侧缝处有接缝，收腰效果不明显，整体外轮廓接近于直筒，胸部浮余量可以转移至侧缝、前后中缝、袖窿、肩等处。

② 公主线分割　因为早年英国皇太子妃经常穿有此分割线的衣裙，故得此名。公主线分割是从肩至下摆且通过胸高点的纵向分割线。其突出表现胸部、腰部曲线，下摆自然加量放宽，是非常优雅的外轮廓线，适合于任何体型。在结构上胸省转移至分割线处，改变腰部松量与下摆放量可形成多种外轮廓形状，最常见的是 X 收腰形连衣裙。

领孔公主线分割是从领孔至下摆且通过胸高点的纵向分割线。领孔公主线由于一部分省量融入到领孔至胸部的分割线中，所以还可以起到一定的撇胸作用，使连衣裙的领孔至胸部特别服帖。

③ 刀背线分割　刀背线又称为袖窿公主线。刀背线一般从袖窿开始，经过胸高点附近、腰线至下摆，产生的轮廓造型与公主线分割相类似。公主线分割用于条纹或格面料时，在胸部容易使图案变形，此时可选择刀背线分割来替代肩部公主线。另外，在结构上，刀背缝处收省还可以收拢袖窿，在一定程度上起到肩胛省的作用，所以刀背缝结构在连衣裙中使用非常广泛。连衣裙的纵向分割如图 9-37 所示。

图 9-37　连衣裙的纵向分割

（2）横向分割

横向分割将连衣裙分为两类，即育克类连衣裙和剪接腰式连衣裙，剪接腰式连衣裙又分为高腰剪接、正常腰剪接及低腰剪接。连衣裙的横向分割如图 9-38 所示。

① 育克分割　育克一般在胸围线以上进行分割，育克以下的部分往往会采用纵向分割线。肩省量一般隐含在育克分割线中，胸腰省量则并入育克以下的纵向分割线中。

② 高腰剪接　在正常腰围线与胸围线之间进行分割，分割线以上重点突出设计细节，裙外轮廓线要流畅。高腰剪接线以下既可以采用纵向分割线也可以作省或收褶，视款式设计而定。体型肥胖者不太适宜穿着高腰剪接连衣裙。

③ 正常腰剪接　是在腰部最细处进行分割，是剪接腰连衣裙使用最广泛的一种，属于连衣裙最基本的分割方式，适合任何体型的人穿着。改变裙长与外轮廓可得到各种各样的连衣裙款式。

④ 低腰剪接　是在正常腰围线以下进行分割剪接。若分割线位置低至臀围线，则称超低腰造型的褶边裙。

图 9-38　连衣裙的横向分割

二、连衣裙基本型

1. 连腰式连衣裙基本型

连腰式（又称无腰式连衣裙）连衣裙基本型如图 9-39 所示，其与剪接腰（有腰线）连衣裙基本型相比，腰部松量与外轮廓造型相似。其纸样绘制方法如图 9-40 所示。

做分解的目的是让全省不过分集中，避免胸部造型显得太死板。无腰式连衣裙基本型做全省分解，一是为此考虑；二是腰省在连体作用下，使上衣和下装省量更接近，省位更统一，因而达到造型的美观。

（1）定位　首先确定前后衣片的定位，该连衣裙的基本型属合体结构，前片有腋下省和腰省两个省，后片有肩省和腰省两个省，所以需要利用上身后衣片的腰线对准设定的腰线，设定水平线和上身腰线也重合。为了使前后侧缝线相符合，腰线顺接自然，必须将前衣片全胸省的一半转移，从而使腰线水平。

（2）全省分解　使用上身前片原型，在腋下水平处做标记并利用转省法将全胸省的一半转移至腋下标记处。

（3）裙省合并　将原型裙片的两个腰省合并成一个省，并转移至与衣省省位对齐处，这样裙片的腰省就与衣身的腰省合并为一个菱形省。

（4）裙摆外展　从臀围处开始外展，下摆处展出量为 4～5cm，以方便行走，这样裙子后中不必开衩。连腰式连衣裙基本型如图 9-40 所示。

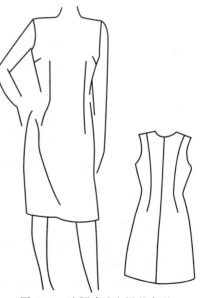

图 9-39　连腰式连衣裙基本型

（5）一片袖纸样 参照第五章衣袖裁剪技法进行绘制。

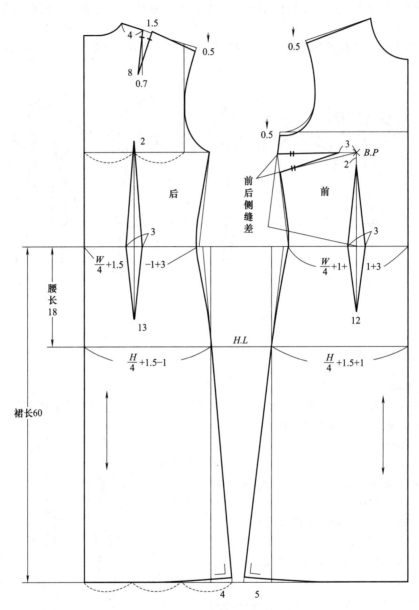

图 9-40 连腰式连衣裙基本型

2. 剪接腰式连衣裙基本型

应用上衣原型和 A 形裙按一定的功能性要求做出的接腰型连衣裙基本型，如图 9-41 所示。

【上衣部分】

（1）胸围松量 加放 10cm，同上衣原型。

（2）前后肩线修正 后肩省取 1.5cm。前后肩斜分别较原型肩斜下落 0.5cm。

（3）前后袖窿 前袖窿下落 0.5cm，重新画顺前袖窿；后袖窿按原型。

（4）腰围松量 加放 5cm，前腰围＋1cm，后腰围＋1.5cm。前后腰围宽要做 2cm 的前后差，然后再按图画出前后腰省。

（5）前后侧缝 先按前后侧缝差 3cm 左右作出前侧缝省，再按图画顺前后侧缝。

图 9-41　接腰型连衣裙基本型

【裙子部分】

（1）裙长　60cm，按基本裙长。

（2）臀围松量　加放 6cm。前后臀围宽分别加放 1.5cm。前后臀围宽要做 2cm 的前后差。

（3）腰围松量　加放 5cm。同上衣部分的腰部。前后腰围宽做 2cm 的前后差。然后按图分别画顺前后腰省、前后侧缝起翘、后腰中心下落腰等（同基本 A 型裙作出）。前后腰省位要与上衣部位对应作出。

（4）前后侧缝　前片放摆 5cm，后片放摆 4cm，如图画顺前后侧缝和底摆起翘。剪接腰（有腰线）连衣裙的基本型如图 9-42 所示。

三、连衣裙应用制图

1. 公主线连衣裙

【实例 1】　肩部公主线连衣裙

肩部公主线分割连衣裙是从肩部到下摆加入纵向切割线，是能很好表现体型轮廓的一款设计。腰围线以下的造型可以为直身形也可展开为合体形或喇叭形。领子为立领，袖子是紧身袖，是属于不追随流行的较正统设计。材质一般为薄型毛料或化纤织物等。用料面料幅宽 150cm，用量 280cm。肩部公主线连衣裙如图 9-43 所示。

肩部公主线连衣裙制图要点如下。

① 省缝处理　首先处理省缝，后衣身先保留后腰省和肩胛省；前衣身转变为前腰省和肩省。

② 松量确定　考虑衣身造型与功能性来确定整体的衣身松量。胸围处松量为原型的松量，整个臀围处松量是 6cm，这是考虑胸围、腰围与臀围的差及整体外轮廓的平衡而定。

③ 公主线绘制　绘制公主线时先画靠近中心一侧的线（次线条给人的视觉造型效果最强烈），然后再画靠近侧缝线处的线。为使公主线在胸围线、腰围线、臀围线以及下摆处的切割位置整体平衡比较好，在制图时要注意各部位布置不可过于极端。肩部公主线连衣裙衣身制图如图 9-44 所示。

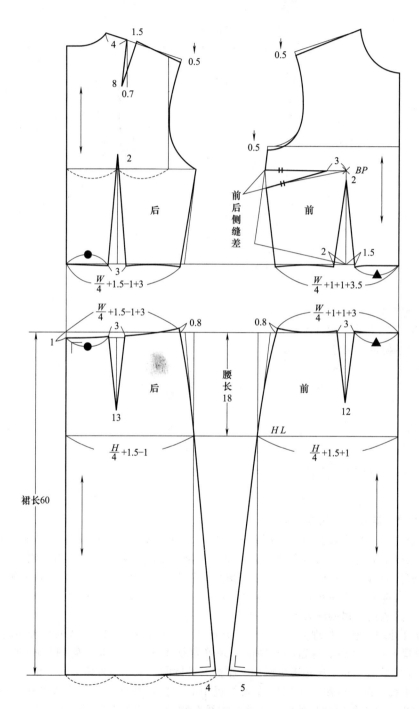

图 9-42 有腰线连衣裙基本型

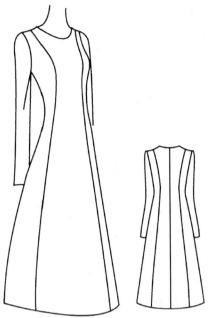

图 9-43　肩部公主线连衣裙

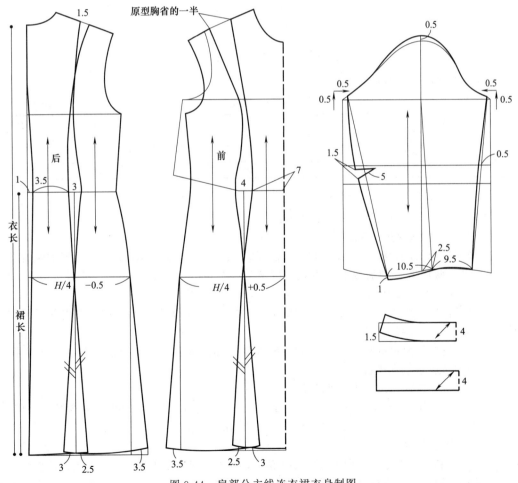

图 9-44　肩部公主线连衣裙衣身制图

【实例2】 袖窿公主线连衣裙

以下所选袖窿公主线连衣裙是一款很合体、无领无袖连衣裙。前领口为船形领，后领口为V形领，可充分展示人体肩颈部及后背上部的线条美。侧缝收腰，放摆，前后袖窿公主分割线，六片结构，侧缝装拉链。袖窿公主线连衣裙如图9-45所示。

图9-45　袖窿公主线连衣裙

成品规格如表9-5所示。

表9-5　成品规格 　　　　　　　　　　　　　　　　　　　　单位：cm

号型	部位名称	后衣长 L	胸围 B	腰围 W	臀围 H	肩宽 S
160/84A	净体尺寸	38(背长)	84	68	90	38.5
	成品尺寸	98	90	75	98	35.5

袖窿公主线连衣裙制图步骤如下。

① 连衣裙长　由原型腰节线往下60cm。

② 胸围松量　劈掉1.5cm。

③ 腰围松量　1cm和0.5cm。由原型腰节线往下60cm。加放4cm，前后片原型侧缝分别加放3cm，前后腰围宽分别加放前腰围宽：按$W/4+0.5cm$（松量）$+1cm$（前后腰围差）$+3cm$（腰省）；后腰围宽：按$W/4+1cm$（松量）$-1cm$（前后腰围差）$+3cm$（腰省）。

④ 臀围松量　加放4cm，前后片臀围宽分别加放1cm，做前后臀围差，并以前后臀围宽分别作垂线至底边衣长线。

⑤ 前后侧缝　前侧缝放摆4cm，后侧缝放摆3cm，然后分别画顺前后侧缝线及底摆起翘（前后侧缝差先做成前侧缝省）。

⑥ 前领口　加宽6cm，画出船形领。

⑦ 后领口　加宽7cm，比前领口宽1cm，这相当于做1cm的后肩省量，后领口深平胸围线，然后画顺后V形领。袖窿公主线连衣裙裁剪如图9-46所示。

2. 旗袍式连衣裙

(1) 款式特点　旗袍是中国妇女的传统套裙，现如今只有很少场合才能看到。这里以最传统的圆装袖偏襟旗袍为例进行讲解，其变化原理和连腰式合体连衣裙一样。在款式上、在领子及开

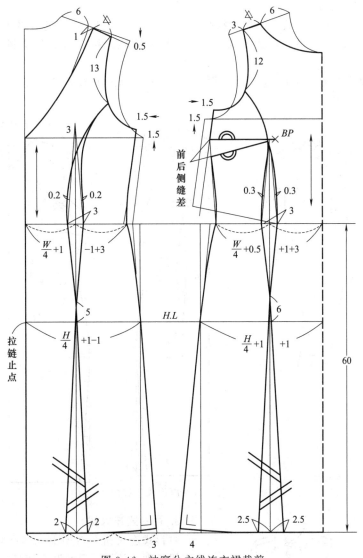

图 9-46　袖窿公主线连衣裙裁剪

袂上异于其他连衣裙。此款旗袍为较典型的偏大襟装袖旗袍，中式立领，胸、腰、臀三围的放松量要求合体，胸围放松量可在 6～14cm 间选择，腰围和臀围的放松量应比胸围少 2～4cm。中、老年服装应宽松些，青年服装可略紧些，再结合体型、面料等条件进行合理加放松量。图 9-47 所示为旗袍式连衣裙。

（2）制图要点

① 松量确定　胸围处 6cm，腰围和臀围处松量为 2～4cm，前后腰节高，同时减少 1～2cm 定位。这种形式可显得人体曲线美，适用于旗袍和紧身连衣裙等。

② 袖窿深点　由于胸围总放松量仅 6cm，低于原型放松量，所以应在原袖窿深点基础上每片进行横向收缩 1cm，纵向升高减少袖窿深 1cm 的结构处理。

③ 领口绘制　领口宽度为六分之一领大加 0.5cm，前领深为六分之一领大加 1cm。

④ 省缝绘制　前、后侧缝差数可全部做省量，使前、后侧缝吻合。遇到胸部较平的体型，省量应适当减少，同时还采取后腰节升高 1cm 定位的方法。前、后腰省约在腰宽中点向前、后中线内量取。侧缝胸省位置可在侧腰点处，也可升高 3～5cm，取斜纱做省，可使省缝平服。省

尖可离 BP 点 $1.5\sim3cm$。

⑤ 斜襟绘制　根据款式图绘制大襟弧线,大襟弧线是门、里襟的分界线,其形状可随款式造型要求变化。门、里襟的贴边宽为 $4cm$,门襟侧缝贴边按衣身形状绘制后,需将省缝拼接而成。

⑥ 侧开衩　旗袍的下摆通常向内收进 $2\sim3cm$,侧缝开衩可高可低。通常在臀围线向下 $20cm$ 处设开衩止点。

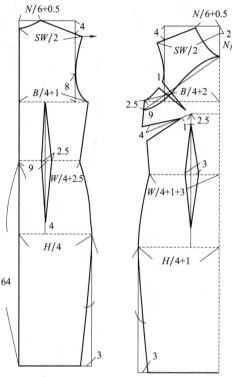

图 9-47　旗袍式连衣裙

3.衬衫式连衣裙

衬衫式连衣裙在造型上就如同将一件衬衫加长到连衣裙长度的效果。着装时在腰部配上一条装饰腰带,既时尚又具有庄重感,可作为上班装等穿用。衬衫式连衣裙如图 9-48 所示。

【裙身部分】

(1) 衣长　从原型腰节线下落 $65cm$。

(2) 胸围松量　加放 $10cm$,前后分别按原型胸围宽作垂线至底边线。

(3) 前后领窝　均参照基本衬衫进行修正。

(4) 前后过肩线　前过肩宽 $3cm$,后过肩可以宽一些,由后颈点下落 $8cm$ 作后袖窿的直角线画出。后过肩线下作袖窿省 $1cm$。

(5) 后肩宽　直接按前肩宽定出,后肩端点往上提高 $1cm$。

(6) 前袖窿深　下挖 $1cm$。

(7) 前侧缝省　由前后侧缝差定出。

图 9-48　衬衫式连衣裙

（8）前后侧缝及下摆　前后侧缝的下摆分别从腰线处开始向下放出。前摆放出6cm，后摆放出5cm。

（9）腰带祥位　在腰节上下各1.5cm定出。

（10）前半开门襟　开至腰节线下17cm，止口翻边宽3cm，底边封口长3.5cm，底部作尖角1cm。

（11）纽扣位　上下扣分别距领口和底边封口5cm，其他扣按四等份定出。

（12）后片过肩褶　过肩线下由后中缝向外放出3cm褶量。

【领子】

采用上衣型立翻领结构。由于是外穿的，领面可以宽一些，这样更具装饰性。

（1）前领脚线起翘　1.5cm。

（2）领座　后领座宽3.3cm，前领座宽2.5cm。

（3）领面　后领面宽5cm，前领面宽9.5cm。

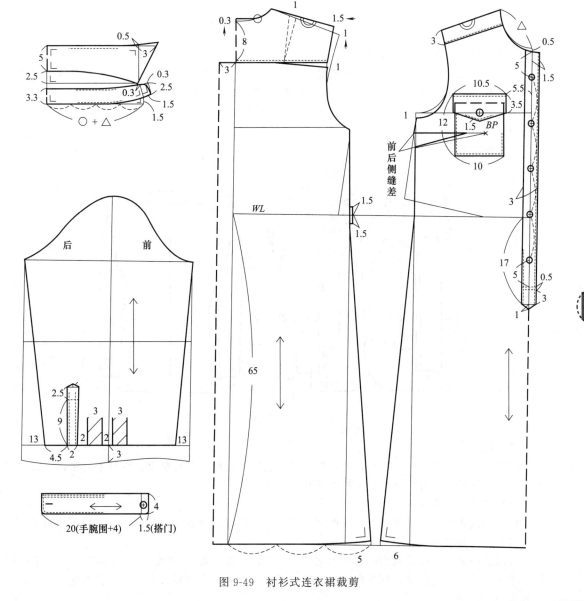

图9-49　衬衫式连衣裙裁剪

【袖子】

袖子可以窄一些，可以利用袖原型制图。但衬衫袖的吃势要比原型小一些，也可以直接利用 $AH/3-1cm$ 定出袖山高的方法进行制图。

（1）袖头　宽为4cm，长按手腕围＋4cm松量。

（2）前后袖口宽　分别按13cm定出。两个袖口褶宽均为3cm。衬衫式连衣裙裁剪如图9-49所示。

第七节　套装的应用制图

一、西服套装

1. 西服概述

严格来讲，西服泛指西式上装，包括日常穿着的夹克、西装等。其一般形式是：长度在腰围线以下，通常盖住臀部，有袖子，通过前开口穿脱。西式上装的款式各种各样，可与裙子或裤子组合穿用。如果上下装使用相同的面料，称之为"suit"——套装，否则称为"separated suit"——分离式套装。女性套装本身起源于男西服。男装中的西服、西服背心和裤子组成的三件套或西服和裤子组成的两件套均称为套装。女装同样以西服和裙子或裤子搭配，构成代表性的套装。所以，在普通称谓中，女西装等同于女西服，特指按男装缝制、右前门压左前门的女西服。

（1）西服的部位名称

西服的部位名称见图9-50。

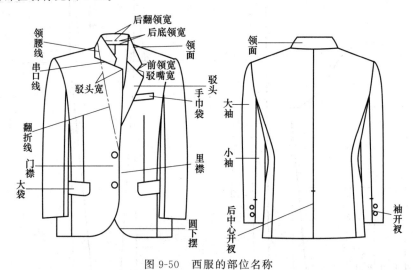

图9-50　西服的部位名称

（2）西服里子的式样

根据穿着季节和面料的特性，西服的里子可选择全衬里；前身整里、后身半衬里；前后身半衬里；前身无里、后身半衬里；无衬里等几种式样。

（3）西服领的式样

西服领的式样在很大程度上影响西服的款式。最常见的西服领有四种，式样如图9-51所示。

（4）西服领的采寸

西服领的采寸直接关系到西服给人的第一印象，至关重要。"平衡"、"比例"等设计原则同样适用于领子的设计。设计师可在美观的前提下，根据流行改变翻折点位置、驳头宽、驳嘴宽、

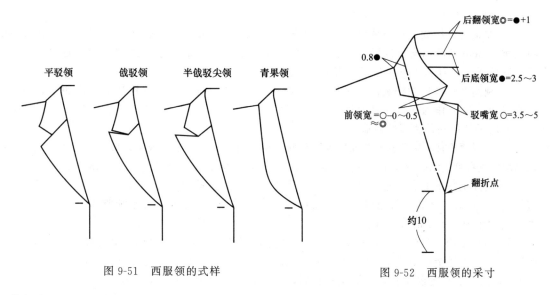

| 平驳领 | 戗驳领 | 半戗驳尖领 | 青果领 |

图 9-51 西服领的式样

图 9-52 西服领的采寸

前领宽、后翻领宽和后底领宽。但基本规律不能改变（见图 9-52）。

① 第一扣位平齐或略低于翻折点位置　扣子之间的间距一般为 8～10cm，男西服的扣子间距稍大，为 9～11.5cm。两粒扣的翻折点位于腰围线附近。

② 一般领型　后底领宽 2.5～3cm，后翻领宽大于后底领宽 1cm 左右，倒伏量 2～3cm，以保证后翻领盖住领子与后衣片的接口线。前肩线延长量采寸规律为 0.8×后底领宽。

③ 随着第一扣位的上移，即翻折点位置的上移，为了保证翻领效果，要增大倒伏量。

④ 大翻驳领的后翻领宽可根据设计效果加大，但后底领宽应始终保持在 2.5～3cm，以贴合人体颈部。当后翻领宽比后底领宽大很多时，必须增大倒伏量来保证翻领效果。

⑤ 驳嘴宽一般等于或略大于前领宽，平驳领二者之间的夹角略小于直角。戗驳领的两个领嘴之间是小锐角，其戗驳领尖不宜过长。

（5）西服的松量设计

普通女西服的长度加放参考如下。

① 衣长＝坐姿颈椎点高/2cm 或衣长＝号×40％＋4cm

② 袖长＝全臂长＋4～7cm 或袖长＝号×30％＋6～9cm

③ 胸围＝型＋12～18cm

④ 肩宽＝总肩宽＋1～2cm

⑤ 领大＝颈围＋2～3cm

2. 西装制图

（1）单排扣平驳领西服

此例原型采寸：$B=84$cm，背长＝38cm，腰长＝18cm。成品规格（领大是裁剪后实量尺寸）参见表 9-6。

表 9-6　成品规格　　　　　　　　　　　　　　　　　　　　单位：cm

号/型	尺　寸				
	衣长	胸围 B'	袖长	袖口	肩宽
160/84A	64	$B+16=100$	56	掌围＋6＝26	41

此例西服属于半紧身造型的正统女西服，三开身，两片袖，平驳领，圆下摆。为了使服装合身，前片除了腰省之外，又设计了领省，掩盖在翻领之下。为了增加女性阴柔特征，没有采用男西服的手巾袋和袖开衩（图 9-53）。

251

绘制要点（图 9-54～图 9-56）如下。

① 按腰围线摆放前后身原型，胸围间距 4cm，其中 3cm 将成为胸围的追加松量。前片原型距侧颈点 3cm 处画出肩省位置（并非最终省位），按住 BP 点旋转前片原型，展开肩省 2cm。为了绘制领子，暂时不能把省开至领窝处，仅画好领省的位置即可。

② 领窝和肩部追加松量。肩宽用成品规格进行计算。袖窿深以后片为基准追加 1.5cm。前中心追加 0.5cm 作为面料的厚度量，但并不计入成品规格。此例的三开身绘制方法是非常典型的，适用于其他各种款型的西服。

③ 绘制领子时，初学者可在翻折线的左侧直观地模拟成衣领子的效果，形成美好的形态后，镜像到翻折线右侧。倒伏量 3cm，后底领宽 3cm，后翻领宽 4cm，翻领与驳领的夹角略小于直角。

④ 两片袖的绘制方法有两种，图 9-56 是其中的一种。袖山高按 $AH/3+0.5$cm 设置，也可直接在 16～18cm 之间进行选择。将前袖片的 3.5cm 转移至后袖片，在后袖肥的 1/2 向左 1cm 处画垂线，作为大小袖的分界线。

⑤ 如果采用比例法绘制，袖子和领子的绘制过程相同，前后衣身的绘制需要牢记大量公式，比原型法略显复杂。需要注意的是，比例法绘制西服时，必须提前设计成品领大（本例取 40cm），而且衣长的测量起点与原型法不同，从侧颈点量至前衣片下摆（图 9-54）。

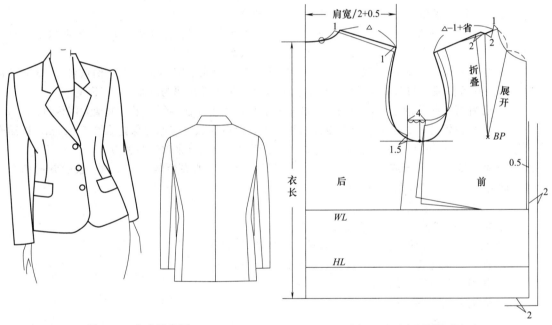

图 9-53　款式示意图　　　　图 9-54　原型的借助方法

（2）双排扣戗驳领西服

此例原型采寸：$B=84$cm，背长＝38cm，腰长＝18cm。成品规格（领大是裁剪后实量尺寸）见表 9-7。

表 9-7　成品规格　　　　　　　　　　单位：cm

号/型	尺　寸				
	衣长	胸围 B′	袖长	袖口	肩宽
160/84A	60	B+16=100	54	掌围＋6＝26	41

此例西服属于半紧身造型的男装式女西服，三开身，双排扣，戗驳领。为了突出其男装式特征，左胸设计有手巾袋，后中线和袖口都开衩。前片除了腰省之外，又设计了领省，掩盖在翻领之下。虽然样式属于男装，但多处施省和变短的衣长却使本款尽显女性的婀娜（图 9-57）。

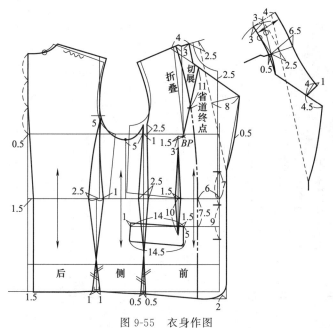

图 9-55　衣身作图

图 9-56　袖子作图

绘制要点（图 9-58、图 9-59）如下。

① 按腰围线摆放前后身原型，前中心追加 0.5cm 作为面料的厚度量，但并不计入成品规格。前片胸围追加 2.5cm，后片胸围追加 1.5cm，去除前片与侧片之间所占用的 1cm，胸围的总松量设计为 16cm。前后袖窿深各追加 1.5cm。测量前后袖窿深，作为袖子绘制的依据。

② 将乳突补充量"◎"作为腋下省（并非最终省位）的省量，使前后侧缝等长。前后片各切掉一部分组合成侧片。

③ 领子倒伏量 3cm，后底领宽 3cm，后翻领宽 3.5cm，驳头为尖锐角。

④ 图 9-59 是两片袖的第二种绘制方法（第一种见图 9-67）。袖山高按 5/6 袖窿深设置。将前后袖肥

图 9-57　款式示意图

分别二等分，作为大小袖的基础。在前袖片处将小袖的 3cm 转移至大袖，即大小袖进行了 3cm 的互借，在大小上区别开来。画出符合人体手臂形状的前偏袖线，根据袖口尺寸确定后偏袖线的终点，画好后偏袖线。在后袖片上端大小袖进行 2cm 的互借。

（3）休闲西服

正式西服所使用的面料一般为毛织物、化纤、混纺等传统西服面料。休闲西服可选择新型面料，如各种棉布——帆布、牛津布、灯芯绒、平绒等；还可以选择皮革、仿皮等时装面料，形成不同于传统西服的休闲西服。

此例休闲西服是一款紧身造型的西服，仅能内套背心或衬衫。此例西服无扣系带，四开身，前后片均有肩巾公主线，袖口开衩。袖口、下摆、门里襟止口、领子外口都用凹凸强烈的装饰带镶边或加蕾丝，增加西服的趣味，既潇洒又时尚（图 9-60）。成品规格见表 9-8。

绘制要点（图 9-61～图 9-63）如下。

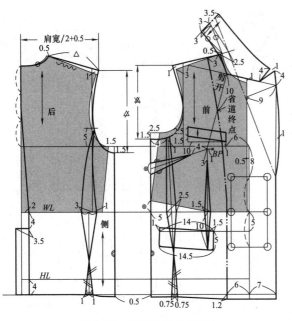

图 9-58　衣身及领子作图

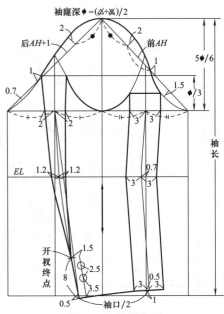

图 9-59　袖子作图

① 前片进行了撇胸设计，撇胸量 1cm。撇胸的存在影响了前片的领宽、肩宽和胸宽。绘制后衣片的基本型，前衣片比后衣片低 0.7cm 放置，这种前后片位置关系在比例法中是比较常见的。

② 背宽依据肩宽的一半来设定，由肩点向后中线 2cm 即为背宽线。胸宽比背宽小 1.2cm，这种关系非常固定，与号型无关。

表 9-8　成品规格　　　　　　　　　　　　　　　　　　　　　　　　单位：cm

号/型	尺寸					
	衣长	胸围 B'	袖长	袖口	肩宽	领大
160/84A	60	$B+10=94$	56	26	40	37

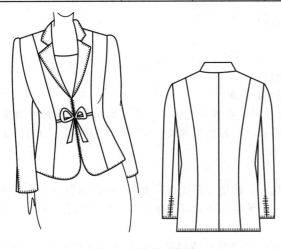

图 9-60　款式示意图

③ 前后片落肩用定寸法设计，这是比例法中常见的方法之一。当然也可以用肩斜角进行绘制。肩斜角是上平线与肩斜线的夹角。女子后肩斜角一般取 18°，前肩斜角一般取 22°，与此例符合。

④ 前片原型设计了一个袖窿省，其位置非常巧妙，既不影响袖窿曲线，又不影响侧缝的长度。袖窿省夹角在 10°左右，随着胸围的增大而增大。将袖窿省转移至肩部，与腰省连在一起，形成肩巾公主线。

⑤ 领子在绘制结构图之前，直观地模拟了领子翻折后的成品形状，然后以翻折线为镜像线，对称地画在翻折线的右侧。倒伏量 3cm，后底领宽 3cm，后翻领宽 4cm。

⑥ 袖子的绘制原理是固定不变的，变化的只是一些细节。

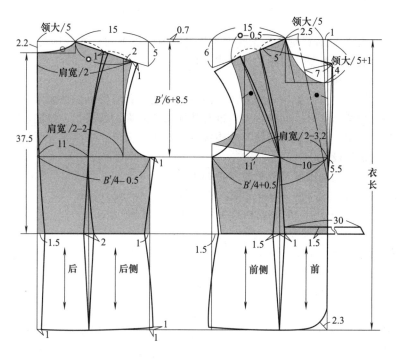

图 9-61　衣身作图

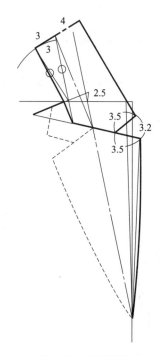

图 9-62　领子作图

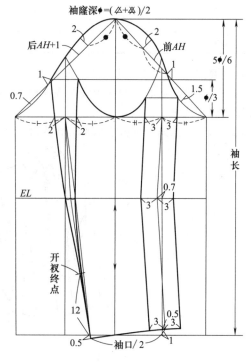

图 9-63　袖子作图

二、夹克衫套装

1. 夹克概述

夹克是"jacket"的音译词，泛指长度不超过臀围的短上衣。在我国的服装领域，夹克被约定俗成地定义为区别于西服、衬衫的休闲式外套。

（1）夹克的标志性元素

西服的标志性元素是西服领和繁复高档的制作工艺，背心的标志性元素是无袖，传统衬衫的标志性元素是衬衫领和袖口。同样，夹克也有其标志性元素，如铁扣、拉链、抽带、松紧带、罗纹等常用辅料，明袋、斜插袋、断缝等结构特点，棉布、皮革、牛津布等面料特征。

（2）女夹克松量设计

普通女夹克的长度和围度加放松量参考如下。

① 衣长＝坐姿颈椎点高−4～8cm 或衣长＝号×40％−6～10cm

② 袖长＝全臂长＋3～7.5cm 或袖长＝号×30％＋5.5～10cm

③ 袖口长＝掌围＋3～5cm

④ 胸围＝型＋10～50cm

⑤ 肩宽＝总肩宽＋1.5～4cm

⑥ 领大＝颈围＋3～4cm

2. 夹克衫设计举例

此例夹克是非常紧身的时尚款式，连体企领，前身四条断缝，前门襟使用拉链（图9-64）。成品规格参见表9-9。

表9-9　成品规格　　　　　　　　　　　　　　　　　　　单位：cm

号/型	尺　　寸				
	衣长	胸围 B'	袖长	袖口	肩宽
160/84A	54	$B+8=92$	56.5	24	40

绘制要点（图9-65～图9-67）如下。

（1）将原型前后衣身的腰围线对齐摆放。在前领窝的三分之一处画出新省位，按住 BP 点旋转原型使腰围线水平。

（2）将前腋点高于后腋点的部分作为腋下省并转移至断缝中。

图9-64　款式示意图

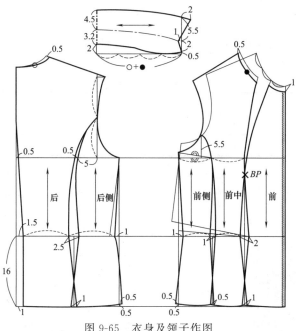

图 9-65　衣身及领子作图

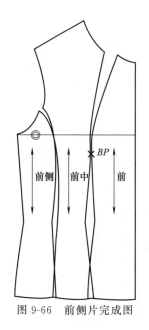

图 9-66　前侧片完成图

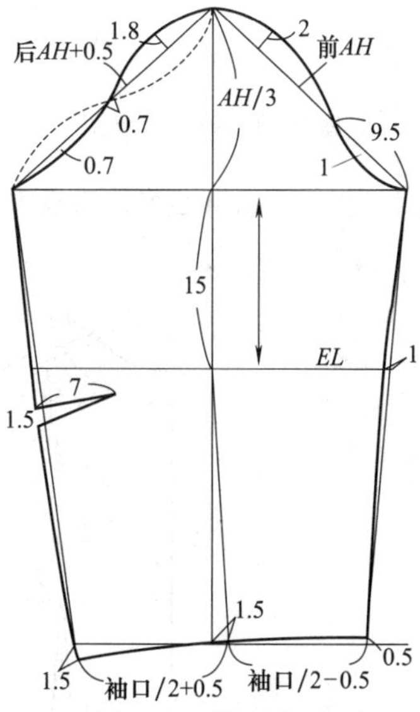

图 9-67　袖子作图

第八节　背心的应用制图

　　背心又称为"马甲",是穿在衬衫外面的无袖上衣,可用来调节冷暖,增加装饰。基本款式的女装马甲处于合身状态,胸围的加放量在 8～15cm 左右,长度在腰围线以下 10cm 左右。可根据具体的设计要求变化衣长、合身程度、领型、下摆形状等构成元素,形成新的背心款式。

一、西服背心

这是一款仿男式西服背心，内套衬衣穿着，合身程度很高（图9-68）。

成品规格见表9-10。

表9-10　成品规格　　　　　　　　　　　　　　单位：cm

号/型	尺　寸	
	衣长	胸围
160/84A	46	$B+6=90$

图9-68　款式示意图

绘制要点（图9-69）如下。

（1）将原型前后衣身的腰围线对齐摆放。在前袖窿处画出新省位，按住 BP 点旋转原型使腰围线水平。

（2）由于此例背心合身程度很高，所以将前后片胸围各削减1cm。为了保证中臀尺寸，衣长要一直拉展到臀围线，臀围的松量为8cm。

（3）将前片腰省切展至袖窿省，闭合袖窿省，将袖窿省转移至腰省（图9-70）。

二、胸衣式背心

这是一款可以独自作为上衣穿用的胸衣式背心。腰节线以上部位为背带式紧身胸衣造型，腰节线以下部位为基本马甲的底摆造型。衣身前后公主线，前搭门四粒扣。此款背心可作为夏季上衣穿用，或搭配上衣穿用（图9-71）。

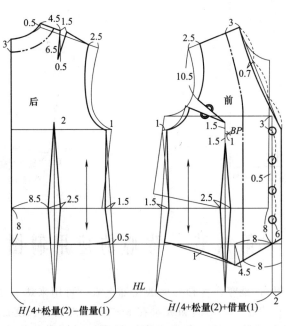

图9-69　结构设计图

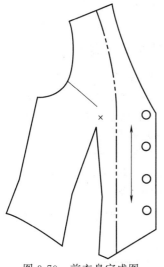

图 9-70 前衣身完成图

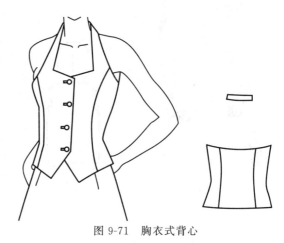

图 9-71 胸衣式背心

制图要点（图 9-72）如下。

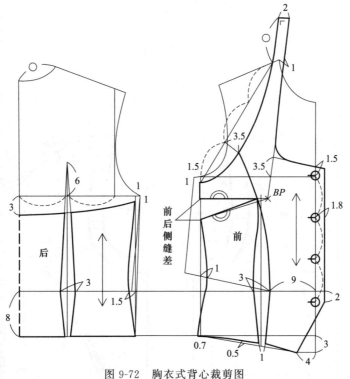

图 9-72 胸衣式背心裁剪图

（1）衣长　由腰节线往下 8cm。

（2）胸围松量　加放 3cm，前胸围宽较原型劈掉 1.5cm，后胸围劈掉 1cm。另外在后片破缝中劈掉 1cm。

（3）前背带　先由 BP 点与前颈点放出 1cm 处连直线。背带上口宽 2cm。背带长在肩线上按后领窝弧线长定出。背带外侧用弧线画顺至前袖窿深下落 1cm 处。

（4）前胸口线　前中心由前胸围线往上 1.5cm，与背带处胸围线往上 3.5cm，连线画顺。

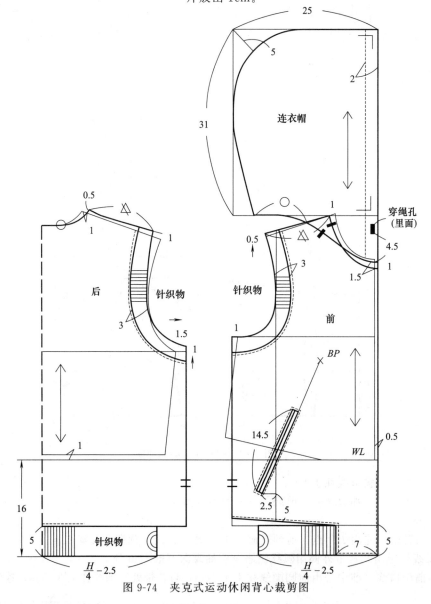

图 9-73 夹克式运动及休闲背心款式

（5）后上口线　在胸围线由后中心下落 3cm 与侧缝下落 1cm 处用弧线画顺。

三、夹克式运动及休闲背心

这是一款下摆和袖窿分别采用针织螺纹的夹克式运动及休闲背心，款式如图 9-73 所示。连衣帽，前门襟装拉链，前面左右两侧挖两个拉链式双嵌线斜插袋。

制图要点（图 9-74）如下。

（1）前中心厚度　放出 0.5cm。

（2）后片原型腰节线　较前片抬高 1cm。

（3）衣长　由腰节线往下 16cm。

（4）胸围松量　加放 16cm，后片放出 1.5cm，前片放出 1cm。

图 9-74 夹克式运动休闲背心裁剪图

（5）前后领窝　分别挖宽 1cm，前领窝挖深 1.5cm。

（6）后袖窿深　提高 1cm。

（7）前袖窿深　同原型。

（8）袖窿螺纹口　宽 3cm。

（9）前后下摆宽（螺纹长）　均按 $H/4-2.5cm$ 定出。

（10）下摆罗纹宽　5cm。

（11）前片侧缝下摆　按前后侧缝长作出起翘。

（12）斜插袋　在胸宽垂线的基础上作出。

（13）口袋长　14.5cm。

（14）帽子　先由前侧颈点作前中心线的直角线，再分别画出帽宽 25cm 和帽长 31cm。前帽口顶端由前颈点往上 1cm，然后按图画顺连衣帽。

第九节　外套的应用制图

一、大衣外套

1. 概述

大衣是秋冬季节穿在最外层的较长外套，其长度一般从臀围至脚踝不等。大衣的功能主要是防寒、防雨及防尘。近年来随着冬季气温的不断攀升和取暖设备的无处不在，大衣的防寒功能逐渐成为一种象征符号，其装饰功能渐渐成为人们的关注重点，于是大衣的面料、辅料和制作工艺逐渐向合体、轻薄的方向上发展。

（1）大衣的分类　按衣长来分，大衣可以分为短大衣、中长大衣和长大衣。短大衣的下摆在臀围线附近，半长大衣的下摆在大腿中部至膝盖附近，长大衣的下摆在小腿中部至脚踝。

按廓型来分，大衣可以分为 H 型、X 型、A 型和 T 型。

按肩袖形态来分，大衣可以分为上袖、插肩袖、连肩袖、连身袖、落肩袖、蝙蝠袖等。

按面料来分，大衣可以分为毛绒大衣、皮大衣、裘皮大衣、针织大衣、羽绒大衣等。

按用途来分，大衣可以分为风衣、御寒大衣、礼服大衣等。

（2）女大衣松量设计

① 短大衣衣长＝坐姿颈椎点高＋12cm 或衣长＝号×40％＋10cm

中长大衣衣长＝号×55％＋0～22cm

长大衣衣长＝颈椎点高－0～26cm 或衣长＝号×70％＋0～24cm

② 袖长＝全臂长＋6cm 或袖长＝号×30％＋8.5cm

③ 袖口宽＝掌围＋8～14cm

④ 胸围＝型＋18～30cm

⑤ 肩宽＝总肩宽＋1～3cm

⑥ 领大＝颈围＋4～7cm

（3）男大衣松量设计

① 短大衣衣长＝颈椎点高×55％

中大衣衣长＝颈椎点高×5/8

长大衣衣长＝颈椎点高×3/4＋10cm

② 袖长＝全臂长＋7.5cm 或袖长＝号×30％＋12cm

③ 袖口宽＝掌围＋10～12cm

④ 胸围＝型＋22～30cm

261

⑤ 肩宽＝总肩宽＋2～5cm

⑥ 领大＝颈围＋4～7cm

2. 大衣设计举例

（1）H型大衣　H型大衣是大衣中的经典款式，几乎适合任何年龄的女士。面料、衣长、合身程度、领子及口袋等设计要素的变化可形成H型框架下的各种具体款式。此例属中长大衣，翻领，贴袋，一片袖，简单又休闲（图9-75）。成品规格见表9-11。

表9-11 成品规格　　　　　　　　　　　　　　　单位：cm

号/型	尺　寸				
	衣长	胸围 B'	袖长	袖口	肩宽
160/84A	98	$B+23=107$	57	30	42

绘制要点（图9-76～图9-78）如下。

图9-75　H型大衣款式示意图

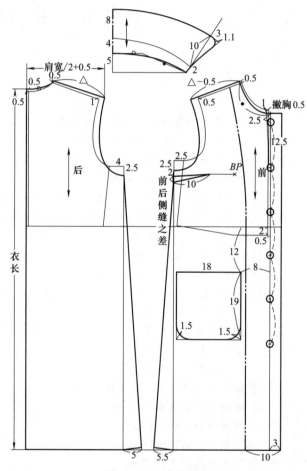

图9-76　衣身裁剪图

① 将前身原型的腰围线去掉2cm，然后对齐后身原型摆放，即将乳凸补充量缩小了2cm，符合大衣比较宽松的特点。前身原型撇胸0.5cm。

② 大衣的面料一般比较厚，衣身前后中线追加0.5cm作为面料的厚度，搭门3cm。追加领窝、肩线、胸围和袖窿深的松量。

③ 将前后侧缝的差量作成腋下省，省长10cm。

④ 按照前后领窝的长度绘制翻领的下口。

⑤ 考虑到面料的厚度、内层着装厚度以及袖山吃缝导致的泡起的分量，袖子在全臂长的基础上加放较多，成品袖长 57cm。按照袖子原型的绘制原理绘制袖子的基础图，并在后肘部位切展 1.5cm，使袖中线发生偏移，形成偏袖线（图 9-77）。将前后袖缝线作成微凸的曲线（图 9-78）。

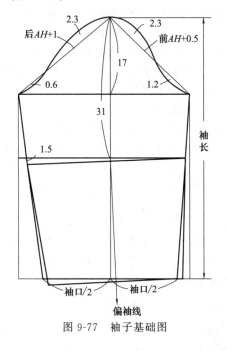

图 9-77　袖子基础图

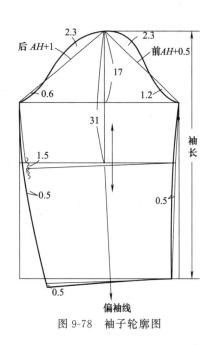

图 9-78　袖子轮廓图

（2）X 型大衣　X 型大衣是比较适合年轻人的时尚款式，强调腰臀部位的曲线，因此经常采用公主线结构。此例属中长大衣，为了突出其时尚感，用动物毛皮或仿毛皮做领子和翻袖口，前门襟使用拉链（图 9-79）。成品规格见表 9-12 所示。

表 9-12　成品规格　　　　　　　　　　　　　　　　　单位：cm

号/型	尺　　寸					
	衣长	胸围 B'	腰围	袖长	袖口	肩宽
160/84A	90	$B+18=102$	80	57	30	实测

绘制要点（图 9-80～图 9-83）如下。

① 将前身原型的腰围线去掉 1cm 后，对齐后衣身原型摆放，即将乳凸补充量缩小了 1cm，符合此款大衣比较合身的特点。前身原型撇胸 0.5cm。

② 衣身前后中线追加 0.5cm 作为面料的厚度。追加领窝、肩线、胸围和袖窿深的松量。此例中后肩点延长 1cm 作为成衣的肩宽，前小肩宽参照后小肩宽确定。利用这种方法绘制肩宽，其采寸需实际量取成衣才能得知。

③ 将前后侧缝的差量作成腋下省，省尖距离 BP 乳凸 4cm。省的位置并不重要，因为它只是一个过渡省。

④ 公主线与袖窿的交点可以从肩点向下量取。其数值一般后片比前片稍大些。比较美观的做法是：后交点位于背宽线附近，前交点位于胸宽线附近。当然，设计者可以忽略数值，直观地在图上画出交点。为了形成 X 形，腰围的省量较大，总体上腰围在胸围的基础上减小了 22cm。

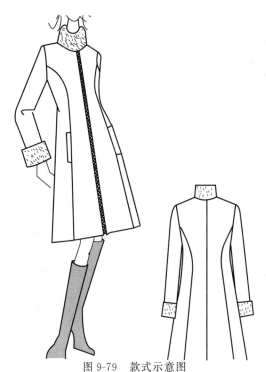

图 9-79 款式示意图

为了视觉美观，可提高腰围线 1～3cm 作为高腰线。下摆的展宽量可灵活掌握。

⑤ 如果作肩部公主线，则细节部位稍加修改。肩部公主线起点一般取在小肩线的中点附近。

⑥ 按照前后领窝的长度绘制毛立领的下口。

⑦ 袖山高直接取采寸 16cm，上臂围取值 28cm，加上松量 8cm，因此袖肥采寸 36cm。袖山曲线完成后将袖山顶点抬高 2cm，作为袖子的泡起量。毛袖口的上围略长。

（3）A 型大衣

A 型大衣也是比较适合年轻人的时尚款式，廓型呈现小喇叭状，下摆宽大。此例属短大衣，一片宽松袖，翻袖口，高立领。当第一粒扣解开时，立领便变成了翻领（图 9-84）。成品规格见表 9-13。

绘制要点（图 9-85～图 9-88）如下。

① 将新原型后肩省的一半转移至袖窿，作为袖窿的松量。将前袖窿省的 0.5cm 转移至领窝，作为领窝的松量。

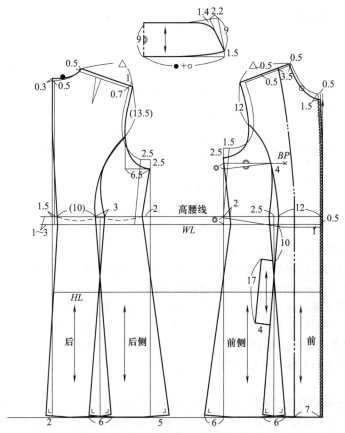

图 9-80 袖窿公主线衣身及领子作图

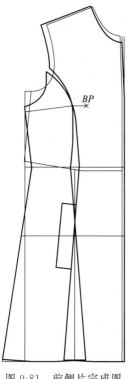

图 9-81 前侧片完成图

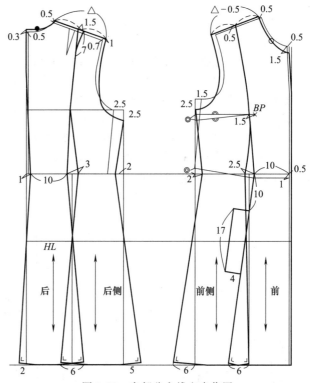

图 9-82 肩部公主线衣身作图

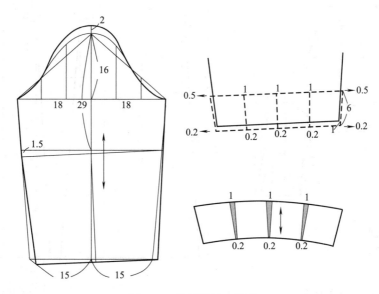

图 9-83 袖子及袖口作图

表 9-13 成品规格 单位：cm

号/型	尺 寸				
	衣长	胸围 B'	袖长	袖口	肩宽
160/84A	84	B+22＝106	57	实测	实测

② 前衣身对齐腰围线摆放，即将乳凸补充量缩小了 1cm，符合此款大衣比较合身的特点。前身原型撇胸 0.5cm。

③ 将前后侧缝的差量作成腋下省，省尖距离 BP 乳凸 4cm。省的位置并不重要，因为它只是一个过渡省。

④ 公主线与袖窿的交点可以从肩点向下量取。其数值一般后片比前片稍大些。比较美观的做法是：后交点位于背宽线附近，前交点位于胸宽线附近。当然，设计者可以忽略数值，直观地在图上画出交点。为了形成 X 形，腰围的省量较大，总体上腰围在胸围的基础上减小了 22cm。为了视觉美观，可提高腰围线 1～3cm 作为高腰线。下摆的展宽量可灵活掌握。

⑤ 如果作肩部公主线，则细节部位稍加修改。肩部公主线起点一般取在小肩线的中点附近。

⑥ 按照前后领窝的长度绘制毛立领的下口。

⑦ 袖山高直接取采寸 16cm，上臂围取值 28cm，加上松量 8cm，因此袖肥采寸 36cm。袖山曲线完成后将袖山顶点抬高 2cm，作为袖子的泡起量。毛袖口的上围略长。

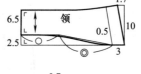

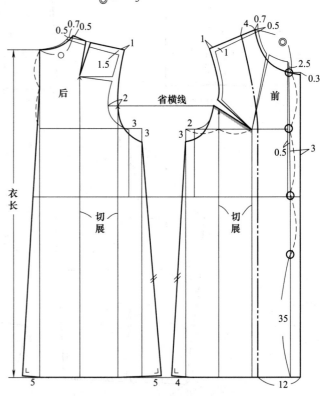

图 9-84　款式示意图

图 9-85　衣身及领子作图

二、风衣外套

1. 概述

风衣又名"风雨衣"，可以看成是大衣按照面料划分的一个种类——用防尘、防雨等面料制作的轻便春季外套。其松量设计可完全参照大衣。

2. 风衣外套设计举例

此例成品规格见表 9-13。

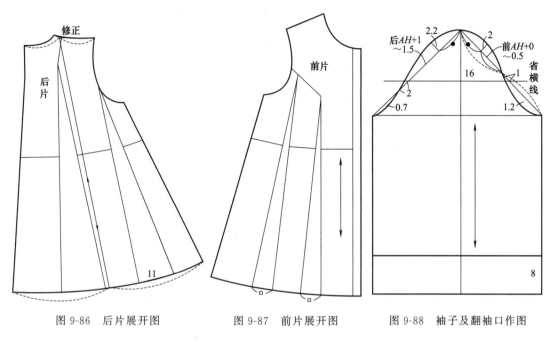

图 9-86　后片展开图　　　　图 9-87　前片展开图　　　　图 9-88　袖子及翻袖口作图

风衣款式如图 9-89 所示，裁剪图如图 9-90～图 9-92 所示。

图 9-89　风衣款式

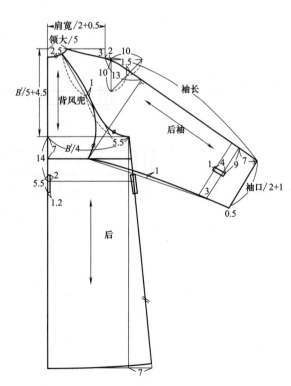

图 9-90　后衣身及后袖作图

267

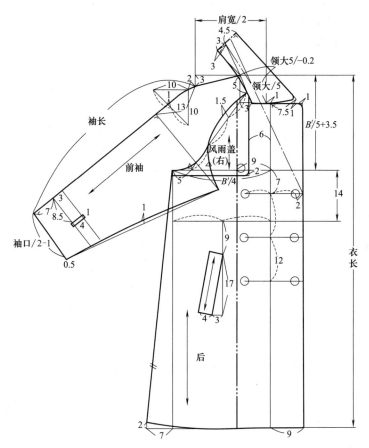

图 9-91 前衣身、前袖及领子作图

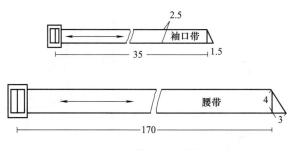

图 9-92 腰带及袖口带作图

第十章　服装样衣制作

第一节　缝制基础知识

一、缝纫机的使用与保养

（一）缝纫机检修与上线调整

缝纫机的检修主要经常向加油孔加油，经常清扫梭皮中的布屑。上线的调节是通过松紧缝纫机上的上线调节轮来实现。

在始缝之前，必须使用实际要缝纫的布料，确认缝纫线的松紧，以得到漂亮的缝迹，如果有一种线紧，要用上线调节轮进行调整。不同的机型，其位置稍有不同，务必阅读使用说明书。

（1）正确的线迹（图10-1）。

（2）上线紧的线迹（图10-2）。

（3）上线松的线迹（图10-3）。

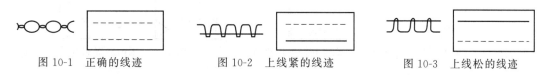

图10-1　正确的线迹　　　　图10-2　上线紧的线迹　　　　图10-3　上线松的线迹

（二）下线缠绕

缝纫机的下线应该注意平整，如果绕得不好，在缝纫过程中会断线。缠绕下线的线轴称为梭芯。梭芯要选择与缝纫机相匹配，下线要均匀地缠绕至梭芯边宽的80%左右。缠绕方法在各种缝纫机的使用说明书中有介绍，应注意阅读。下线缠绕如图10-4所示。

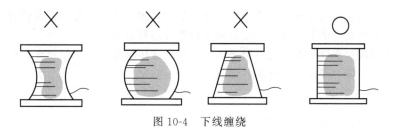

图10-4　下线缠绕

（三）缝纫机针更换

缝纫机针需要定时更换。缝纫机针在使用过程中，针尖会逐渐磨损，进行缝制时在布料上造成开孔之后，就必须进行更换。缝纫时断线次数增多或者在布料上产生针孔，就要更换缝纫机针（图10-5）。

二、缝制要点

（一）缝制手法

初学者不能用缝纫机直接缝制，要在画好线之后再缝制。缝制要点总结如下。首先要将身体中心对准缝纫

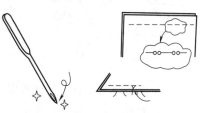

图10-5　缝纫机针更换

机针落下的位置，把右手放在前面，左手放在缝纫机臂的里面轻轻拉住布料缝制。缝纫机臂内侧送布过多，就会缝错位。把一只手放在布上，另一只手在前面轻拉。拉布的速度不要高于缝纫机的速度（图10-6）。

（二）始缝和终缝的处理

始缝和终缝的处理，如果在最初和最后之间回针缝，不需要逐个结线，把线剪断就可以。

回针缝是一种始缝和终缝线不绽线的方法。始缝在4～5针缝制之后，再向后返回原位置，然后再按普通缝制继续向前缝。终缝也是一样的。如图10-7所示，是隔开画的，但实际上是在同一根线上缝的。

（三）锯齿缝缝制方法

有时即使锯齿缝缝纫机慢慢进行缝制也会把布边卷入，不能顺利缝制。特别是缝制轻薄布料时特别容易蜷曲，有时上线不好也会蜷缩。厚重布料、有黏合衬的布料、多层布料重叠的情况下，可以直接进行锯齿缝，但对于里子料、轻薄布料，要在距布边0.1～0.2mm的地方进行锯齿缝。否则布边就会蜷曲。厚重布料时到布边；轻薄布料时距布边留0.1～0.2mm（图10-8）。

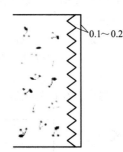

图10-6 缝制手法　　图10-7 始缝和终缝的处理　　　　图10-8 锯齿缝缝制方法

（四）直缝方法

有时对于初学者，线迹无论如何都是软弱无力的弯弯曲曲。虽然想缝得很直，但得到的总是弯弯曲曲的曲线。当窝边厚时，就容易造成缝迹弯曲。首先要把窝边的宽度整理整齐之后再进行缝合，此时使用缝合定规更方便。

1. 接缝处缝制（图10-9）

（1）在接缝处有厚薄差异时，靠近接缝处，如果压脚片的前端抬起，在针向下刺进的状态下提起压脚片。在压脚片的后面放上厚纸，降下压脚片进行缝合。

（2）如果压脚片前倾，则在把针降下的状态下提起压脚片。将厚纸放在压脚片的前面，降下压脚片进行缝合。调节厚度直至压脚片通过。

2. 线的接法（图10-10）

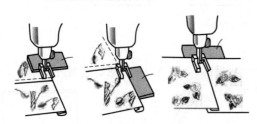
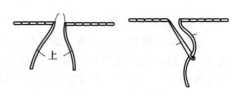

图10-9 接缝处缝制方法　　　　　　　图10-10 线的接法

（1）从断线的位置1针前再度开始缝合。把断线的线拉出下线，拉到背面。

（2）针通过另一根线，埋下1针的距离。然后在背面把4根线结线以使其不绽线，捆绑在缝线上以使线不显眼。拉住下线，将上线向下拉出，留1针上线。

三、各种配件使用

缝纫机有各种各样的附加装置（配件）。

1. 缝迹定规（图10-11）

按照用途进行分类，有的可以实现快速顺利缝合，使用方法简单。与布边对齐，安装导轨，以0～4cm宽度进行正确缝合。

2. 丝绒压脚片（图10-12）

防止难以缝合的丝绒在缝合时缝脱。在厚重布料或有伸缩性的布料上也可以使用。

3. 带子压脚（图10-13）

可以安装5～20cm宽的带子，能够自动卷带缝迹也不会偏离带子。

图10-11　缝迹定规

图10-12　丝绒压脚片

图10-13　带子压脚

4. 曲线规（图10-14）

与缝纫机针联动，压脚片上下，布料可以360°自由转动，可以缝制自己喜欢的图案。

5. 锁边剪刀（图10-15）

锁边剪刀在锁边的同时可以将布料剪开，其属于插拔型的压脚片。

6. 万能褶裥器（图10-16）

通过调节螺钉，可以按照需要的宽度折缝。

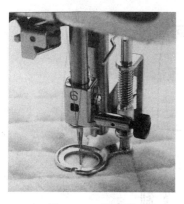
图10-14　曲线规

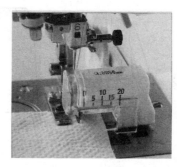
图10-15　锁边剪刀

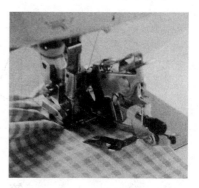
图10-16　万能褶裥器

7. 绗缝配合（图10-17）

送布具有双重结构，对重叠的布料上下同时输送，难以产生缝脱。不光滑的易于伸缩变形的布料和皮革等也能顺利缝制。

271

图 10-17 绗缝配合

四、布料整理

棉布要进行一次缩水。布料的纹路会弯曲变形，要用熨斗将成块的布料进行熨烫整理。经过缩水的棉布，在润湿干燥之前要经过一定长度的拉伸，为了不让其干燥之后产生褶皱，要用熨斗进行熨烫。各种布料的整理方法如下（图 10-18）。

抽出 1 根纬纱来找齐纬平，整理要根据布料而有所不同。如果是涤纶，只用熨斗就足够。

五、线的选择

1. 缝纫线的选择

根据面料来选择缝纫线。透明的线使用是很方便的。虽然有强度，但有时会难以和布料配合。棉布要用棉线，其他要用尼龙线或者丝线。颜色要选择与布料能够匹配的。

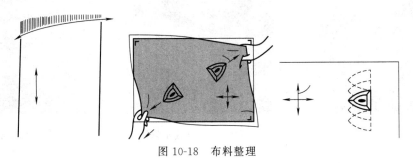

图 10-18 布料整理

2. 钉扣线的选择

手工钉制纽扣的情况下，如果使用专门的纽扣线（扣眼线）钉制纽扣，就会非常漂亮、结实。

六、黏合衬的使用

黏合衬具有增强和保持衣服造型的作用，根据服装的种类不同来选择使用。以下是常用到黏合衬的部位。黏合衬的使用如图 10-19 所示。

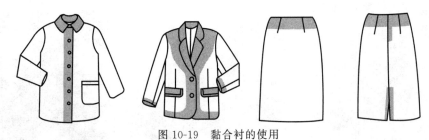

图 10-19 黏合衬的使用

第二节 特殊部位的缝制

一、衣角的缝制

圆形衣角有时不太好缝，缝制成椭圆的形状或者左右的形状不相同。正确的方法是将衣角的窝边剪成三角形，在翻过之前要按照缝迹切好，折好窝边之后再翻过，使用钻孔锥子将衣角拉出，会做得更顺利。步骤如下（图10-20）。

（1）缝合到衣角的一针之前。

（2）在降下缝纫机针的状态下，让布料旋转45°，缝合一针。然后在降下缝纫机针的状态下，转动45°进行缝制。

（3）衣角的窝边要斜向细心剪切。

（4）翻到正面之后，用钻孔锥子拉出衣角，整理形状。

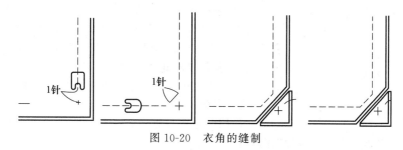

图10-20　衣角的缝制

二、曲线的缝制

服装不容易处理的曲线处，让布料转动进行缝制就能顺利缝制。缝制结束时要在窝边上剪开缺口。缝制结束，在窝边处剪开几处切口。弯曲不容易处理的情况下剪开切口的间隔要窄小（图10-21）。

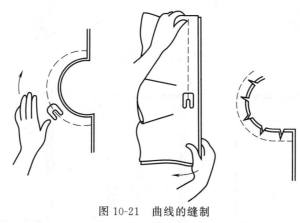

图10-21　曲线的缝制

三、碎褶的缝制

如果不使用专用的缝纫机，而是用普通缝纫机缝制窝边的碎褶时，步骤如下（图10-22）。

（1）把上线调松。针距与调节轮最大的位置对齐。进行2行平行地缝制。

（2）缝纫机的下线同时用2根，注意不要断线，同时拉紧2根下线，使其缩短到需要的尺寸。

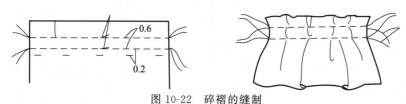

图10-22　碎褶的缝制

四、省的缝制

（一）V形省的缝制方法

1. 省的缝制

V形省的缝制从上面向下面缝，缝至距省尖2～3针时，只需距面料折边有1～2根纱线的距

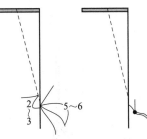

离。在缝止点处将上下缝纫线打结，然后特别要注意熨斗的熨烫方向（图10-23）。

2. 省缝的倒向

薄料时，倒向一边即可；中厚料时，省倒向两边；厚料时，省上半部分沿省中线剪开分缝，省尖部分倒向两边（图10-24）。

（二）菱形省的缝制

菱形省必须从V字的头部开始缝并且分两次缝（图10-25）。

（三）省的倒向

省的倒向是有规则的，在前领口上加入省时，省倒向前中

图 10-23　V形省的缝制

心一边；侧缝省倒向上边；腰省倒向中心线（图10-26）。

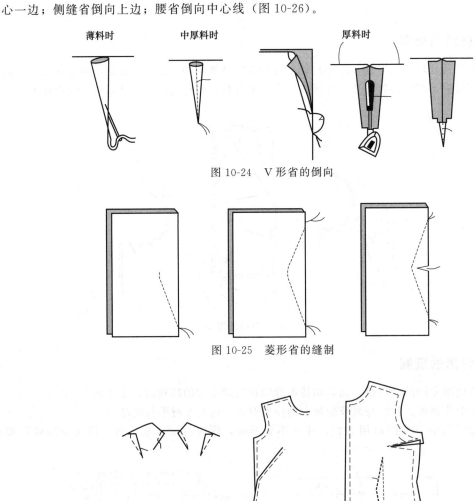

图 10-24　V形省的倒向

图 10-25　菱形省的缝制

图 10-26　省的倒向

五、肩育克的缝制

肩上带有育克的衬衫，肩育克的缝制如图 10-27 所示。

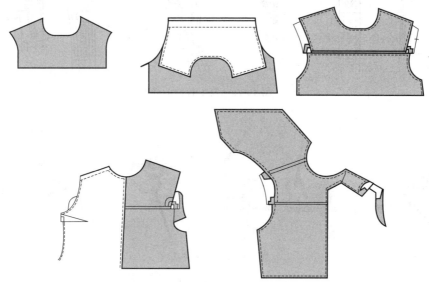

图 10-27　肩育克的缝制

第三节　各种配件的缝制

一、拉链的上法

1. 普通拉链

普通拉链的缝制如图 10-28 所示。

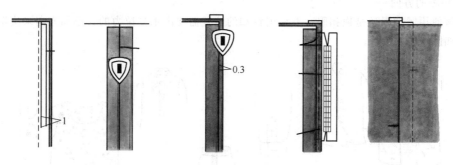

图 10-28　普通拉链的缝制

2. 隐形拉链的缝制

隐形拉链的缝制如图 10-29 所示。

二、钉扣方法

纽扣的手工钉制方法如图 10-30、图 10-31 所示。

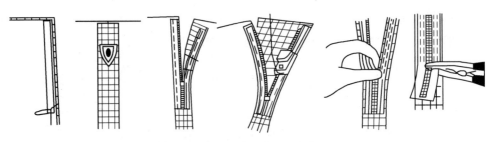

图 10-29 隐形拉链的缝制

2~3回　　数回　　　　　　　　　2~3回

图 10-30 钉扣方法（一）

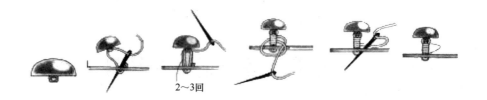

2~3回

图 10-31 钉扣方法（二）

三、扣眼的缝制

1. 扣眼的方向

应该使用竖扣眼还是横扣眼，要根据钉扣的位置需要由承受拉力的大小和方向来决定。扣眼的方向如图 10-32 所示。

图 10-32 扣眼的方向

2. 手工缝制扣眼

（1）方头扣眼　方头扣眼的缝制如图 10-33 所示。

图 10-33　方头扣眼的缝制

（2）圆头扣眼　圆头扣眼的缝制如图 10-34 所示。

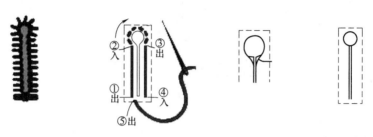

图 10-34　圆头扣眼的缝制

第四节　领子的制作

一、领开口的制作方法

1. T恤领开口

在普通的面料上，制作 T恤领开口的方法如图 10-35 所示。

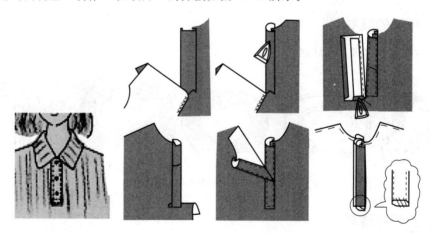

图 10-35　T恤领开口的方法

2. 无领开口

无领开口的方法如图 10-36 所示。

3. 领口平整处理

通畅缝制无领领口，需要将领口内的缝份打剪口或是剔窄缝份到 0.6cm 左右。领口平整处理如图 10-37 所示。

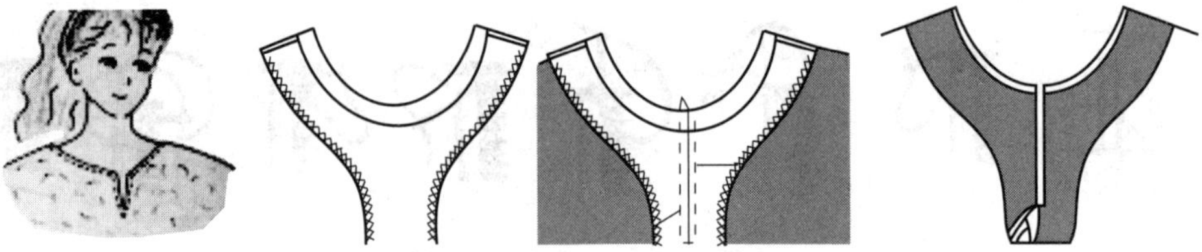

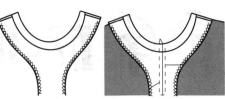

图 10-36　无领开口的方法

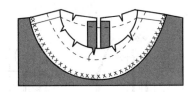

图 10-37　领口平整处理

二、翻领的缝制

翻领（又称为连体企领）的缝制如图 10-38 所示。

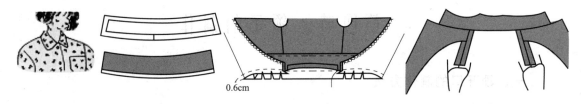

0.6cm

图 10-38　翻领的缝制

三、平领的缝制

平领（又称为扁领）的缝制如图 10-39 所示。

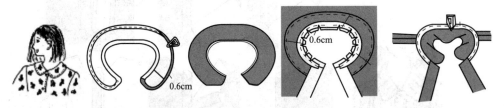

0.6cm

0.6cm

图 10-39　平领的缝制

四、立领的缝制

立领的缝制如图 10-40 所示。

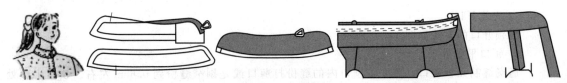

图 10-40　立领的缝制

五、衬衫领的缝制

衬衫领（又称为分体企领）的缝制如图 10-41 所示。

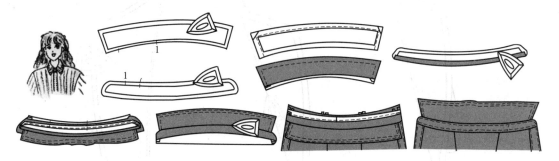

图 10-41　衬衫领的缝制

六、海军领的缝制

海军领的缝制如图 10-42 所示。

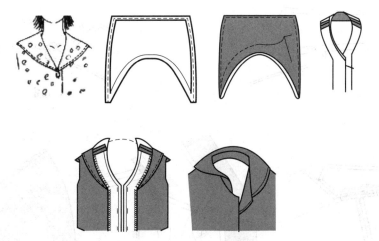

图 10-42　海军领的缝制

七、西装领的缝制

西装属于典型的翻驳领，育领、驳领的缝制和绱领的步骤如图 10-43～图 10-45 所示。

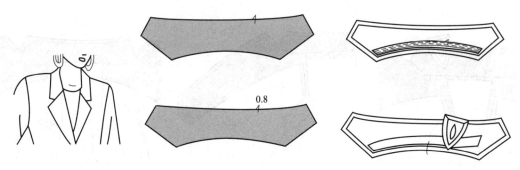

图 10-43　肩领的缝制

279

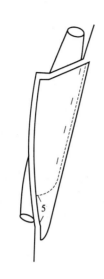
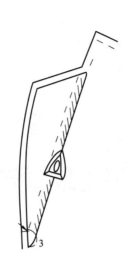
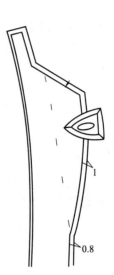

图 10-44 驳领的缝制

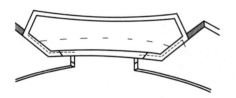
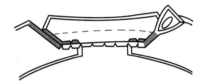

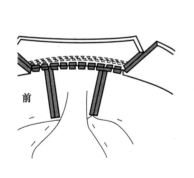
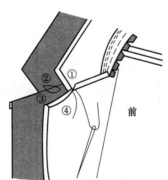
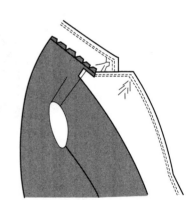

前

前

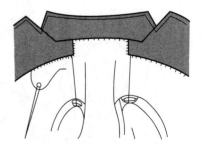

图 10-45 绱领的步骤

第五节　袖子的制作

一、绱袖吃量

绱袖吃量的分配非常重要，分配不均会造成褶皱。绱袖吃量如图 10-46 所示。

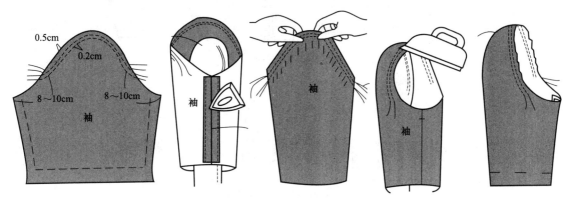

图 10-46　绱袖吃量

二、绱袖

一般情况从袖子一侧用缝纫机进行缝制。绱袖如图 10-47 所示。

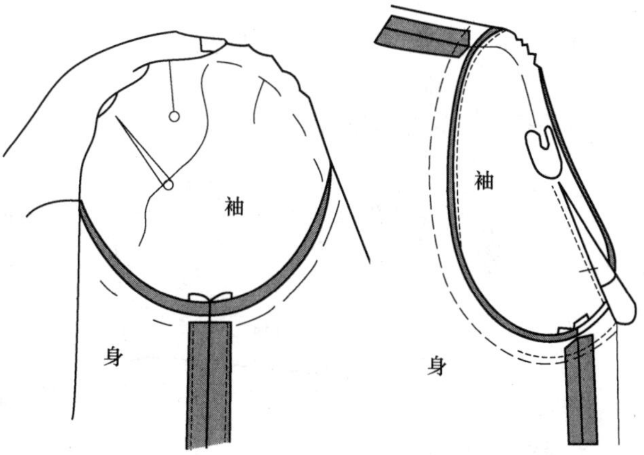

三、落山袖的缝制方法

睡衣的袖子和罩衫的袖子经常使用落山袖，其绱袖方法与西装袖有所不同，落山袖的缝制如图 10-48 所示。

四、西装袖的缝制

（一）西装袖的缝制

西装袖的缝制如图 10-49 所示。

（二）垫肩的绱法

西装和外套大多加入垫肩，垫肩的绱法如图 10-50 所示。

图 10-47　绱袖

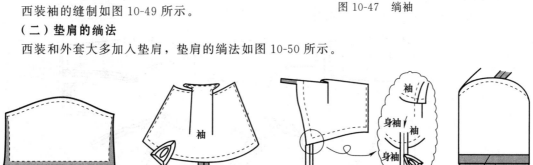

图 10-48　落山袖的缝制

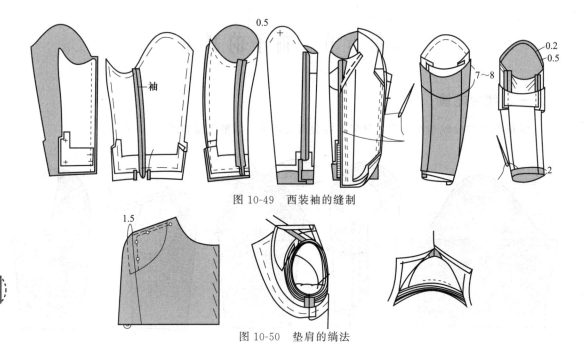

图 10-49 西装袖的缝制

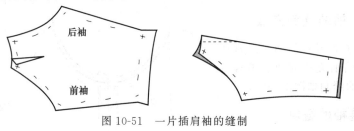

图 10-50 垫肩的绱法

五、插肩袖的缝制方法

插肩袖分为一片式、两片式两种。

1. 一片插肩袖

一片插肩袖的缝制如图 10-51 所示。

图 10-51 一片插肩袖的缝制

2. 两片插肩袖

两片插肩袖的缝制如图 10-52 所示。

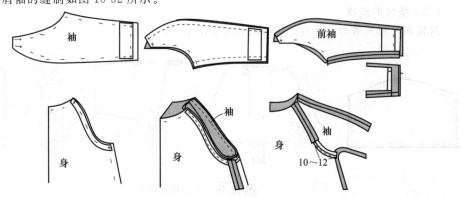

图 10-52 两片插肩袖的缝制

参 考 文 献

[1] 中华人民共和国国家标准. 服装号型. 北京：中国标准出版社，1998
[2] 刘瑞璞. 女装纸样设计原理与技巧. 北京：中国纺织出版社，2000
[3] 蒋锡根. 服装结构设计. 上海：上海科学技术出版社，1998
[4] 〔英〕娜塔列·布雷著. 英国经典服装纸样设计（提高篇），刘驰，袁燕等译. 北京：中国纺织出版社，2000
[5] 鲍为君. 女上衣裁剪实用手册. 上海：东华大学出版社，2003
[6] 吕学海. 服装结构制图. 北京：中国纺织出版社，2002
[7] 袁燕. 服装纸样构成. 北京：中国轻工业出版社，2001
[8] 先梅. 服装梅式原型直裁法讲座. 北京：中国纺织出版社，2000